不确定条件下装备剩余寿命预测方法及应用

Prediction Method and Application of Equipment Remaining Useful Life under Uncertain Conditions

郑建飞　胡昌华　董　青　张博玮　著

国防工业出版社

·北京·

内 容 简 介

本书主要讨论了复杂不确定条件下随机退化装备的剩余寿命预测方法及应用。在对当前剩余寿命预测方法综述的基础上，分别考虑不确定因素、随机冲击、分阶段等不确定条件下统计数据驱动的自适应预测方法，进一步考虑数据缺失、多指标相关性等不确定情况下基于深度学习等智能算法的剩余寿命预测方法。全书内容新颖、体系合理、理论方法与实践应用深度融合，不仅包括了基于统计数据驱动的剩余寿命预测方法，还包括了最新的基于智能算法的剩余寿命预测方法，且均通过实例进行了验证分析，反映了国内外在剩余寿命预测方向上研究与应用的最新进展。

本书可作为剩余寿命预测方向的研究生教材，也可为长期从事随机过程剩余寿命预测、深度学习剩余寿命预测等方面理论研究或应用研究的科研人员提供参考。

图书在版编目（CIP）数据

不确定条件下装备剩余寿命预测方法及应用/郑建飞等著.—北京：国防工业出版社，2024.5
ISBN 978-7-118-13328-8

Ⅰ.①不…　Ⅱ.①郑…　Ⅲ.①武器装备管理　Ⅳ.①E145.1

中国国家版本馆 CIP 数据核字（2024）第 096038 号

※

国防工業出版社出版发行
（北京市海淀区紫竹院南路 23 号　邮政编码 100048）
三河市天利华印刷装订有限公司印刷
新华书店经售

*

开本 710×1000　1/16　**插页** 8　**印张** 12　**字数** 210 千字
2024 年 5 月第 1 版第 1 次印刷　**印数** 1—1400 册　**定价** 99.00 元

国防书店：（010）88540777　　书店传真：（010）88540776
发行业务：（010）88540717　　发行传真：（010）88540762

前　　言

预测与健康管理（Prognostics and System Health Management，PHM）技术能够根据复杂装备的状态监测信息预测其剩余寿命，并在预测信息的基础上制定装备最优维护策略，从而降低失效风险，对切实保障复杂不确定条件下装备运行的安全性、可靠性和经济性具有重大意义。PHM 技术的核心在于通过状态监测数据准确预测装备的剩余寿命，所以剩余寿命预测方法的研究已成为可靠性领域研究的热点。

近年来，本书作者及团队针对复杂不确定性条件下的随机退化装备，致力于数据驱动的性能退化规律建模和剩余寿命预测方法研究。相比已出版的同类书，本书具有以下特点：一是深化理论，本书在统计数据驱动的寿命预测方法方面考虑了多层不确定性等复杂情况，是对现有同类书方法在理论层面的深入和拓展；二是注重实用，本书是从大型运载体惯导系统、航空发动机等复杂装备的实际问题需求出发开展剩余寿命预测方法研究，并对所提方法进行了实例验证；三是突出前沿，本书在研究了随机退化建模进行剩余寿命预测方法的基础上，进一步研究了多传感、大数据等情况下基于深度学习等智能算法的剩余寿命预测方法。

全书共分 9 章。第 1 章概述了复杂不确定条件下剩余寿命预测方法研究现状。第 2 章针对存在多层不确定性的随机退化装备提出了基于维纳（Wiener）过程的剩余寿命预测方法，该模型能够同时刻画退化过程的三层不确定性和非线性。第 3 章～第 5 章主要针对随机退化设备考虑测量间隔不均匀，测量频率不一致以及自适应漂移可变性对剩余寿命的影响，在自适应维纳过程基础上，分别介绍了测量不确定性、外部随机冲击以及分阶段退化三种情况下，装备的性能退化建模和剩余寿命实时预测方法。这部分内容丰富和发展了维纳过程退化建模的剩余寿命预测方法，揭示了复杂不确定性条件对统计数据驱动剩余寿命预测的影响。第 6 章、第 7 章分别针对单维数据和多维数据存在数据缺失的情形，研究了基于深度学习网络的数据生成和剩余寿命预测方法。第 8 章针对复杂环境下的多元退化设备，通过研究一种融合无监督和有监督的深度学习框架，提出了基于卷积深度置信网络 CDBN 与双向长短期记忆 Bi-LSTM 的混合深度神经网络的剩余寿命预测方法，有效解决了常见深度学习模型中预测结果不确定性难以度量的问题。第 9 章考虑多性能指标相关情况下的装备退化过程，提出了一种基于 Copula 函数与 Attention-BiLSTM 网络的多元退化设备剩余寿命预测方法。

本书得到了火箭军工程大学各级领导和测试教研室同事的热情支持，特别感谢司小胜教授、裴洪博士、张建勋博士、张正新博士、张庆超博士的大力帮助！衷心感谢国家自然科学重点基金项目（61833016）、国家自然科学重大仪器项目（62227814）的资助和支持。感谢国防工业出版社熊思华和牛旭东两位编辑的支持和帮助！

由于研究工作的局限性，书中难免存在不妥之处，恳请广大读者批评指正。

作　者

2024. 1

目 录

第1章　绪　　论

1.1　剩余寿命预测的研究进展

随着科学技术的快速发展与制造工艺的稳步升级，高速列车、航空航天、导弹武器等大型工业设备或武器装备正朝着智能化、复杂化、集成化等方向发展，但由于外部环境和内部自身磨损等因素的综合影响，上述系统不可避免地发生性能退化现象，进而导致系统可靠性降低，最终造成系统功能失效。对于实际工业生产过程，由于设备失效而导致的事故一旦发生，势必对人员、财产甚至周边环境造成不可挽回的损失。例如，2016 年 8 月，湖北当阳某电厂发生高压蒸汽管道爆裂事故，导致 20 余人伤亡，事故直接原因是蒸汽管道上劣质喷嘴的焊缝缺陷在高温高压下变得愈发严重，而相关人员未及时采取停机维修措施，最终导致焊缝扩大、管道爆裂，大量高温高压蒸汽涌向集中控制室等区域，造成重大人员伤亡。2018 年，由于日本电装公司在叶轮制造过程中注塑成型控制不善导致燃油泵工作不良，极端状态下可能出现车辆在行驶过程中发动机突然熄火的情况，直接危及驾乘人员的生命安全，引发日系车企被迫大规模召回全球范围内超 584 万辆汽车。此外，为了保证装备安全可靠运行，降低事故风险发生概率，对装备进行适当维护同样需要巨额费用[1-3]。因此，维护决策是否合理将直接影响装备的维护费用。如果能在装备退化早期，利用状态监测数据（Condition Monitoring，CM）演化其性能退化规律，对装备剩余寿命（Remaining Useful Life，RUL）准确预测，并制定安排相应的维护策略，即对装备进行预测与健康管理（Prognostics and System Health Management，PHM），就能有效降低失效风险，实现设备安全可靠运行[4-8]。

PHM 技术率先被美国军方使用，此后得到西方军事强国的高度重视，并且被美国国家航空航天局（National Aeronautics and Space Administration，NASA）列为进入 21 世纪以来最有探索和研究价值的航天技术之一[9-13]。近年来，我国也加大开展对重大工程项目和武器装备系统的预测与健康管理技术研究，将健康监测和维护管理技术列为国家重点前沿探索方向，并围绕寿命预测与健康管理对重大工程项目进行研究。而我国自主研发预测与健康管理系统，已广泛应用于武器装备系统[14-15]、航空设备[17-18]、高速列车[19-20]等大型复杂系统，表明我国 PHM 技术实现了从理论到实际应用的跨越。

工程实践表明，可靠性已成为工业生产、航空航天、国防作战等领域的先决性指标，在包含系统的设计、制造、服役、贮存等多个时期内扮演着重要角色，并且高可靠性也一直是研发和使用人员所追求的预期目标。从国家战略发展视角看，继《国家中长期科学和技术发展规划（2006—2020 年）》中将复杂系统和重大设施的可靠性、安全性技术部署为国家重大科学和技术研究课题之后，国务院又颁发了《中国制造 2025》，其中明确指出“为实现我国制造强国战略，需要大力提高国防装备质量可靠性，增强国防装备实战能力。”因此，为了在线掌握装备的健康状态以及切实增强设备运行的安全性、可靠性，迫切需要探索研究复杂条件下的剩余寿命预测方法。

20 世纪 90 年代以来，故障诊断和预测等健康管理技术及计算机技术的迅猛发展，使得各国对健康管理技术高度重视，美军在军事装备中首次引入视情维护（Condition-Based Maintenance，CBM）技术，最具代表性的有海军的综合状态评估系统（ICAS）、陆军的诊断改进计划（ADIP）、联合攻击机的健康管理系统（JSF-PHM）、直升机综合诊断和监控系统（IMD-HUMS）。马拉达伦大学的 Bengtsson 研究了 CBM 的标准并提出了标准化建议。德累斯顿大学的 Groba 介绍了 CBM 框架的最初架构、识别指标、建模指标以及维修决策等几个方面，并且在美国联合项目中得到了应用。特拉维夫大学的 Gruber 等研究了基于系统仿真和目标贝叶斯网络模型的 CBM 架构，并通过仿真分析了不同情况下各种 CBM 政策的鲁棒性，开发了解释性的贝叶斯故障预测模型。21 世纪初，美国国防部维修技术高级指导委员会（MTSSG）又在 CBM 的基础上提出了 CBM+(Condition-Based Maintenance Plus）的概念，CBM+扩展了 CBM 的基本概念，更加强调维修和后勤保障能力。为实现各武器系统 CBM 构件间信息共享与互操作，美海军计划资助，波音公司牵头负责开展了 OSA/CBM 体系研究。

近年来，我国也开始重视重大武器装备的剩余寿命预测技术研究，在 2006 年发布的《国家中长期科学和技术发展规划（2006—2020 年）》中将重大产品和重大设施寿命预测技术列为重点发展的方向；2011 年科技部颁布的国家“十二五”科学和技术发展规划中明确指出，围绕空间科学和航空航天等事关经济社会发展的重大科学问题，继续加强重大工程健康状态的检测、监测等基础研究是重点部署的研究方向之一；2012 年工业与信息化部印发的《高端装备制造业“十二五”发展规划》中将健康维护技术列为重点发展的方向之一；2016 年国务院发布的《“十三五”国家科技创新规划》将重大工程复杂设备的灾变形成及预测相关内容部署为面向国家重大战略任务的前沿技术和基础方向，并引导和鼓励各个领域在健康监测、寿命预测方法及关键应用技术等方面开展研究。

目前国内大多数研究者从 PHM 技术在武器装备维修保障中的应用方面进行研究。北京航空航天大学的孙博、胡冬等从导弹武器装备的维修方式、储存环境、储存延寿以及可靠性设计与评价等方面对健康管理技术在导弹武器装备中的应用进行了探讨，为深入分析其应用价值及开展导弹武器装备健康状态评估方法的研究奠定了基础。海军航空工程学院杨立峰、王亮等提出了基于 PHM 技术的装备维修保障方法，通过分析不同维修方式、维修保障及信息化建设与 PHM 技术的关系，构建了导弹装备健康状态信息管理系统，并结合实际提出了一些需要重点解决的问题。装甲兵工程学院的周启煌等对坦克火控系统的体系结构进行了分析，从上反射式系统和下反射式系统两方面对比，对坦克火控系统的 CBM 系统进行优化设计。空军工程大学茹常剑等针对直升机传动系统，提出了 HUMS 系统的总体方案并设计了开放式体系架构的 HUMS 处理单元，分布式体系架构的地面站和无线数据传输通信系统。航空工业直升机设计研究所陈圣斌等把基于状态的维修方法嵌入到健康和使用监控系统（HUMS）的功能系统中，构建了采用与 HUMS 相结合的 CBM 解决方法的机载维修系统，验证了应用于直升机的结构件、动部件状态维修的可行性。海军潜艇学院马亮等针对鱼雷保障过程中出现的问题，结合鱼雷武器的结构特点和功能特征，论证了鱼雷系统实施 CBM 的可行性，提出了鱼雷推进系统的 CBM 决策流程以及基于状态的维修策略。

与国外相比，国内健康管理技术在武器装备中的应用研究还处于初级发展阶段。清华大学、北京航空航天大学、西安交通大学、电子科技大学、南京航空航天大学、火箭军工程大学等国内高校和研究院关于 PHM 技术展开了广泛的研究，研究内容主要涉及复杂高新设备的诊断和预测算法、关键技术以及测试与评价标准等多个方面[21-26]。总体上看，如何根据装备的实际特点对其进行健康状态监测，确定其当前的健康状态并对其进行故障预测，进而安排合理的维修保障措施，实现装备的视情维修，并将其应用到武器装备中，提高武器装备维修保障信息化水平，仍需要大量理论研究工作[27-30]。

1.2 复杂不确定条件下的剩余寿命预测方法综述

剩余寿命预测作为连接系统运行状态信息感知与基于运行状态实现个性化精准健康管理的纽带和关键，在过去十余年得到了长足的发展，促使 RUL 预测方法取得了丰厚的理论成果，并在不同领域内得到广泛的应用。通常，基于数据驱动的随机退化设备 RUL 预测方法存在多种分类方式。总体上，Pecht 和雷亚国等人将剩余寿命预测方法分为三类：基于失效机理模型的方法、数据驱动的方法和两者相融合的方法。

基于失效机理模型的方法通过分析设备结构特点和材料特性以及退化过程中的受力/疲劳方程建立起退化模型，基于当前监测信息辨识模型参数，从而预测设备失效时间。通过建立失效机理模型可以得到精确的预测结果，但要求掌握机械动力学知识，且模型适用目标仅为固定某型设备，随着设备的复杂化，往往难以建立其失效模型或代价过高，不适用于工程实践。随着传感技术的发展，数据驱动的方法基于历史监测数据拟合设备性能退化规律，多步外推或映射得到性能变量达到失效阈值的时刻，适用性较强。该方法可进一步划分为统计数据驱动与基于机器学习（Machine Learning，ML）的方法，基于 ML 的方法能深入挖掘海量监测数据中的深层信息，且无需事先选择数学模型，是大数据背景下常用的 RUL 预测方法。此外，一些研究采取融合失效机理模型和数据驱动的预测方法，优劣互补，得到了较为理想的预测结果，但实现过程十分复杂，且现有的失效机理模型较为匮乏，因此应用范围十分有限。

本书根据已有研究成果，对数据驱动的 RUL 预测方法进行归纳总结，将其分为基于机器学习的方法、基于统计数据驱动的方法以及基于融合思想的方法，如图 1.1 所示。

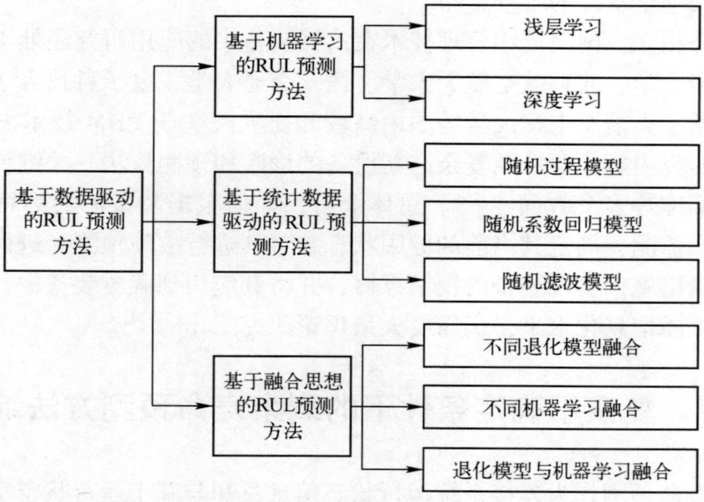

图 1.1　数据驱动的剩余寿命预测方法分类

1.2.1　机器学习的剩余寿命预测

在剩余寿命预测领域，根据机器学习模型结构深度的不同，可将机器学习方法分为浅层学习和深度学习。

浅层机器学习方法主要包括支持向量机（Support Vector Machine，SVM）、高斯过程回归（Gaussian Process Regression，GPR）和隐马尔可夫（Hidden Markov Model，HMM）方法。SVM 是由 VC（Vapnik-Chervonenkis，VC）理论和结构风险最小化原理组成的浅层学习方法。在处理小样本和不确定问题上，SVM 方法具有显著优势，如 Wei 等人利用 SVM 和粒子滤波方法，构建阻抗状态空间模型，对锂电池的 RUL 预测问题进行研究[31]。但是，SVM 方法也存在一些不足：难以得到确定的惩罚系数、其核函数必须满足 Mercer 定理等。为了解决 SVM 方法的不足，相关向量机（Relevance Vector Machine，RVM）的方法被提出。该方法基于贝叶斯训练框架对 SVM 方法实现改进，它在实现解决 SVM 方法不足的同时，能较好处理具有高维、非线性、小样本等特点的数据[32-34]。凭借其良好的泛化能力、稀疏性，能较为准确地预测设备 RUL。由于核函数不同，RVM 预测方法对不同趋势数据的预测精度也不尽相同，如单一核函数的 RVM 方法模型鲁棒性较差、预测结果不准确。因此，相关人员在此方面做出改进，如文献［32，33］通过对不同核函数进行组合，提出多种核函数组合的 RVM 方法，分别对机械设备和锂电池进行 RUL 预测。GPR 是一种非参数的浅层学习方法[35-39]。因此，该方法无须预先设定模型，比参数模型方法更为简单。由于该方法的输出项不是实数向量，而是一组正态分布，其 RUL 预测结果和置信区间可以同时获得。此外，在数据不可靠或者存在缺失的情况下，GPR 方法同样能得到较好的预测结果。如 Boskoski 等人首先采用信息熵对轴承退化进行特征提取，然后采用 GPR 模型对轴承进行 RUL 预测；Wang 等人对 GPR 方法做出改进，首先对锂电池的容量增量进行特征提取，并利用小波变换对噪声进行处理，然后选择峰值特征作为 GPR 模型的输入，通过共轭梯度法对高斯回归模型的超参数进行优化，应用到锂电池中且预测结果较为准确；Yu 等人对锂电池退化过程进行经验模态分解（Empirical Mode Decomposition，EMD），将分解后的固模函数和残差项利用高斯回归和逻辑回归，将两部分结果叠加。HMM 由两个不同的随机过程组成，一个是用于描述退化状态的转移的马尔可夫链，另一个用于描述退化状态与监测数据的对应关系。HMM 方法具有良好的非平稳能力，因此成为随机退化设备 RUL 预测领域的研究热点[40,41]。然而，随着退化设备的不断运行，由于不同持续时间之间存在相关性，并且持续时间不再服从几何分布，导致隐马尔可夫方法不再适用。而隐半马尔可夫模型（Hidden Semi-Markov Model，HSMM）的持续时间分布与自迁移概率相互对应，并且采用显式时间分布来替代自转移概率，使得 HSMM 方法更符合相应设备的实际退化特征[42-45]。为了得到更好的预测效果，许多研究人员对 HSMM 方法做出改进，如 Zhu 等人通过改进 HSMM 方法描述刀具磨损状态的持续时间与刀具磨损率，较好地预测了刀具的剩余寿命。

深度学习主要包括深度置信网络（Deep Belief Network，DBN）、卷积神经网络（Convolutional Neural Network，CNN）、循环神经网络（Recurrent Neural Network，RNN）等。深度神经网络（Deep Neural Network，DNN）[46-48]是一种具有较强的非线性拟合能力的神经网络。与浅层机器学习方法相比，在大数据条件下，通过设置合理的网络结果参数，DNN 的剩余寿命预测精度更高，且能够很好地克服测量误差对预测结果的影响。DBN[49,50]通过堆叠受限玻尔兹曼机（Restricted Boltzmann Machine，RBM）可自动提取特征，且不限制输入数据的维度，具有较好的适用范围，进而广泛应用于设备 RUL 预测领域。CNN[51,52]是一种具有良好特征提取能力和泛化能力的深度学习方法，其结构有输入层、卷积层（激励层、池化层和全连接层）以及输出层。Babu 等人率先提出基于 CNN 的剩余寿命预测方法，并应用在航空发动机退化数据上[53]。结果表明，与向量机方法相比，CNN 在处理多维数据时具有更好的特征提取能力。其他学者对 CNN 方法做出拓展，如 Yang 等人提出一种双 CNN 方法，与单 CNN 模型相比，双 CNN 模型对退化数据的利用更加充分，其预测精度更高[54]。RNN[55-56]在前向反馈的基础上添加递归连接，进而可以后向传递信息，因此对处理具有时序信息的数据有一定的优势。然而，传统的 CNN 在处理长时间序列数据时，记忆能力和学习能力大幅下降，预测结果出现较大误差。对此，通过引入“门结构”机制对 RNN 进行改进，提出长短期记忆（Long Short-Term Memory，LSTM）网络[57]，并且发展出多种变形结构，如门控循环单元（Gated Recurrent Unit，GRU）[58]、最小门控单元（Maximum Recurrent Unit，MRU）[59]。

1.2.2 统计数据驱动的剩余寿命预测

统计数据驱动的剩余寿命预测方法主要包括基于随机过程的方法、基于随机系数回归（Random Coefficient Regression，RCR）的方法、基于随机滤波的方法。

基于随机过程的方法主要包括基于 Wiener 过程的方法、基于 Gamma 过程的方法、基于逆高斯过程的方法。

Wiener 过程是一种具有线性趋势的单调或非单调的退化过程。而在设备实际运行过程中，由于受到内部状态或外部环境的变化，状态监测得到的性能退化数据通常具有非单调退化特性。因此，Wiener 过程凭借上述良好特性已被广泛应用。从 20 世纪 70 年代开始，许多学者针对基于 Wiener 过程的退化建模方法进行深入研究。截至目前，Wiener 过程方法已广泛应用在电池、轴承、刀具、激光器等多个工程领域。早期 Wiener 过程方法主要适用于线性退化模型[60]，为了将非线性退化过程线性化，常采用时间尺度变换[61-64]或对数变换[65,66]处理，但此类方法需要满足特定条件，极大限制了其适用范围。Si 等人基于布朗运动提出一种非线性退化模型[67]，该模型可通过时空变换推导出首达时间意义下，设备 RUL 分布的近似解析式。在此基础上，Wang 等人基于线性 Wiener 过程和非线性 Wiener 过程，提出一种线性与非线性混合的随机退化模型，同时制定了相应的参数估计方法[68]。Zhang 等人考虑退化过程中时间与状态的相互影响，基于非线性 Wiener 过程退化建模，推导出首达时间意义下 RUL 解析解[69]。此外，随着现代工业设备日趋复杂，其退化过程存在多种复杂特性需要考虑。例如，设备退化过程的随机特性、测量误差等，因此考虑随机特性和测量不确定性的 Wiener 过程 RUL 预测方法得到许多学者的关注。Wang 等人基于贝叶斯线性回归方法描述随机效应的参数分布[66]。Peng 等人分别采用正态与斜正态分布描述 Wiener 过程退化模型的漂移系数[70,71]。Si 等人提出一种考虑测量不确定性、个体差异性、时间不确定性的线性 Wiener 过程退化建模和 RUL 预测方法[72]。在此基础上，Zheng 等人将考虑三重不确定性影响的线性 Wiener 过程方法扩展为非线性 Wiener 过程[73]。Wang 等人针对缺乏历史数据或先验信息的随机退化设备，基于考虑三重不确定性影响的线性 Wiener 过程，对参数估计方法做出改进[74]。Zhang 等人针对三重不确定性的退化建模方法，开展退化实验优化设计研究[75]。

Gamma 过程是一类具有增量非负的单调退化过程，适用于退化过程严格单调的设备。早在 20 世纪 70 年代，Abdelhameed 等人将 Gamma 过程运用到设备退化建模中，并推导了基于 Gamma 过程的退化设备寿命分布[76]。为了描述设备个体差异性以及外部环境对设备退化过程的影响，Lawless 等人将协变量和随机效应融入 Gamma 过程中进行预测[77]。Noortwijk 等人对 Gamma 过程的预测方法进行总结，在预测与健康管理领域的应用进行综述[78]。陈亮等人提出一种考虑测量不确定性的 Gamma 过程退化建模方法，同时研究了一种基于隐含信息的期望最大化（Expectation Maximization，EM）算法[79]。随着 Gamma 过程研究的不断深入，单一 Gamma 过程已不再满足实际需求，与其他随机退化模型相互融合的方法应运而生，并得到广泛应用。

与 Gamma 过程类似，逆高斯过程（Inverse Gaussian，IG）也是一类具有增量非负和单调特性的随机过程，可以较好地描述全部单调退化问题。在 2010 年以前，对 IG 过程的剩余寿命预测方法研究较少，主要针对 Wiener 过程的首达时间意义下剩余寿命分布进行研究。Wang 等人考虑设备个体差异性和协变量信息，率先提出一种基于 IG 过程的退化建模和 RUL 预测方法，采用极大似然估计（Maximum Likelihood Estimation，MLE）和 EM 算法进行参数估计，最后应用到激光发生器上[80]。Liu 等人针对多元退化设备，基于 IG 过程退化建模，利用 Copulas 函数描述相关性，进行融合[81]。Ye 等人发现 IG 过程在处理协变量和随机效应问题上，得到的预测效果比 Gamma 过程更好[82]。

RCR 方法是一种将性能退化数据当作随机系数的回归模型，在首达时间意义下，利用该模型同样可以预测设备剩余寿命。起初，RCR 方法主要针对线性回归模型研究，难以拓展至非线性模型。20 世纪 90 年代，Lu 和 Meeker 提出一种具有一般形式的 RCR 模型，并在首达时间意义下实现剩余寿命预测[83]。Lu 等人率先对 RCR 方法进行研究，采用两步法实现模型参数估计，通过蒙特卡罗仿真预测设备 RUL。在此基础上，许多学者对此方法做出拓展研究，例如，Lu 等人通过时间尺度变换将非线性数据转换为线性，基于线性 RCR 模型进行 RUL 预测并获得预测结果的置信区间[84]。Wang 等人基于 RCR 模型，提出一种失效阈值和检测间隔优化的维护策略[85]。Bae 等人将线性 RCR 模型和非线性 RCR 模型融合，提出一种混合模型，并应用到真空荧光灯管的退化数据上[86]。结果表明，混合 RCR 模型的预测结果优于单一线性 RCR 模型。Gebraeel 等人采用对数变换方法，将非线性 RCR 模型线性化，基于贝叶斯推理方法实现参数的在线更新，提高 RUL 预测精度[87]。

基于随机滤波的剩余寿命预测方法将剩余寿命定义为隐含状态，利用随机滤波得到条件剩余寿命分布，并实现剩余寿命分布更新。在工程实际中，随着设备复杂程度的不断提高，其退化数据难以直接测量得到。因此，其退化过程将呈现隐含特性。Wang 等人率先将随机滤波方法应用到航空发动机上，进行退化建模和 RUL 预测[88]。在此基础上，根据实际工程问题，不同学者对该方法开展了一系列研究。例如，Wang 等人将随机滤波与延迟时间模型融合，提出一种两阶段预测模型[89]；文献［90］基于随机滤波模型，考虑外部环境对退化数据的影响提出一种用于发动机 RUL 预测模型；文献［91］将随机滤波方法与其他 RUL 预测方法比较，阐述了随机滤波在 RUL 预测和健康维护方面的优势。

1.2.3 基于融合思想的剩余寿命预测

基于融合思想的剩余寿命预测方法主要包括基于不同退化模型的方法、基于不同机器学习融合的方法，基于退化模型和机器学习融合的方法。

基于不同退化模型的方法描述的场景是设备在运行过程中，受到负载、工况变换或外部环境等因素的影响，其退化过程存在不同阶段，且不同阶段退化趋势存在较大差异。如果采用单一的退化模型对其退化过程加以描述，其 RUL 预测结果与真实情况存在较大偏差，对后续的健康监测、维护管理造成一定影响，不利于设备科学定寿、延寿。因此，对于不同阶段的退化情况采用不同模型进行退化建模更符合实际退化情况，基于不同退化模型融合的方法也越来越受到关注。

不同机器学习方法具有各自的优势与不足，通过不同机器学习方法的相互融合，可以取长补短，得到更为准确的预测结果。例如，Ma 等人将 DBN 与 LSTM 各自优势相结合，利用假最临近法确定滑动时间窗，得到较为准确的 RUL 预测结果[92]；Loutas 等人利用隐马尔可夫模型，采用主成分分析的方法，通过多传感器获取压缩机的温度监测数据并进行融合，将残差作为健康指标进行 RUL 预测[93]；牟含笑等人针对大规模、非线性、高维化的监测数据，构建一种融合无监督和有监督的深度学习框架，提出一种基于卷积深度置信网络 CDBN 和长短期记忆 LSTM 的剩余寿命预测方法，通过 CDBN 进行特征提取建立健康指标，进而输入到 LSTM 网络中，充分利用健康指标前向和后向的时序信息，提高 RUL 预测精度[94]。

机器学习具有强大的数据分析能力和学习能力，在大数据背景下便于特征提取，在 RUL 预测领域得到发展，但机器学习方法难以得到 RUL 预测的概率分布密度，其预测不确定性也难以度量。因此，基于传统退化建模和机器学习相互融合的方法越来越受到关注。例如，任子强等人将航空发动机的多传感器数据提取为一个复合健康指标，进而采用 Wiener 过程退化建模[95]；Hu 等人通过使用深度置信网络对轴承数据特征提取，构建反映轴承退化的健康指标，进而基于扩散过程进行退化建模，得到轴承 RUL 的概率分布[96]；文献［97］将得到的时域、频域和时频域特征进行相似性变换，变换后的特征输入到 LSTM 网络中，利用双指数模型和粒子滤波进行退化建模和参数估计，得到 RUL 预测结果。

1.3　复杂不确定条件下的剩余寿命预测面临的机遇与挑战

随着高精尖技术的日益发展，现代工业设备或武器装备变得越来越复杂，进而推动传统的剩余寿命预测技术迈向智能化、复杂化时代，而这些复杂不确定条件同样为剩余寿命预测技术的发展和转变提供了机遇和挑战。

1.3.1 机遇

1. 数据可用性增加

随着传感器技术和物联网的迅猛发展，可以获取到大量的实时数据，这为剩余寿命预测提供了更丰富的数据来源。传感器可以广泛应用于各种设备和系统中，监测其状态和运行参数。此外，传感器数据的实时性也为剩余寿命预测带来了巨大的优势。通过实时监测设备的数据，并结合实时预测模型，我们能够及时发现设备可能发生的故障，并采取相应的维护措施，从而避免生产中断和损失。这种实时性的预测能力极大地提高了设备的可靠性和维护效率。

2. 算法和模型进步

算法和模型的进步是实现剩余寿命预测的关键。随着机器学习和人工智能的快速发展，能够开发出更强大和高效的预测模型，从而提高剩余寿命预测的准确性和可靠性。传统的基于统计方法的模型是剩余寿命预测的重要基础，但它们在面对复杂的不确定条件下的预测问题时可能存在一定的局限性。为了克服这些限制并提高预测精度，新兴的技术如深度学习和神经网络等被引入剩余寿命预测中。与传统方法相比，深度学习模型具有更强的非线性建模能力和更好的适应性，能够处理大量的数据和复杂的特征。这使得它们能够更好地捕捉设备运行状态的细微变化，并预测剩余寿命的变化趋势。除了深度学习，其他人工智能技术如强化学习、迁移学习和集成学习等也被应用于剩余寿命预测中，这些新兴技术的引入为剩余寿命预测带来了更多的可能性和机会。

3. 实时监测和预测

实时监测和预测在工业生产中起着重要的作用，通过实时监测设备的数据，并结合实时预测模型，能够及时掌握设备的运行状态和性能指标。这种实时性的预测能力使得设备可能出现的故障迹象能够提前发现，从而可以采取相应的维护措施，修复或更换有问题的部件，避免设备故障导致的生产中断和损失。此外，实时监测和预测有利于优化设备的维护计划。通过对设备数据的实时分析和预测，可以合理安排维护任务和维护资源，提高维护效率和响应速度。这不仅能够减少因设备故障带来的停机时间，还能够降低维护成本以及提升设备的可靠性。

1.3.2 挑战

1. 多样性和复杂性

多样性和复杂性是剩余寿命预测面临的重要挑战。不同物体和系统的剩余寿命预测涉及各种不同的因素和条件，如材料特性、工作环境、使用方式等，因此需要建立适应不同情况的预测模型。同时，复杂不确定条件下的剩余寿命预测还需要考虑到随机性和不确定性因素的影响。在面对多样性和复杂性时，可以采用概率统计方法和不确定性建模技术来量化和管理不确定性。通过收集大量的数据样本，并使用统计方法进行分析，建立概率模型从而对剩余寿命进行预测。此外，考虑到随机性和不确定性的影响，通过使用不确定性建模技术，如蒙特卡罗模拟、贝叶斯网络等，来提供更全面和可信的预测结果。

2. 趋势的变化

剩余寿命通常受到多种因素的综合影响，如环境条件、负载状况、使用历史等。这些因素之间存在着复杂的相互作用关系，需要进行综合考虑和建模。例如，设备在不同的环境条件下，其寿命可能会有所不同；不同的负载状况和使用历史也会对剩余寿命产生影响。因此，我们需要收集并分析大量的数据，并使用适当的建模技术来捕捉这些复杂的相互作用关系，以更准确地预测剩余寿命。同时，随着时间的推移，设备的性能和状况可能会发生变化，因此还需要识别和跟踪剩余寿命的趋势变化。通过监测和分析设备状态的演变，可以及时调整预测模型或维护计划，以适应潜在的变化趋势，提高预测的准确性和可靠性。

3. 数据质量

随着科学技术与制造工艺的发展，数据已成为一项重要的战略资源，建立数据驱动的应用是大势所趋。但由于传感器故障、编码解码异常等原因，数据缺失、噪音和错误标注等问题普遍发生，阻碍了对数据的挖掘分析，降低了数据的使用价值。因此，数据质量对剩余寿命预测的准确性至关重要，需要确保数据的完整性、准确性和一致性。

综上所述，复杂不确定条件下的剩余寿命预测方法既面临挑战也有机遇。本书为了满足可靠性领域“预测与健康管理技术”的发展需求，以及国内科研、生产和教学的需要，接下来以作者团队最新研究进展为基础，围绕复杂不确定条件下随机退化装备的剩余寿命预测方法及应用，分别从考虑不确定因素、随机冲击、分阶段等不确定条件下统计数据驱动的自适应预测方法，以及考虑数据缺失、多指标相关性等不确定情况下基于深度学习等智能算法的剩余寿命预测方法等方面展开具体研究。全书内容新颖、体系合理、理论方法与实践应用深度融合，不仅包括了基于统计数据驱动的剩余寿命预测方法，还包括了最新的基于智能算法的剩余寿命预测方法，并均通过实例进行了验证分析，反映了国内外在剩余寿命预测方向上研究与应用的最新进展。

第 2 章　存在多层不确定影响下的随机退化装备剩余寿命预测方法

2.1 引　言

随着信息和监测技术的发展，系统退化状态检测手段日臻成熟，基于状态监测信息的剩余寿命预测在过去几十年得到了快速发展[97,109]。然而，大量的工程设备的退化是以随机形式发生的，诸如金属疲劳裂纹增长、陀螺仪的漂移、电池容量的退化等[67,72,110-112]。因此，很难用一种确定性的方式预测此类随机退化设备的剩余寿命，而通过退化监测信息评估设备剩余寿命的概率密度函数（Probability Density Function，PDF）不仅能融入对剩余寿命预测不确定性的考虑，而且能够为后续基于寿命预测结果的维修决策提供科学依据，是当前常用的一种方式。

事实上，主要有三个方面的不确定因素对随机退化设备剩余寿命的不确定性影响显著，即时间不确定性、个体差异性和测量不确定性[70,99,101,113-114]。首先，设备性能会随着时间的推移而逐渐退化，时间不确定性是随机退化设备寿命周期中的本质属性，这也是采用随机退化模型描述退化过程的原因所在。其次，个体差异性是指同一类产品不同个体之间表现出的退化不一致性，主要体现在同类设备不同的退化轨迹。最后，测量不确定性是由于实际中噪声、干扰等影响导致的不完美测量[127]。所以监测信息只能部分体现潜在的退化状态。鉴于此，在退化建模和剩余寿命预测过程中同时考虑时间不确定性、个体差异性和测量不确定性，能够减小这些因素对预测结果的影响，提高剩余寿命预测的准确性。在现有文献中，已经有相当数量的文献在退化建模和剩余寿命预测中考虑了这些不确定性的影响[62,82,100,105,107-108,115-118]。

在这些研究中，由 Wiener 过程驱动的退化模型受到了更多的关注。如绪论所述，这主要是由于 Wiener 过程良好的数学性质以及能够对非单调退化过程建模的特点所决定的。在 Wiener 过程的模型框架内，已经有一些模型被成功应用，如文献［119］使用带确定性漂移系数的 Wiener 过程对剩余寿命进行估计，并且基于 Kalman 滤波对漂移系数进行自适应更新估计。然而，该文献仅考虑了时间不确定性，而忽略了个体差异性和测量不确定性。进一步，文献[98]在进行剩余寿命预测时，通过漂移系数的不确定性表征了个体差异性，但未考虑测量不确定性的影响。

上述文献在进行剩余寿命预测时，仅是部分地考虑了时间不确定性、个体差异性和测量不确定性，而同时考虑三层不确定性的情况非常有限。最近，文献[72]同时考虑了上述三种不确定性对剩余寿命预测的影响，并且通过 Kalman 滤波对随机漂移参数进行自适应估计。但该文献仅用具有线性漂移系数的布朗运动（Brownian Motion，BM）估计剩余寿命。现有文献中，多数研究只是针对线性退化过程进行的剩余寿命预测[72,98,120]。事实上，退化过程的非线性广泛存在于复杂退化系统中，而线性模型并不适用于此类退化过程的描述。为更好地对非线性退化过程建模，可通过一些变换方法将非线性过程线性化，如对数变换[87,121]、时间尺度变换等[61]。值得注意的是，这些变换存在一定的局限性，即并不是所有非线性过程都能转换为线性过程。同时，以上变换存在一个隐含假设，即变换后随机部分仍然为标准 BM，而这一假设不一定总是成立的。此外，粒子滤波和蒙特卡罗仿真也被用于非线性退化过程的剩余寿命预测[122-123]，但仿真只能数值地估计剩余寿命的概率密度函数，而不能得到健康管理所需要的解析形式。

为解决以上问题，Si 等基于一个时空变换模型，推导出了非线性退化过程剩余寿命概率密度函数的解析渐近解[67]。然而，他们在进行剩余寿命预测时仅考虑时间不确定性和个体差异性的影响。同时，文献[102，104，123-124]使用非线性状态空间模型对考虑测量不确定性的剩余寿命进行了估计，但忽略了另外两种不确定性的影响。在文献[123]中，作者使用非线性状态空间模型和粒子滤波技术去估计隐含疲劳裂纹增长过程，类似的思想也在文献[104，124]中也得到应用。最近，文献[102]通过一个非线性状态空间模型和扩展 Kalman 滤波技术，将时间不确定性和测量不确定性同时考虑到剩余寿命的估计中，但忽略了个体差异的影响。

综上，本章提出了一个一般化的非线性退化模型，该模型能够同时刻画退化过程的三层不确定性和非线性。通过建立状态空间模型和应用 Kalman 滤波技术，推导出了考虑三层不确定性和非线性的剩余寿命概率密度函数的解析渐近解。该工作不同于文献[61，67，87，122-124]之处在于：（1）在非线性退化建模过程中同时考虑了三层不确定性，推导了剩余寿命概率密度函数的解析解，并可随观测数据的获取而实时更新；（2）通过构建的状态空间模型和 Kalman 滤波技术，可实时估计非线性模型的随机项系数和隐含退化状态；（3）应用 Kalman 滤波技术，将非线性和三层不确定性融入剩余寿命的概率密度函数中。

其中，状态空间模型参数的初始值可由多个同类设备退化数据的极大似然估计得到。最后，通过数值仿真和实例验证了本章所提方法的有效性，结果也证明了所提方法能够提高模型适应性和剩余寿命预测的精确性。

2.2 表征三层不确定性的非线性退化建模

对非线性随机退化设备，令$\{X(t),t\geqslant 0\}$表示其随时间变化的潜在退化状态。在此基础上，为了描述个体差异性，将t时刻的退化量$X(t)$由扩散过程描述为

$$X(t)=X(0)+\boldsymbol{f}(t;\boldsymbol{\theta}_1)^{\mathrm{T}}\boldsymbol{\theta}_2+\sigma_B B(t) \tag{2.1}$$

其中：$\{X(t),t\geqslant 0\}$是由一个带随机项$\boldsymbol{f}(t;\boldsymbol{\theta}_1)^{\mathrm{T}}\boldsymbol{\theta}_2$的标准BM函数$\{B(t),t\geqslant 0\}$驱动的；$\boldsymbol{f}(t;\boldsymbol{\theta}_1)$为一个$n(n\in\mathbf{N}^{+})$维向量，该向量由基本函数构成；$\boldsymbol{\theta}_1$为确定性参数向量；$\boldsymbol{\theta}_2$为随机效用参数向量，且$\boldsymbol{\theta}_2\in\mathbf{R}^n$；$\boldsymbol{f}(t;\boldsymbol{\theta}_1)^{\mathrm{T}}$表示$\boldsymbol{f}(t;\boldsymbol{\theta}_1)$的转置；$\sigma_B$为扩散系数；$X(0)$为状态初始值。

在式（2.1）中，$\{B(t),t\geqslant 0\}$可用于描述退化过程的时间不确定性。而对于同类个体实际退化过程中一般具有不同的退化速率，因此用随机参数向量$\boldsymbol{\theta}_2$表示设备间的个体差异性；而对于同类设备的共性特征则可用$\boldsymbol{\theta}_1$和σ_B表示。为便于分析，假设$\boldsymbol{\theta}_2$和$B(t)$是相互独立的，且$\boldsymbol{\theta}_2$服从一个多维正态分布$\boldsymbol{\theta}_2\sim\mathrm{MVN}(\boldsymbol{\mu}_{\boldsymbol{\theta}_2},\boldsymbol{\Sigma}_{\boldsymbol{\theta}_2})$其中：$\boldsymbol{\mu}_{\boldsymbol{\theta}_2}$表示$\boldsymbol{\theta}_2$的均值；$\boldsymbol{\Sigma}_{\boldsymbol{\theta}_2}$表示$\boldsymbol{\theta}_2$的协方差矩阵。

注：式（2.1）相对于线性退化模型[125]，非线性退化模型[126]和混合退化模型[68]而言，是更一般化的模型。特别地，当$\boldsymbol{f}(t;\boldsymbol{\theta}_1)^{\mathrm{T}}\boldsymbol{\theta}_2$为一维函数时，式（2.1）为线性模型。例如，如果$\boldsymbol{f}(t;\boldsymbol{\theta}_1)^{\mathrm{T}}=t$，则式（2.1）变为文献［106］中的传统的线性模型。进一步，对文献［68］提出的混合退化模型$X(t)=\lambda t+\alpha\int_0^t\beta\gamma^{\beta-1}\mathrm{d}\gamma+\sigma_B B(t)$，如果令式（2.1）中的$X(0)=0,\boldsymbol{f}(t;\boldsymbol{\theta}_1)^{\mathrm{T}}=\left[t\quad\int_0^t\beta\gamma^{\beta-1}\mathrm{d}\gamma\right]$，$\boldsymbol{\theta}_1=[1\quad\beta]$和$\boldsymbol{\theta}_2=[\lambda\quad\alpha]^{\mathrm{T}}$，则文献［68］中的模型变为式（2.1）的一个特例。

此外，为了描述测量不确定性的影响，将时刻t的测量值表示为测量过程$\{Y(t),t\geqslant 0\}$，具体有

$$Y(t)=X(t)+\varepsilon \tag{2.2}$$

其中ε为随机测量误差，假设是独立同分布的，且$\varepsilon\sim N(0,\sigma_\varepsilon^2)$。进一步假设，$\varepsilon$、$\boldsymbol{\theta}_2$、$B(t)$是相互独立的。式（2.2）已经被广泛应用到退化模型的研究中，如文献［62，70，72］。当然，也可以使用其他观测模型，如非高斯观测模

型，则需用扩展 Kamlan 滤波或粒子滤波进行计算，这将增加计算的复杂度。

本文采用首达时间（First Hitting Time，FHT）的概念来定义寿命，即如果退化过程$\{X(t),t\geqslant 0\}$首次等于或超过一个预设的失效阈值 w 时，认为系统失效[70,98,102-103,127-128]。基于 FHT 的概念，系统寿命 T 可以定义为

$$T=\inf\{t:X(t)\geqslant w\,|\,X(0)<w\} \tag{2.3}$$

其中，w 为预设的失效阈值水平。

进一步，假设退化过程的观测数据是在 $0=t_0<t_1<\cdots<t_k$ 时刻离散监测到的，并令 $Y_k=Y(t_k)$为在 t_k 时刻的退化测量值。则截止 t_k 时刻设备的退化测量值的集合可表示为 $Y_{1:k}=\{Y_1,Y_2,\cdots,Y_k\}$。相应地，系统从初始时刻到 t_k 时刻退化状态的集合可表示为 $X_{1:k}=\{X_1,X_2,\cdots,X_k\}$，其中 $X_k=X(t_k)$。由式（2.2），可进一步将 t_k 时刻的离散测量值表示为 $Y_k=X_k+\varepsilon_k$，其中测量误差 ε_k 是 ε 的独立同分布实现。

因此，系统在 t_k 时刻的剩余寿命 L_k 可定义为

$$L_k=\inf\{l_k>0:X(l_k+t_k)\geqslant w\} \tag{2.4}$$

基于以上描述，本章的目标是基于已有的观测数据 $Y_{1:k}$，计算剩余寿命的条件概率密度函数，即 $f_{L_k|Y_{1:k}}(l_k|Y_{1:k})$。接下来的部分，介绍基于 $Y_{1:k}$ 推导剩余寿命的条件概率密度函数 $f_{L_k|Y_{1:k}}(l_k|Y_{1:k})$的具体过程。

2.3　三层不确定性下的剩余寿命预测方法

为了得到式（2.1）描述的三层不确定性下的剩余寿命预测，首先概括预测方法的主要步骤如下。

步骤 1：预测仅考虑时间不确定下的剩余寿命；

步骤 2：基于步骤 1，预测同时考虑时间不确定性和个体差异性下的剩余寿命；

步骤 3：基于步骤 2，预测同时考虑时间不确定性和测量不确定性下的剩余寿命；

步骤 4：基于步骤 3，预测同时考虑时间不确定性、个体差异性和测量不确定性下的剩余寿命。

下面，对以上各步骤进行详细讨论。

步骤 1：预测仅考虑时间不确定下的剩余寿命。

此种情况下，随机退化过程可直接描述为式（2.1），并且退化数据能够直接监测得到。受文献［67］的启发，这里利用一个时空转换模型，将非线性随机过程首达固定边界的问题转化为标准 BM 首达时变边界的问题，从而得

到首达时间分布解析渐近解。基于此，可得到以下的引理。

引理 2.1 对于式（2.1）描述的退化过程 $X(t)$，如果 $\boldsymbol{f}'(t;\boldsymbol{\theta}_1)^{\mathrm{T}}$ 是关于时间 t 的连续函数，这里 $t\in[0,\infty)$，$\boldsymbol{f}'(\cdot)^{\mathrm{T}}$ 表示 $\boldsymbol{f}(\cdot)$ 的导数的转置，则 $X(t)$ 超过固定阈值 w 的首达时间的概率密度函数能够被近似为如下解析形式

$$f_T(t\,|\,\boldsymbol{\theta}_2)\cong\frac{w-\boldsymbol{f}(t;\boldsymbol{\theta}_1)^{\mathrm{T}}\boldsymbol{\theta}_2+t\boldsymbol{f}'(t;\boldsymbol{\theta}_1)^{\mathrm{T}}\boldsymbol{\theta}_2}{\sigma_B\sqrt{2\pi t^3}}\exp\left[-\frac{(w-\boldsymbol{f}(t;\boldsymbol{\theta}_1)^{\mathrm{T}}\boldsymbol{\theta}_2)^2}{2t\sigma_B^2}\right]\tag{2.5}$$

引理 2.1 的证明过程可参见文献［67］。

基于引理 2.1，从开始时刻到第 k 个状态监测时间点 t_k 的剩余寿命预测可由以下定理给出。

定理 2.1 如果未知随机参数 $\boldsymbol{\theta}_2$ 是确定的，且当前退化状态 X_k 能够被直接观测到，基于实时状态 X_k，在 t_k 时刻剩余寿命的概率密度函数为

$$f_{L_k\,|\,\boldsymbol{\theta}_2,X_k}(l_k\,|\,\boldsymbol{\theta}_2,X_k)=\frac{w_k-\boldsymbol{f}^*(l_k;\boldsymbol{\theta}_1)^{\mathrm{T}}\boldsymbol{\theta}_2-l_k[\boldsymbol{f}^*(l_k;\boldsymbol{\theta}_1)^{\mathrm{T}}]'\boldsymbol{\theta}_2}{\sigma_B\sqrt{2\pi l_k^3}}\exp\left[-\frac{(w_k-\boldsymbol{f}^*(l_k;\boldsymbol{\theta}_1)^{\mathrm{T}}\boldsymbol{\theta}_2)^2}{2l_k\sigma_B^2}\right]\tag{2.6}$$

其中：$\boldsymbol{f}^*(l_k;\boldsymbol{\theta}_1)^{\mathrm{T}}=\boldsymbol{f}(l_k+t_k;\boldsymbol{\theta}_1)^{\mathrm{T}}-\boldsymbol{f}(t_k;\boldsymbol{\theta}_1)^{\mathrm{T}}$；$w_k=w-X_k$。

证明：假定获得 t_k 时刻的状态为 X_k，因为 $t\geqslant t_k$，退化过程可以写成 $X(t)=X_k+[\boldsymbol{f}(t;\boldsymbol{\theta}_1)^{\mathrm{T}}-\boldsymbol{f}(t_k;\boldsymbol{\theta}_1)^{\mathrm{T}}]\boldsymbol{\theta}_2+\sigma_B B(t-t_k)$。此时，如果 t 是 $\{X(t),t\geqslant t_k\}$ 的首达时间，则 t_k 时刻剩余寿命的具体实现为 $t-t_k$。基于此，选择时间尺度变换 $l_k=t-t_k$，其中，$l_k\geqslant 0$。对退化过程 $\{X(t),t\geqslant t_k\}$ 进行变换，得

$$X(l_k+t_k)-X_k=[\boldsymbol{f}(l_k+t_k;\boldsymbol{\theta}_1)^{\mathrm{T}}-\boldsymbol{f}(t_k;\boldsymbol{\theta}_1)^{\mathrm{T}}]\boldsymbol{\theta}_2+\sigma_B B(l_k)\tag{2.7}$$

其中，$l_k\geqslant 0$。

进一步，t_k 时刻的剩余寿命等于 $\{Z(l_k),l_k\geqslant 0\}$ 通过失效阈值 $w_k=w-X_k$ 的首达时间。其中：$Z(l_k)=X(l_k+t_k)-X_k$；且 $Z(0)=0$。即

$$Z(l_k)=[\boldsymbol{f}(l_k+t_k;\boldsymbol{\theta}_1)^{\mathrm{T}}-\boldsymbol{f}(t_k;\boldsymbol{\theta}_1)^{\mathrm{T}}]\boldsymbol{\theta}_2+\sigma_B B(l_k)\tag{2.8}$$

基于引理 2.1，有 $\boldsymbol{f}^*(l_k;\boldsymbol{\theta}_1)^{\mathrm{T}}=\boldsymbol{f}(l_k+t_k;\boldsymbol{\theta}_1)^{\mathrm{T}}-\boldsymbol{f}(t_k;\boldsymbol{\theta}_1)^{\mathrm{T}}$，即可获得剩余寿命的概率密度函数如式（2.6）。

证明完成。

步骤 2：同时考虑时间不确定性和个体差异性下的剩余寿命预测。

基于步骤 1 中考虑时间不确定性的结果，进一步考虑 $\boldsymbol{\theta}_2$ 的随机效用，以此刻画个体差异性。这样，基于全概率公式，可得寿命的概率密度函数为

$$f_T(t)=\int_{-\infty}^{+\infty}f_{T\,|\,\boldsymbol{\theta}_2}(t\,|\,\boldsymbol{\theta}_2)p(\boldsymbol{\theta}_2)\mathrm{d}\boldsymbol{\theta}_2=E_{\boldsymbol{\theta}_2}[f_{T\,|\,\boldsymbol{\theta}_2}(t\,|\,\boldsymbol{\theta}_2)]\tag{2.9}$$

其中：$p(\boldsymbol{\theta}_2)$ 为 $\boldsymbol{\theta}_2$ 的概率密度函数；$E_{\boldsymbol{\theta}_2}[\cdot]$ 表示关于 $\boldsymbol{\theta}_2$ 的期望值。

为解析地计算式（2.9）中的积分，引入以下引理。

引理 2.2　如果 $\boldsymbol{\rho} \sim \mathrm{MVN}(\boldsymbol{\mu}, \boldsymbol{\Sigma})$，$w_1, w_2 \in \mathbf{R}$，$\gamma \in \mathbf{R}^+$，$\boldsymbol{a}, \boldsymbol{b} \in \mathbf{R}^n$，$\boldsymbol{n}$ 为 $\boldsymbol{\rho}$ 的维数，$\boldsymbol{I}$ 为 n 维单位矩阵，则有

$$E_{\boldsymbol{\rho}}\left[(w_1 - \boldsymbol{a}^{\mathrm{T}}\boldsymbol{\rho})\exp\left(-\frac{(w_2 - \boldsymbol{b}^{\mathrm{T}}\boldsymbol{\rho})^2}{2\gamma}\right)\right] = \sqrt{\frac{\gamma^n}{|\boldsymbol{b}\boldsymbol{b}^{\mathrm{T}}\boldsymbol{\Sigma} + \gamma\boldsymbol{I}|}}\left(w_1 - \frac{w_2\boldsymbol{a}^{\mathrm{T}}\boldsymbol{\Sigma}\boldsymbol{b} + \gamma\boldsymbol{a}^{\mathrm{T}}\boldsymbol{\mu}}{\gamma + \boldsymbol{b}^{\mathrm{T}}\boldsymbol{\Sigma}\boldsymbol{b}}\right)\exp\left[-\frac{(w_2 - \boldsymbol{b}^{\mathrm{T}}\boldsymbol{\mu})^2}{2(\gamma + \boldsymbol{b}^{\mathrm{T}}\boldsymbol{\Sigma}\boldsymbol{b})}\right] \tag{2.10}$$

类似于定理 2.1，考虑时间不确定性和个体差异性的剩余寿命预测概括如下。

定理 2.2　对于式（2.1）描述的退化过程和式（2.3）对寿命的定义，如果 $\boldsymbol{\theta}_2 \sim \mathrm{MVN}(\boldsymbol{\mu}_{\boldsymbol{\theta}_2}, \boldsymbol{\Sigma}_{\boldsymbol{\theta}_2})$，则寿命密度分布函数为

$$f_T(t) \cong \frac{w - \boldsymbol{a}^{\mathrm{T}}\boldsymbol{M}^{-1}\boldsymbol{q}}{\sigma_B^2\sqrt{2\pi t^3}}\sqrt{\frac{\gamma^2}{|\boldsymbol{\Sigma}_{\boldsymbol{\theta}_2}\|\boldsymbol{M}|}}\exp\left(-\frac{w^2 + \gamma\boldsymbol{\mu}_{\boldsymbol{\theta}_2}^{\mathrm{T}}\boldsymbol{\Sigma}_{\boldsymbol{\theta}_2}^{-1}\boldsymbol{\mu}_{\boldsymbol{\theta}_2} - \boldsymbol{q}^{\mathrm{T}}\boldsymbol{M}^{-1}\boldsymbol{q}}{2\gamma}\right) \tag{2.11}$$

其中：$\boldsymbol{a}^{\mathrm{T}} = \boldsymbol{f}(t;\boldsymbol{\theta}_1)^{\mathrm{T}} - t\boldsymbol{f}'(t;\boldsymbol{\theta}_1)^{\mathrm{T}}$；$\boldsymbol{b}^{\mathrm{T}} = \boldsymbol{f}(t;\boldsymbol{\theta}_1)^{\mathrm{T}}$；$\gamma = \delta_B^2 t$；$\boldsymbol{q}^{\mathrm{T}} = w\boldsymbol{f}(t;\boldsymbol{\theta}_1)^{\mathrm{T}} + \gamma\boldsymbol{\mu}_{\boldsymbol{\theta}_2}^{\mathrm{T}}\boldsymbol{\Sigma}_{\boldsymbol{\theta}_2}^{-1}$；$\boldsymbol{M} = \boldsymbol{f}(t;\boldsymbol{\theta}_1)\boldsymbol{f}(t;\boldsymbol{\theta}_1)^{\mathrm{T}} + \gamma\boldsymbol{\Sigma}_{\boldsymbol{\theta}_2}^{-1}$。

证明：由引理 2.1 和全概率公式可得

$$f_T(t) = \frac{1}{\sigma_B\sqrt{2\pi t^3}}E_{\boldsymbol{\theta}_2}\left\{(w - \boldsymbol{f}(t;\boldsymbol{\theta}_1)^{\mathrm{T}}\boldsymbol{\theta}_2 + t\boldsymbol{f}'(t;\boldsymbol{\theta}_1)^{\mathrm{T}}\boldsymbol{\theta}_2)\exp\left[-\frac{(w - \boldsymbol{f}(t;\boldsymbol{\theta}_1)^{\mathrm{T}}\boldsymbol{\theta}_2)^2}{2t\sigma_B^2}\right]\right\} \tag{2.12}$$

对式（2.12）应用引理 2.2，通过代数运算即可得式（2.11）。

证明完成。

定理 2.3　对于式（2.1）描述的退化过程和式（2.4）对剩余寿命的定义，在给定当前退化状态 X_k 和 $\boldsymbol{\theta}_2 \sim \mathrm{MVN}(\boldsymbol{\mu}_{\boldsymbol{\theta}_2}, \boldsymbol{\Sigma}_{\boldsymbol{\theta}_2})$ 的情况下，t_k 时刻剩余寿命预测结果为

$$f_{l_k|X_k}(l_k|X_k) \cong \frac{1}{\sigma_B\sqrt{2\pi l_k^3}}\sqrt{\frac{\gamma^n}{|\boldsymbol{b}\boldsymbol{b}^{\mathrm{T}}\boldsymbol{\Sigma}_{\boldsymbol{\theta}_2} + \gamma\boldsymbol{I}_n|}}\left[w_k - \frac{w_k\boldsymbol{a}^{\mathrm{T}}\boldsymbol{\Sigma}_{\boldsymbol{\theta}_2}\boldsymbol{b} + \gamma\boldsymbol{a}^{\mathrm{T}}\boldsymbol{\mu}_{\boldsymbol{\theta}_2}}{\gamma + \boldsymbol{b}^{\mathrm{T}}\boldsymbol{\Sigma}_{\boldsymbol{\theta}_2}\boldsymbol{b}}\right]\exp\left[-\frac{(w_k - \boldsymbol{b}^{\mathrm{T}}\boldsymbol{\mu}_{\boldsymbol{\theta}_2})^2}{2(\gamma + \boldsymbol{b}^{\mathrm{T}}\boldsymbol{\Sigma}_{\boldsymbol{\theta}_2}\boldsymbol{b})}\right] \tag{2.13}$$

其中：$\boldsymbol{a}^{\mathrm{T}} = \boldsymbol{f}^*(l_k;\boldsymbol{\theta}_1)^{\mathrm{T}} - t[\boldsymbol{f}^*(l_k;\boldsymbol{\theta}_1)^{\mathrm{T}}]'$；$\boldsymbol{b}^{\mathrm{T}} = \boldsymbol{f}^*(l_k;\boldsymbol{\theta}_1)^{\mathrm{T}}$；$w_k = w - X_k$；$\gamma = \sigma_B^2 l_k$。

证明：基于定理 2.1 和引理 2.2，应用全概率公式可得

$$f_{l_k|X_k}(l_k|X_k) = \int_{-\infty}^{+\infty} f_{L_k|\boldsymbol{\theta}_2,X_k}(l_k|\boldsymbol{\theta}_2,X_k)p(\boldsymbol{\theta}_2)\mathrm{d}\boldsymbol{\theta}_2 = E_{\boldsymbol{\theta}_2|X_k}\{f_{L_k|\boldsymbol{\theta}_2,X_k}(l_k|\boldsymbol{\theta}_2,X_k)\}$$

$$\cong \frac{1}{\sigma_B\sqrt{2\pi l_k^3}}E_{\boldsymbol{\theta}_2|X_k}\left\{[w_k - \boldsymbol{f}^*(l_k;\boldsymbol{\theta}_1)^{\mathrm{T}}\boldsymbol{\theta}_2 - l_k[\boldsymbol{f}^*(l_k;\boldsymbol{\theta}_1)^{\mathrm{T}}]'\boldsymbol{\theta}_2]\exp\left[-\frac{(w_k - \boldsymbol{f}^*(l_k;\boldsymbol{\theta}_1)^{\mathrm{T}}\boldsymbol{\theta}_2)^2}{2l_k\sigma_B^2}\right]\right\}$$

$$=\frac{1}{\sigma_B\sqrt{2\pi l_k^3}}\sqrt{\frac{\gamma^n}{|\boldsymbol{b}\boldsymbol{b}^{\mathrm{T}}\boldsymbol{\Sigma}_{\boldsymbol{\theta}_2}+\gamma\boldsymbol{I}_n|}}\left(w_k-\frac{w_k\boldsymbol{a}^{\mathrm{T}}\boldsymbol{\Sigma}_{\boldsymbol{\theta}_2}\boldsymbol{b}+\gamma\boldsymbol{a}^{\mathrm{T}}\boldsymbol{\mu}_{\boldsymbol{\theta}_2}}{\gamma+\boldsymbol{b}^{\mathrm{T}}\boldsymbol{\Sigma}_{\boldsymbol{\theta}_2}\boldsymbol{b}}\right)\exp\left[-\frac{(w_k-\boldsymbol{b}^{\mathrm{T}}\boldsymbol{\mu}_{\boldsymbol{\theta}_2})^2}{2(\gamma+\boldsymbol{b}^{\mathrm{T}}\boldsymbol{\Sigma}_{\boldsymbol{\theta}_2}\boldsymbol{b})}\right] \tag{2.14}$$

其中：$\boldsymbol{a}^{\mathrm{T}}=\boldsymbol{f}^*(l_k;\boldsymbol{\theta}_1)^{\mathrm{T}}-t[\boldsymbol{f}^*(l_k;\boldsymbol{\theta}_1)^{\mathrm{T}}]'$；$\boldsymbol{b}^{\mathrm{T}}=\boldsymbol{f}^*(l_k;\boldsymbol{\theta}_1)^{\mathrm{T}}$；$w_k=w-X_k$；$\gamma=\sigma_B^2 l_k$。

证明完成。

以上推导的结果是针对当前退化状态能够被直接精确监测获得的情况。然而，实践中由于测量不确定性的存在，直接观测的情况是难以实现的。因此，为减少测量不确定性的影响，通过退化监测数据估计出潜在退化状态。下面给出考虑测量不确定性的情况。

步骤3：同时考虑时间不确定性和测量不确定性下的剩余寿命预测。

因为只有到当前时刻 t_k 的不确定测量 $Y_{1:k}$ 是可用的，并且潜在退化状态 X_k 不能被直接使用，所以需要估计 t_k 时刻 X_k 的分布，以计算测量不确定性对剩余寿命预测的影响。为实时估计系统的隐含退化状态，这里将状态方程和测量方程分别进行离散化处理。具体地，在 t_k 时刻，$k=1,2,\cdots$，一旦获取了新的观测数据，则有

$$\begin{cases}X_k=X_{k-1}+\boldsymbol{f}(t_k;\boldsymbol{\theta}_1)^{\mathrm{T}}\boldsymbol{\theta}_2-\boldsymbol{f}(t_{k-1};\boldsymbol{\theta}_1)^{\mathrm{T}}\boldsymbol{\theta}_2+\nu_k\\ Y_k=X_k+\varepsilon_k\end{cases} \tag{2.15}$$

其中：$\nu_k=\sigma_B[B(t_k)-B(t_{k-1})]$；$\varepsilon_k$ 是 ε 在 t_k 时刻的具体实现。由式 2.2 的设定可知，$\{\nu_k\}_{k\geqslant 1}$ 和 $\{\varepsilon_k\}_{k\geqslant 1}$ 是独立同分布的噪声序列。进一步，有 $\nu_k\sim N(0,\sigma_B^2(t_k-t_{k-1}))$ 和 $\varepsilon_k\sim N(0,\sigma_\varepsilon^2)$。

按照式（2.15），利用 Kalman 滤波估计隐含退化状态。这里定义 $\hat{X}_{k|k}=E(X_k|Y_{1:k},\boldsymbol{\theta}_2)$ 和 $P_{k|k}=\mathrm{var}(X_k|Y_{1:k},\boldsymbol{\theta}_2)$ 分别为 X_k 的条件期望和方差，$\hat{X}_{k|k-1}=E(X_k|Y_{1:k-1},\boldsymbol{\theta}_2)$ 和 $P_{k|k-1}=\mathrm{var}(X_k|Y_{1:k-1},\boldsymbol{\theta}_2)$ 分别为一步前向预测期望和方差。因此，在当前时刻 t_k，由 Kalman 滤波递归估计的退化状态可归纳为

状态估计
$$\begin{cases}\hat{X}_{k|k-1}=\hat{X}_{k-1|k-1}+\boldsymbol{f}(t_k;\boldsymbol{\theta}_1)^{\mathrm{T}}\boldsymbol{\theta}_2-\boldsymbol{f}(t_{k-1};\boldsymbol{\theta}_1)^{\mathrm{T}}\boldsymbol{\theta}_2\\ \hat{X}_{k|k}=\hat{X}_{k|k-1}+K(k)(Y_k-\hat{X}_{k|k-1})\\ K(k)=P_{k|k-1}(P_{k|k-1}+\sigma_3^2)^{-1}\\ P_{k|k-1}=P_{k-1|k-1}+\sigma_B^2(t_k-t_{k-1})\end{cases}$$

方差更新
$$P_{k|k}=[1-K(k)]P_{k|k-1}$$

其中：基于模型设定的 $X_0=0$；初始值设定为 $\hat{X}_{0|0}=0$，$P_{0|0}=0$。

由 Kalman 滤波算法，基于当前时刻 t_k 的条件测量序列 $Y_{1:k}$ 对 X_k 的后验估计结果是服从高斯分布的，且可解析表示，即 $X_k|\boldsymbol{\theta}_2, Y_{1:k} \sim N(\hat{X}_{k|k}, P_{k|k})$。因此，考虑估计的不确定性，剩余寿命预测通过下式计算

$$\begin{aligned} f_{L_k|\boldsymbol{\theta}_2,Y_{1:k}}(l_k|\boldsymbol{\theta}_2,Y_{1:k}) &= \int_{-\infty}^{+\infty} f_{L_k|\boldsymbol{\theta}_2,X_k,Y_{1:k}}(l_k|\boldsymbol{\theta}_2,X_k,Y_{1:k})p(X_k|\boldsymbol{\theta}_2,Y_{1:k})\mathrm{d}X_k \\ &= E_{X_k|\boldsymbol{\theta}_2,Y_{1:k}}[f_{L_k|\boldsymbol{\theta}_2,X_k,Y_{1:k}}(l_k|\boldsymbol{\theta}_2,X_k,Y_{1:k})] \\ &= E_{X_k|\boldsymbol{\theta}_2,Y_{1:k}}[f_{L_k|\boldsymbol{\theta}_2,X_k}(l_k|\boldsymbol{\theta}_2,X_k)] \end{aligned} \tag{2.16}$$

其中：$p(X_k|\boldsymbol{\theta}_2,Y_{1:k})$ 是 $X_k|\boldsymbol{\theta}_2,Y_{1:k}$ 条件概率密度函数；其均值和方差分别为 $\hat{X}_{k|k}$ 和 $P_{k|k}$。

在式（2.16）的推导过程中，需用到以下引理。

引理 2.3　给定在 t_k 时刻的退化状态 X_k，$\boldsymbol{\theta}_2$ 和 $Y_{1:k}$，则下式成立

$$f_{L_k|\boldsymbol{\theta}_2,X_k,Y_{1:k}}(l_k|\boldsymbol{\theta}_2,X_k,Y_{1:k})=f_{L_k|\boldsymbol{\theta}_2,x_k}(l_k|\boldsymbol{\theta}_2,X_k) \tag{2.17}$$

证明：基于扩散过程的 Markov 性质和式（2.4）中剩余寿命的定义，有

$$\begin{aligned} F_{L_k|\boldsymbol{\theta}_2,X_k,Y_{1:k}}(l_k|\boldsymbol{\theta}_2,X_k,Y_{1:k}) &= \Pr(L_k \leqslant l_k|\boldsymbol{\theta}_2,X_k,Y_{1:k}) = \Pr(\sup_{l_k>0} X(t_k+l_k) \geqslant \omega|\boldsymbol{\theta}_2,X_k,Y_{1:k}) \\ &= \Pr(\sup_{l_k>0} X(t_k+l_k) \geqslant \omega|\boldsymbol{\theta}_2,X_k) = F_{L_k|\boldsymbol{\theta}_2,X_k}(l_k|\boldsymbol{\theta}_2,X_k) \end{aligned} \tag{2.18}$$

则式（2.17）成立。

证明完成。

进一步，基于引理 2.2，考虑时间不确定性和测量不确定性的剩余寿命预测能够通过以下定理计算得到。

定理 2.4　对于式（2.1）和式（2.4）中描述的扩散过程，当给定 $\boldsymbol{\theta}_2$ 和到当前时刻 t_k 获取的监测数据 $Y_{1:k}$ 时，则 t_k 时刻剩余寿命预测结果为

$$\begin{aligned} & f_{L_k|\boldsymbol{\theta}_2,Y_{1:k}}(l_k|\boldsymbol{\theta}_2,Y_{1:k}) \\ & \cong \frac{1}{\sqrt{2\pi l_k^2\gamma^*}}\left(w^* - l_k[\boldsymbol{f}^*(l_k;\boldsymbol{\theta}_1)^{\mathrm{T}}]'\boldsymbol{\theta}_2 - \frac{P_{k|k}w^* + \sigma_B^2 l_k \hat{X}_{k|k}}{\gamma^*}\right)\exp\left(-\frac{(\hat{X}_{k|k}-w^*)^2}{2\gamma^*}\right) \end{aligned} \tag{2.19}$$

其中：$\gamma^* = P_{k|k} + \sigma_B^2 l_k$；$\boldsymbol{f}^*(l_k;\boldsymbol{\theta}_1)^{\mathrm{T}} = \boldsymbol{f}(l_k+t_k;\boldsymbol{\theta}_1)^{\mathrm{T}} - \boldsymbol{f}(t_k;\boldsymbol{\theta}_1)^{\mathrm{T}}$；$w^* = w - \boldsymbol{f}^*(l_k;\boldsymbol{\theta}_1)^{\mathrm{T}}\boldsymbol{\theta}_2$。

证明：由定理2.1和引理2.2，可得

$$f_{L_k \mid \boldsymbol{\theta}_2, Y_{1:k}}(l_k \mid \boldsymbol{\theta}_2, Y_{1:k}) = E_{X_k \mid \boldsymbol{\theta}_2, Y_{1:k}}[f_{L_k \mid \boldsymbol{\theta}_2, X_k, Y_{1:k}}(l_k \mid \boldsymbol{\theta}_2, X_k, Y_{1:k})] = E_{X_k \mid \boldsymbol{\theta}_2, Y_{1:k}}[f_{L_k \mid \boldsymbol{\theta}_2, X_k}(l_k \mid \boldsymbol{\theta}_2, X_k)]$$

$$\cong \frac{1}{\sigma_B \sqrt{2\pi l_k^3}} E_{X_k \mid \boldsymbol{\theta}_2, Y_{1:k}} \left\{ (w_k - \boldsymbol{f}^*(l_k;\boldsymbol{\theta}_1)^{\mathrm{T}} \boldsymbol{\theta}_2 - l_k [\boldsymbol{f}^*(l_k;\boldsymbol{\theta}_1)^{\mathrm{T}}]' \boldsymbol{\theta}_2) \exp\left[-\frac{(w_k - \boldsymbol{f}^*(l_k;\boldsymbol{\theta}_1)^{\mathrm{T}} \boldsymbol{\theta}_2)^2}{2 l_k \sigma_B^2} \right] \right\}$$

$$= \frac{1}{\sigma_B \sqrt{2\pi l_k^3}}$$

$$E_{X_k \mid \boldsymbol{\theta}_2, Y_{1:k}} \left\{ (w - \boldsymbol{f}^*(l_k;\boldsymbol{\theta}_1)^{\mathrm{T}} \boldsymbol{\theta}_2 - l_k [\boldsymbol{f}^*(l_k;\boldsymbol{\theta}_1)^{\mathrm{T}}]' \boldsymbol{\theta}_2 - X_k) \exp\left[-\frac{(w - \boldsymbol{f}^*(l_k;\boldsymbol{\theta}_1)^{\mathrm{T}} \boldsymbol{\theta}_2 - X_k)^2}{2 l_k \sigma_B^2} \right] \right\}$$

$$= \frac{1}{\sqrt{2\pi l_k^2 (P_{k \mid k} + \sigma_B^2 l_k)}} \left(w - \boldsymbol{f}^*(l_k;\boldsymbol{\theta}_1)^{\mathrm{T}} \boldsymbol{\theta}_2 - l_k [\boldsymbol{f}^*(l_k;\boldsymbol{\theta}_1)^{\mathrm{T}}]' \boldsymbol{\theta}_2 - \frac{P_{k \mid k}(w - \boldsymbol{f}^*(l_k;\boldsymbol{\theta}_1)^{\mathrm{T}} \boldsymbol{\theta}_2) + \sigma_B^2 l_k \hat{X}_{k \mid k}}{P_{k \mid k} + \sigma_B^2 l_k} \right)$$

$$\exp\left[-\frac{(w - \boldsymbol{f}^*(l_k;\boldsymbol{\theta}_1)^{\mathrm{T}} \boldsymbol{\theta}_2 - \hat{X}_{k \mid k})^2}{2 (P_{k \mid k} + \sigma_B^2 l_k)} \right]$$

$$= \frac{1}{\sqrt{2\pi l_k^2 \gamma^*}} \left(w^* - l_k [\boldsymbol{f}^*(l_k;\boldsymbol{\theta}_1)^{\mathrm{T}}]' \boldsymbol{\theta}_2 - \frac{P_{k \mid k} w^* + \sigma_B^2 l_k \hat{X}_{k \mid k}}{\gamma^*} \right) \exp\left(-\frac{(w^* - \hat{X}_{k \mid k})^2}{2\gamma^*} \right) \tag{2.20}$$

证明完成。

定理2.4推导出了考虑测量不确定性时剩余寿命分布的概率密度函数。然而，参数 $\boldsymbol{\theta}_2$ 假定是给定的，此时没有考虑 $\boldsymbol{\theta}_2$ 的随机性，即设备间的个体差异性。另外，随着新的监测数据 $Y_{1:k}$ 的获取，$\boldsymbol{\theta}_2$ 也没有被更新。接下来的部分，进一步将个体差异和 $\boldsymbol{\theta}_2$ 的更新机制考虑到剩余寿命的预测中。

步骤4：三层不确定性下的剩余寿命预测。

基于步骤3中的结论，为获得三层不确定下剩余寿命的概率密度函数，这里对 $\boldsymbol{\theta}_2$ 采用 $\boldsymbol{\theta}_{2,k} = \boldsymbol{\theta}_{2,k-1}$ 的更新过程，其初始值为 $\boldsymbol{\theta}_{2,0} \sim \mathrm{MVN}(\boldsymbol{\mu}_{\boldsymbol{\theta}_2}, \boldsymbol{\Sigma}_{\boldsymbol{\theta}_2})$。另外，通过到 t_k 时刻的测量值可计算出 $\boldsymbol{\theta}_2$ 的后验分布。进一步，基于式（2.10），将考虑三层不确定性的退化方程重构为以下模型

$$\begin{cases} X_k = X_{k-1} + \boldsymbol{f}(t_k;\boldsymbol{\theta}_1)^{\mathrm{T}} \boldsymbol{\theta}_{2,k-1} - \boldsymbol{f}(t_{k-1};\boldsymbol{\theta}_1)^{\mathrm{T}} \boldsymbol{\theta}_{2,k-1} + v_k \\ \boldsymbol{\theta}_{2,k} = \boldsymbol{\theta}_{2,k-1} \\ Y_k = X_k + \boldsymbol{\varepsilon}_k \end{cases} \tag{2.21}$$

其中，$\{v_k\}_{k\geq 1}$和$\{\varepsilon_k\}_{k\geq 1}$是独立同分布的噪声序列，即 $v_k \sim N(0,\sigma_B^2(t_k-t_{k-1}))$和$\varepsilon_k \sim N(0,\sigma_\varepsilon^2)$。

在式（2.21）中，隐含退化状态和随机参数 $\boldsymbol{\theta}_2$ 可通过不确定测量值 $Y_{1:k}$ 估计得到。为基于 Kalman 滤波实时估计隐含状态和 $\boldsymbol{\theta}_2$，可将式（2.21）进一步写为

$$\begin{cases} \boldsymbol{Z}_k = \boldsymbol{A}_k \boldsymbol{Z}_{k-1} + \boldsymbol{\eta}_k \\ Y_k = \boldsymbol{C}\boldsymbol{Z}_k + \varepsilon_k \end{cases} \tag{2.22}$$

其中：$\boldsymbol{Z}_k \in \mathbf{R}^{(n+1)\times 1}$；$\boldsymbol{\eta}_k \in \mathbf{R}^{(n+1)\times 1}$；$\boldsymbol{A}_k \in \mathbf{R}^{(n+1)\times(n+1)}$；$\boldsymbol{C} \in \mathbf{R}^{1\times(n+1)}$；$\boldsymbol{\eta}_k \sim \mathrm{MVN}(\boldsymbol{0},\boldsymbol{Q}_k)$；$\boldsymbol{Q}_k \in \mathbf{R}^{(n+1)\times(n+1)}$；且分别为

$$\boldsymbol{Z}_k = \begin{bmatrix} X_k \\ \boldsymbol{\theta}_{2,k} \end{bmatrix},\quad \boldsymbol{\eta}_k = \begin{bmatrix} v_k \\ \boldsymbol{0} \end{bmatrix},\quad \boldsymbol{A}_k = \begin{bmatrix} 1 & \boldsymbol{f}(t_k;\boldsymbol{\theta}_1)^{\mathrm{T}} - \boldsymbol{f}(t_{k-1};\boldsymbol{\theta}_1)^{\mathrm{T}} \\ \boldsymbol{0} & \boldsymbol{1} \end{bmatrix},$$

$$\boldsymbol{C} = [1,\boldsymbol{0}],\quad \boldsymbol{Q}_k = \begin{bmatrix} \sigma_B^2(t_k - t_{k-1}) & \boldsymbol{0} \\ \boldsymbol{0} & \boldsymbol{0} \end{bmatrix}。$$

同样地，$\boldsymbol{Z}_k$ 的期望和方差可定义为

$$\hat{\boldsymbol{Z}}_{k|k} = \begin{bmatrix} \hat{X}_{k|k} \\ \hat{\boldsymbol{\theta}}_{2,k|k} \end{bmatrix} = E(\boldsymbol{Z}_k | Y_{1:k}) \tag{2.23}$$

$$\boldsymbol{P}_{k|k} = \begin{bmatrix} \boldsymbol{\kappa}_{X,k} & \boldsymbol{\kappa}_{c,k}^{\mathrm{T}} \\ \boldsymbol{\kappa}_{c,k} & \boldsymbol{\kappa}_{\theta_2,k} \end{bmatrix} = \mathrm{cov}(\boldsymbol{Z}_k | Y_{1:k}) \tag{2.24}$$

其中：$\hat{X}_{k|k} = E(X_k | Y_{1:k})$；$\hat{\boldsymbol{\theta}}_{2,k|k} = E(\boldsymbol{\theta}_{2,k} | Y_{1:k})$；$\boldsymbol{\kappa}_{X,k} = \mathrm{var}(X_k | Y_{1:k})$；$\boldsymbol{\kappa}_{\boldsymbol{\theta}_2,k} = \mathrm{var}(\boldsymbol{\theta}_{2,k} | Y_{1:k})$；$\boldsymbol{\kappa}_{c,k} = [\mathrm{cov}(X_k,\boldsymbol{\theta}_{2,1,k} | Y_{1:k}),\mathrm{cov}(X_k,\boldsymbol{\theta}_{2,2,k} | Y_{1:k}),\cdots,\mathrm{cov}(X_k,\boldsymbol{\theta}_{2,n,k} | Y_{1:k})]^{\mathrm{T}}$。

进一步，定义一步前向预测的期望和方差分别为

$$\hat{\boldsymbol{Z}}_{k|k-1} = \begin{bmatrix} \hat{X}_{k|k-1} \\ \hat{\boldsymbol{\theta}}_{2,k|k-1} \end{bmatrix} = E(\boldsymbol{Z}_k | Y_{1:k-1}) \tag{2.25}$$

$$\boldsymbol{P}_{k|k-1} = \begin{bmatrix} \boldsymbol{\kappa}_{X,k|k-1} & \boldsymbol{\kappa}_{c,k|k-1}^{\mathrm{T}} \\ \boldsymbol{\kappa}_{c,k|k-1} & \boldsymbol{\kappa}_{\theta_2,k|k-1} \end{bmatrix} = \mathrm{cov}(\boldsymbol{Z}_k | Y_{1:k-1}) \tag{2.26}$$

基于以上设定，一旦获得在 t_k 时刻的状态测量值，则可通过 Kalman 滤波算法对 $\boldsymbol{Z}_k$ 估计如下

$$\text{状态估计}\begin{cases}\hat{\boldsymbol{Z}}_{k|k-1}=\boldsymbol{A}_k\hat{\boldsymbol{Z}}_{k-1|k-1},\\ \hat{\boldsymbol{Z}}_{k|k}=\hat{\boldsymbol{Z}}_{k|k-1}+\boldsymbol{K}(k)(Y_k-\boldsymbol{C}\hat{\boldsymbol{Z}}_{k|k-1}),\\ \boldsymbol{K}(k)=\boldsymbol{P}_{k|k-1}\boldsymbol{C}^{\mathrm{T}}[\boldsymbol{C}\boldsymbol{P}_{k|k-1}\boldsymbol{C}^{\mathrm{T}}+\sigma_3^2]^{-1},\\ \boldsymbol{P}_{k|k-1}=\boldsymbol{A}_k\boldsymbol{P}_{k-1|k-1}\boldsymbol{A}_k^{\mathrm{T}}+\boldsymbol{Q}_k\end{cases}$$

$$\text{方差更新}\qquad \boldsymbol{P}_{k|k}=\boldsymbol{P}_{k|k-1}-\boldsymbol{K}(k)\boldsymbol{C}\boldsymbol{P}_{k|k-1},$$

其中：状态初始值设定为$\hat{\boldsymbol{Z}}_{0|0}=\begin{bmatrix}0\\ \boldsymbol{\mu}_{\boldsymbol{\theta}_2}\end{bmatrix}$，$\boldsymbol{P}_{0|0}=\begin{bmatrix}0 & \boldsymbol{0}\\ \boldsymbol{0} & \boldsymbol{\Sigma}_{\boldsymbol{\theta}_2}\end{bmatrix}$。

这里$\boldsymbol{\mu}_{\boldsymbol{\theta}_2}$和$\boldsymbol{\Sigma}_{\boldsymbol{\theta}_2}$能够通过极大似然估计的方法得到，具体估计方法在第 2.4 节中进行详细讨论。

由 Kalman 滤波的高斯性质，$\boldsymbol{Z}_k$ 的后验概率密度函数服从高斯分布，即 $\boldsymbol{Z}_k\sim N(\hat{\boldsymbol{Z}}_{k|k},\boldsymbol{P}_{k|k})$。基于多变量高斯分布的性质，有

$$\boldsymbol{\theta}_{2,k}|Y_{1:k}\sim \mathrm{MVN}(\hat{\boldsymbol{\theta}}_{2,k|k},\boldsymbol{\kappa}_{\boldsymbol{\theta}_2,k})\tag{2.27}$$

$$X_k|Y_{1:k}\sim N(\hat{X}_{k|k},\kappa_{X,k})\tag{2.28}$$

$$X_k|\boldsymbol{\theta}_{2,k},Y_{1:k}\sim N(\mu_{X_k|\boldsymbol{\theta}_{2,k}},\sigma^2_{X_k|\boldsymbol{\theta}_{2,k}})\tag{2.29}$$

其中

$$\mu_{X_k|\boldsymbol{\theta}_{2,k}}=\hat{X}_{k|k}+\boldsymbol{\kappa}_{c,k}^{\mathrm{T}}\boldsymbol{\kappa}_{\boldsymbol{\theta}_{2,k}}^{-1}(\boldsymbol{\theta}_{2,k}-\hat{\boldsymbol{\theta}}_{2,k|k})\tag{2.30}$$

$$\sigma^2_{X_k|\boldsymbol{\theta}_{2,k}}=\kappa_{X,k}-\boldsymbol{\kappa}_{c,k}^{\mathrm{T}}\boldsymbol{\kappa}_{\boldsymbol{\theta}_{2,k}}^{-1}\boldsymbol{\kappa}_{c,k}\tag{2.31}$$

接下来，推导在 t_k 时刻考虑三层不确定性的$f_{L_k|Y_{1:k}}(l_k|Y_{1:k})$。基于全概率公式，可得

$$\begin{aligned}f_{L_k|Y_{1:k}}(l_k|Y_{1:k})&=\int_{-\infty}^{+\infty}f_{L_k|\boldsymbol{Z}_k,Y_{1:k}}(l_k|\boldsymbol{Z}_k,Y_{1:k})p(\boldsymbol{Z}_k|Y_{1:k})\mathrm{d}\boldsymbol{Z}_k\\ &=\int_{-\infty}^{+\infty}\int_{-\infty}^{+\infty}f_{L_k|\boldsymbol{\theta}_{2,k},X_k,Y_{1:k}}(l_k|\boldsymbol{\theta}_{2,k},X_k,Y_{1:k})p(\boldsymbol{\theta}_{2,k},X_k|Y_{1:k})\mathrm{d}\boldsymbol{\theta}_{2,k}\mathrm{d}X_k\\ &=\int_{-\infty}^{+\infty}\int_{-\infty}^{+\infty}f_{L_k|\boldsymbol{\theta}_{2,k},X_k,Y_{1:k}}(l_k|\boldsymbol{\theta}_{2,k},X_k,Y_{1:k})p(X_k|\boldsymbol{\theta}_{2,k},Y_{1:k})p(\boldsymbol{\theta}_{2,k}|Y_{1:k})\mathrm{d}\boldsymbol{\theta}_{2,k}\mathrm{d}X_k\\ &=\int_{-\infty}^{+\infty}[p(\boldsymbol{\theta}_{2,k}|Y_{1:k})\int_{-\infty}^{+\infty}f_{L_k|\boldsymbol{\theta}_{2,k},X_k,Y_{1:k}}(l_k|\boldsymbol{\theta}_{2,k},X_k,Y_{1:k})p(X_k|\boldsymbol{\theta}_{2,k},Y_{1:k})\mathrm{d}X_k]\mathrm{d}\boldsymbol{\theta}_{2,k}\\ &=E_{\boldsymbol{\theta}_{2,k}|Y_{1:k}}[E_{X_k|\boldsymbol{\theta}_{2,k},Y_{1:k}}[f_{L_k|\boldsymbol{\theta}_{2,k},X_k,Y_{1:k}}(l_k|\boldsymbol{\theta}_{2,k},X_k,Y_{1:k})]]\end{aligned}\tag{2.32}$$

基于引理 2.1，引理 2.2 和定理 2.4，利用三层不确定性的退化模型，剩余寿命的概率密度函数可通过以下定理得到。

定理 2.5 对于式（2.1）和式（2.4）描述的扩散过程，给定到当前时刻

t_k 的不确定测量 $Y_{1:k}$，则在 t_k 时刻剩余寿命预测结果为

$$f_{L_k \mid Y_{1:k}}(l_k \mid Y_{1:k}) \cong \sqrt{\frac{C_k^{n-3}}{2\pi \mid \boldsymbol{B}_k \boldsymbol{B}_k^{\mathrm{T}} \boldsymbol{\kappa}_{\boldsymbol{\theta}_2,k} + C_k \boldsymbol{I}_n \mid}} \left(\omega_{1,k} - \frac{\omega_{2,k} \boldsymbol{A}_k \boldsymbol{\kappa}_{\boldsymbol{\theta}_2,k} \boldsymbol{B}_k + C_k \boldsymbol{A}_k \hat{\boldsymbol{\theta}}_{2,k}}{C_k + \boldsymbol{B}_k^{\mathrm{T}} \boldsymbol{\kappa}_{\boldsymbol{\theta}_2,k} \boldsymbol{B}_k} \right) \exp\left(-\frac{((w - \hat{X}_{k \mid k} - \boldsymbol{f}^*(l_k;\boldsymbol{\theta}_1)^{\mathrm{T}} \hat{\boldsymbol{\theta}}_{2,k}))^2}{2(C_k + \boldsymbol{B}_k^{\mathrm{T}} \boldsymbol{\kappa}_{\boldsymbol{\theta}_2,k} \boldsymbol{B}_k)} \right) \tag{2.33}$$

其中：$\boldsymbol{f}^*(l_k;\boldsymbol{\theta}_1)^{\mathrm{T}}$，$w_{1,k}$，$w_{2,k}\boldsymbol{A}_k$，$\boldsymbol{B}_k$，和 $\boldsymbol{C}_k$ 分别为

$$\boldsymbol{f}^*(l_k;\boldsymbol{\theta}_1)^{\mathrm{T}} = \boldsymbol{f}(l_k + t_k;\boldsymbol{\theta}_1)^{\mathrm{T}} - \boldsymbol{f}(t_k;\boldsymbol{\theta}_1)^{\mathrm{T}}$$

$$w_{1,k} = (w - \hat{X}_{k \mid k} + \boldsymbol{\kappa}_{c,k}^{\mathrm{T}} \boldsymbol{\kappa}_{\boldsymbol{\theta}_2,k}^{-1} \hat{\boldsymbol{\theta}}_{2,k \mid k}) \sigma_B^2$$

$$w_{2,k} = w - \hat{X}_{k \mid k} + \boldsymbol{\kappa}_{c,k}^{\mathrm{T}} \boldsymbol{\kappa}_{\boldsymbol{\theta}_2,k}^{-1} \hat{\boldsymbol{\theta}}_{2,k \mid k}$$

$$\boldsymbol{A}_k = \boldsymbol{\kappa}_{c,k}^{\mathrm{T}} \boldsymbol{\kappa}_{\boldsymbol{\theta}_2,k}^{-1} \boldsymbol{\sigma}_B^2 + \boldsymbol{f}^*(l_k;\boldsymbol{\theta}_1)^{\mathrm{T}} \boldsymbol{\sigma}_B^2 + l_k [\boldsymbol{f}^*(l_k;\boldsymbol{\theta}_1)^{\mathrm{T}}]' \boldsymbol{\sigma}_B^2 - [\boldsymbol{f}^*(l_k;\boldsymbol{\theta}_1)^{\mathrm{T}}]' \boldsymbol{\sigma}_{X_k \mid \boldsymbol{\theta}_2,k}^2$$

$$\boldsymbol{B}_k = (\boldsymbol{f}^*(l_k;\boldsymbol{\theta}_1)^{\mathrm{T}} + \boldsymbol{\kappa}_{c,k}^{\mathrm{T}} \boldsymbol{\kappa}_{\boldsymbol{\theta}_2,k}^{-1})^{\mathrm{T}}$$

$$C_k = \boldsymbol{\sigma}_{X_k \mid \boldsymbol{\theta}_2,k}^2 + \boldsymbol{\sigma}_B^2 l_k$$

证明：为推导 $f_{L_k \mid Y_{1:k}}(l_k \mid Y_{1:k})$ 的结果，首先有以下变换结果

$$f_{L_k \mid \boldsymbol{\theta}_{2,k}, X_k, Y_{1:k}}(l_k \mid \boldsymbol{\theta}_{2,k}, X_k, Y_{1:k}) = f_{L_k \mid \boldsymbol{\theta}_{2,k}, X_k}(l_k \mid \boldsymbol{\theta}_{2,k}, X_k)$$
$$= \frac{w_k - \boldsymbol{f}^*(l_k;\boldsymbol{\theta}_1)^{\mathrm{T}} \boldsymbol{\theta}_{2,k} - l_k [\boldsymbol{f}^*(l_k;\boldsymbol{\theta}_1)^{\mathrm{T}}]' \boldsymbol{\theta}_{2,k}}{\sigma_B \sqrt{2\pi l_k^3}} \exp\left[-\frac{(w_k - \boldsymbol{f}^*(l_k;\boldsymbol{\theta}_1)^{\mathrm{T}} \boldsymbol{\theta}_{2,k})^2}{2 l_k \boldsymbol{\sigma}_B^2} \right] \tag{2.34}$$

此时，因为 $X_k \mid \boldsymbol{\theta}_{2,k}, Y_{1:k} \sim N(\boldsymbol{\mu}_{X_k \mid \boldsymbol{\theta}_2,k}, \boldsymbol{\sigma}_{X_k \mid \boldsymbol{\theta}_2,k}^2)$，可得定理 2.4 的如下形式

$$E_{X_k \mid \boldsymbol{\theta}_{2,k}, Y_{1:k}} [f_{L_k \mid \boldsymbol{\theta}_{2,k}, X_k, Y_{1:k}}(l_k \mid \boldsymbol{\theta}_{2,k}, X_k, Y_{1:k})]$$
$$\cong \frac{1}{\sqrt{2\pi l_k^2 C_k}} \left(w^* - l_k [\boldsymbol{f}^*(l_k;\boldsymbol{\theta}_1)^{\mathrm{T}}]' \boldsymbol{\theta}_{2,k} - \frac{\boldsymbol{\sigma}_{X_k \mid \boldsymbol{\theta}_2,k}^2 w^* + \boldsymbol{\sigma}_B^2 l_k \boldsymbol{\mu}_{X_k \mid \boldsymbol{\theta}_2,k}}{C_k} \right) \exp\left(-\frac{(\boldsymbol{\mu}_{X_k \mid \boldsymbol{\theta}_2,k} - w^*)^2}{2C_k} \right) \tag{2.35}$$

其中，$\boldsymbol{\mu}_{X_k \mid \boldsymbol{\theta}_2,k}$ 和 $\boldsymbol{\sigma}_{X_k \mid \boldsymbol{\theta}_2,k}^2$ 为式（2.30）和式（2.31）所示，且 $\boldsymbol{\mu}_{X_k \mid \boldsymbol{\theta}_2,k}$ 为 $\boldsymbol{\theta}_{2,k}$ 的函数。

由式（2.32）和 $\boldsymbol{\theta}_{2,k} \mid Y_{1:k} \sim \mathrm{MVN}(\hat{\boldsymbol{\theta}}_{2,k \mid k}, \boldsymbol{\kappa}_{\boldsymbol{\theta}_2,k})$，可知

$$f_{L_k \mid Y_{1:k}}(l_k \mid Y_{1:k}) = E_{\boldsymbol{\theta}_{2,k} \mid Y_{1:k}} [E_{X_k \mid \boldsymbol{\theta}_{2,k}, Y_{1:k}} [f_{L_k \mid \boldsymbol{\theta}_{2,k}, X_k, Y_{1:k}}(l_k \mid \boldsymbol{\theta}_{2,k}, X_k, Y_{1:k})]]$$
$$\cong E_{\boldsymbol{\theta}_{2,k} \mid Y_{1:k}} \left[\frac{1}{\sqrt{2\pi l_k^2 \gamma^*}} \left(w^* - l_k [\boldsymbol{f}^*(l_k;\boldsymbol{\theta}_1)^{\mathrm{T}}]' \boldsymbol{\theta}_{2,k} - \frac{\sigma_{X_k \mid \boldsymbol{\theta}_2,k}^2 w^* + \sigma_B^2 l_k \mu_{X_k \mid \boldsymbol{\theta}_2,k}}{C_k} \right) \exp\left(-\frac{(\mu_{X_k \mid \boldsymbol{\theta}_2,k} - w^*)^2}{2C_k} \right) \right]$$

$$
=E_{\boldsymbol{\theta}_{2,k}\mid Y_{1:k}}\left[\frac{1}{\sqrt{2\pi l_k^2 C_k}}\left(w^*-l_k[\boldsymbol{f}^*(l_k;\boldsymbol{\theta}_1)^{\mathrm{T}}]'\boldsymbol{\theta}_{2,k}-\frac{\sigma^2_{X_k\mid\boldsymbol{\theta}_2,k}w^*+\sigma_B^2 l_k(\hat{X}_{k\mid k}+\boldsymbol{\kappa}^{\mathrm{T}}_{c,k}\boldsymbol{\kappa}^{-1}_{\boldsymbol{\theta}_2,k}(\boldsymbol{\theta}_{2,k}-\hat{\boldsymbol{\theta}}_{2,k\mid k}))}{C_k}\right)\right.
$$

$$
\left.\exp\left(-\frac{((\hat{X}_{k\mid k}+\boldsymbol{\kappa}^{\mathrm{T}}_{c,k}\boldsymbol{\kappa}^{-1}_{\boldsymbol{\theta}_2,k}(\boldsymbol{\theta}_{2,k}-\hat{\boldsymbol{\theta}}_{2,k\mid k}))-w^*)^2}{2C_k}\right)\right]
$$

$$
=\sqrt{\frac{C_k^{n-3}}{2\pi\,|\boldsymbol{B}_k\boldsymbol{B}_k^{\mathrm{T}}\boldsymbol{\kappa}_{\boldsymbol{\theta}_2,k}+C_k\boldsymbol{I}_n|}}\left(\omega_{1,k}-\frac{\omega_{2,k}\boldsymbol{A}_k\boldsymbol{\kappa}_{\boldsymbol{\theta}_2,k}\boldsymbol{B}_k+C_k\boldsymbol{A}_k\hat{\boldsymbol{\theta}}_{2,k}}{C_k+\boldsymbol{B}_k^{\mathrm{T}}\boldsymbol{\kappa}_{\boldsymbol{\theta}_2,k}\boldsymbol{B}_k}\right)\exp\left(-\frac{((w-\hat{X}_{k\mid k}-\boldsymbol{f}^*(l_k;\boldsymbol{\theta}_1)^{\mathrm{T}}\hat{\boldsymbol{\theta}}_{2,k}))^2}{2(C_k+\boldsymbol{B}_k^{\mathrm{T}}\boldsymbol{\kappa}_{\boldsymbol{\theta}_2,k}\boldsymbol{B}_k)}\right)
$$

(2.36)

其中：最后的等式是由引理 2.2 得到的；$\boldsymbol{f}^*(l_k;\boldsymbol{\theta}_1)^{\mathrm{T}}$，$w^*$，$w_{1,k}$，$w_{2,k}\boldsymbol{A}_k$，$\boldsymbol{B}_k$ 和 C_k 分别为

$$\boldsymbol{f}^*(l_k;\boldsymbol{\theta}_1)^{\mathrm{T}}=\boldsymbol{f}(l_k+t_k;\boldsymbol{\theta}_1)^{\mathrm{T}}-\boldsymbol{f}(t_k;\boldsymbol{\theta}_1)^{\mathrm{T}}$$

$$w^*=w-\boldsymbol{f}^*(l_k;\boldsymbol{\theta}_1)^{\mathrm{T}}\boldsymbol{\theta}_{2,k}$$

$$w_{1,k}=(w-\hat{X}_{k\mid k}+\boldsymbol{\kappa}^{\mathrm{T}}_{c,k}\boldsymbol{\kappa}^{-1}_{\boldsymbol{\theta}_2,k}\hat{\boldsymbol{\theta}}_{2,k\mid k})\sigma_B^2$$

$$w_{2,k}=w-\hat{X}_{k\mid k}+\boldsymbol{\kappa}^{\mathrm{T}}_{c,k}\boldsymbol{\kappa}^{-1}_{\boldsymbol{\theta}_2,k}\hat{\boldsymbol{\theta}}_{2,k\mid k}$$

$$\boldsymbol{A}_k=\boldsymbol{\kappa}^{\mathrm{T}}_{c,k}\boldsymbol{\kappa}^{-1}_{\boldsymbol{\theta}_2,k}\sigma_B^2+\boldsymbol{f}^*(l_k;\boldsymbol{\theta}_1)^{\mathrm{T}}\sigma_B^2+l_k[\boldsymbol{f}^*(l_k;\boldsymbol{\theta}_1)^{\mathrm{T}}]'\sigma_B^2-[\boldsymbol{f}^*(l_k;\boldsymbol{\theta}_1)^{\mathrm{T}}]'\sigma^2_{X_k\mid\boldsymbol{\theta}_2,k}$$

$$\boldsymbol{B}_k=(\boldsymbol{f}^*(l_k;\boldsymbol{\theta}_1)^{\mathrm{T}}+\boldsymbol{\kappa}^{\mathrm{T}}_{c,k}\boldsymbol{\kappa}^{-1}_{\boldsymbol{\theta}_2,k})^{\mathrm{T}}$$

$$C_k=\sigma^2_{X_k\mid\boldsymbol{\theta}_2,k}+\sigma_B^2 l_k$$

证明完成。

随着新监测数据 $Y_{1:k}$ 的获取，通过状态空间模型式（2.22）计算 $\boldsymbol{Z}_k$ 的估计值，且 $\boldsymbol{Z}_k\sim N(\hat{\boldsymbol{Z}}_{k\mid k},\boldsymbol{P}_{k\mid k})$。因此，通过定理 2.5 可以对预测系统的剩余寿命进行更新。对于潜在随机退化过程，不同于定理 2.3 和定理 2.4，定理 2.5 将退化状态和随机参数的不确定性传递到剩余寿命的概率密度函数 $f_{L_k\mid Y_{1:k}}(l_k|Y_{1:k})$ 中。同时，一旦新的观测数据可用，则基于 Kalman 滤波可以对 $f_{L_k\mid Y_{1:k}}(l_k|Y_{1:k})$ 中的参数 $\hat{\boldsymbol{\theta}}_{2,k\mid k}$ 和 $\boldsymbol{\kappa}_{\boldsymbol{\theta}_2,k}$ 进行实时估计。

注： 定理 2.5 的推导结果具有一般性。例如，当式（2.6）中的 $\boldsymbol{f}^*(l_k;\boldsymbol{\theta}_1)^{\mathrm{T}}=l_k$ 时，定理 2.5 就简化为文献［72］中的剩余寿命预测结果。另外，通过分别或同时去掉 σ_ε^2 或 $\boldsymbol{\Sigma}_{\boldsymbol{\theta}_2}$，可以将定理 2.5 的结果简化为仅考虑两层不确定性或一层不确定性的剩余寿命预测结果。

2.4 三层不确定性下非线性模型的参数估计

为获取模型参数 $\boldsymbol{\mu}_{\boldsymbol{\theta}_2}$，$\boldsymbol{\Sigma}_{\boldsymbol{\theta}_2}$，$\boldsymbol{\theta}_1$，$\sigma_B^2$ 和 σ_ε^2 的初始值，假设有 N 个独立的同

类被测设备，且每个被测设备退化过程中的被监测时刻为 $t_1,t_2,\cdots,t_m$，即共监测 m 次。则第 i 个被测设备在 $t_{i,j}$ 时刻的第 j 次采样数据为

$$Y_i(t_{i,j})=\boldsymbol{f}(t_{i,j};\boldsymbol{\theta}_1)^{\mathrm{T}}\boldsymbol{\theta}_{2,i}+\sigma_B B(t_{i,j})+\varepsilon_{i,j} \tag{2.37}$$

其中：$i=1,2,\cdots,N$；$j=1,2,\cdots,m$；$\boldsymbol{\theta}_{2,i}$ 是独立同分布的，且 $\boldsymbol{\theta}_{2,i}\sim N(\boldsymbol{\mu}_{\boldsymbol{\theta}_2},\boldsymbol{\Sigma}_{\boldsymbol{\theta}_2})$。

为便于计算，令 $\boldsymbol{T}_i=(\boldsymbol{T}_{i,1},\boldsymbol{T}_{i,2},\cdots,\boldsymbol{T}_{i,m})^{\mathrm{T}}$，$\boldsymbol{T}_{i,j}=\boldsymbol{f}(t_{i,j};\boldsymbol{\theta}_1)^{\mathrm{T}}$，$\boldsymbol{Y}_i=(Y_i(t_{i,1}),Y_i(t_{i,2}),\cdots,Y_i(t_{i,m}))^{\mathrm{T}}$。基于 BM 独立增量性质，$\boldsymbol{Y}_i$ 服从多变量正态分布，其均值和方差分别为

$$\widetilde{\boldsymbol{\mu}}_i=\boldsymbol{T}_i\boldsymbol{\mu}_{\boldsymbol{\theta}_2},\quad \boldsymbol{S}_i=\boldsymbol{\Omega}_i+\boldsymbol{\Sigma}_{\boldsymbol{\theta}_2}\boldsymbol{T}_i\boldsymbol{T}_i^{\mathrm{T}} \tag{2.38}$$

其中

$$\boldsymbol{\Omega}_i=\sigma_B^2\boldsymbol{Q}_i+\sigma_\varepsilon^2\boldsymbol{I}_m \tag{2.39}$$

这里，$\boldsymbol{Q}_i=\begin{bmatrix} t_{i,1} & t_{i,1} & \cdots & t_{i,1} \\ t_{i,1} & t_{i,2} & \cdots & t_{i,2} \\ \vdots & \vdots & & \vdots \\ t_{i,1} & t_{i,2} & \cdots & t_{i,m} \end{bmatrix}$，$\boldsymbol{I}_m$ 为 m 维单位矩阵。

进一步，将 $\boldsymbol{\Lambda}=[\boldsymbol{\mu}_{\boldsymbol{\theta}_2},\boldsymbol{\Sigma}_{\boldsymbol{\theta}_2},\boldsymbol{\theta}_1,\sigma_B^2,\sigma_\varepsilon^2]^{\mathrm{T}}$ 的对数似然函数可以写成

$$l(\boldsymbol{\Lambda}\mid\boldsymbol{Y})=-\frac{Nm}{2}\ln(2\pi)-\frac{1}{2}\sum_{i=1}^{N}\ln|\boldsymbol{S}_i|-\frac{1}{2}\sum_{i=1}^{N}(\boldsymbol{Y}_i-\boldsymbol{T}_i\boldsymbol{\mu}_{\boldsymbol{\theta}_2})^{\mathrm{T}}\boldsymbol{S}_i^{-1}(\boldsymbol{Y}_i-\boldsymbol{T}_i\boldsymbol{\mu}_{\boldsymbol{\theta}_2}) \tag{2.40}$$

对式（2.40）表示的对数似然函数关于 $\boldsymbol{\mu}_{\boldsymbol{\theta}_2}$ 求偏导可得

$$\frac{\partial l(\boldsymbol{\Lambda}\mid\boldsymbol{Y})}{\partial\boldsymbol{\mu}_{\boldsymbol{\theta}_2}}=\frac{1}{2}\sum_{i=1}^{N}(\boldsymbol{S}_i^{-1}\boldsymbol{Y}_i\boldsymbol{T}_i^{\mathrm{T}}+\boldsymbol{T}_i^{\mathrm{T}}\boldsymbol{S}_i^{-1}\boldsymbol{Y}_i)-\sum_{i=1}^{N}\boldsymbol{T}_i^{\mathrm{T}}\boldsymbol{S}_i^{-1}\boldsymbol{T}_i\boldsymbol{\mu}_{\boldsymbol{\theta}_2} \tag{2.41}$$

这样，对于给定的 $\boldsymbol{\Sigma}_{\boldsymbol{\theta}_2},\boldsymbol{\theta}_1,\sigma_B^2,\sigma_\varepsilon^2$，令式（2.41）偏导值为 0，则对 $\boldsymbol{\mu}_{\boldsymbol{\theta}_2}$ 的极大似然估计结果可以表示为

$$\hat{\boldsymbol{\mu}}_{\boldsymbol{\theta}_2}=\frac{1}{2}\left(\sum_{i=1}^{N}\boldsymbol{T}_i^{\mathrm{T}}\boldsymbol{S}_i^{-1}\boldsymbol{T}_i\right)^{-1}\sum_{i=1}^{N}(\boldsymbol{S}_i^{-1}\boldsymbol{Y}_i\boldsymbol{T}_i^{\mathrm{T}}+\boldsymbol{T}_i^{\mathrm{T}}\boldsymbol{S}_i^{-1}\boldsymbol{Y}_i) \tag{2.42}$$

基于估计的 $\hat{\boldsymbol{\mu}}_{\boldsymbol{\theta}_2}$，则 $\boldsymbol{\Sigma}_{\boldsymbol{\theta}_2},\boldsymbol{\theta}_1,\sigma_B^2,\sigma_\varepsilon^2$ 的剖面似然函数为

$$\begin{aligned} l(\boldsymbol{\Sigma}_{\boldsymbol{\theta}_2},\boldsymbol{\theta}_1,\sigma_B^2,\sigma_\varepsilon^2\mid\boldsymbol{Y},\hat{\boldsymbol{\mu}}_{\boldsymbol{\theta}_2})=&-\frac{Nm}{2}\ln(2\pi)-\frac{1}{2}\sum_{i=1}^{N}\ln|\boldsymbol{S}_i| \\ &-\frac{1}{2}\left\{\sum_{i=1}^{N}(\boldsymbol{Y}_i^{\mathrm{T}}\boldsymbol{S}_i^{-1}\boldsymbol{Y}_i-\hat{\boldsymbol{\mu}}_{\boldsymbol{\theta}_2}^{\mathrm{T}}\boldsymbol{T}_i^{\mathrm{T}}\boldsymbol{S}_i^{-1}\boldsymbol{Y}_i-\boldsymbol{Y}_i^{\mathrm{T}}\boldsymbol{S}_i^{-1}\boldsymbol{T}_i\boldsymbol{\mu}_{\boldsymbol{\theta}_2}+\hat{\boldsymbol{\mu}}_{\boldsymbol{\theta}_2}^{\mathrm{T}}\boldsymbol{T}_i^{\mathrm{T}}\boldsymbol{S}_i^{-1}\boldsymbol{T}_i\boldsymbol{\mu}_{\boldsymbol{\theta}_2})\right\} \end{aligned} \tag{2.43}$$

采用多维搜索优化的方法，极大化式（2.43）即可得$\boldsymbol{\Sigma}_{\boldsymbol{\theta}_2}$，$\boldsymbol{\theta}_1$，$\sigma_B^2$，$\sigma_\varepsilon^2$的极大似然估计。然后将$\boldsymbol{\Sigma}_{\boldsymbol{\theta}_2}$，$\boldsymbol{\theta}_1$，$\sigma_B^2$，$\sigma_\varepsilon^2$估计值代入式（2.42）中，相应的可得$\boldsymbol{\mu}_{\boldsymbol{\theta}_2}$的极大似然估计。接下来，在后面的实验研究中采用了 MATLAB 中“fminsearch”函数进行多维搜索，得到各参数的极大似然估计。

2.5 仿真验证与实例研究

为验证本章提出的建模和估计方法，这里采用 AIC[129] 准则和 TMSE[130] 来比较模型适应性和估计的准确性。AIC 准则用于平衡模型复杂度和拟合精确度，以避免过参数化问题，主要用于模型选择，AIC 值越小表明模型越适合。AIC 的计算如下

$$\text{AIC}=2(p-\max l) \tag{2.44}$$

其中：p 表示待估计的模型参数的数量；而 $\max l$ 表示极大似然函数值。

另一种衡量预测结果准确性的测度为 MSE[151]，能够直接评估预测结果的准确程度，具体计算公式为

$$\text{MSE}_k=E[(L_k-\widetilde{L}_k)^2] \tag{2.45}$$

其中：$\widetilde{L}_k$ 表示 t_k 时刻的实际剩余寿命；期望值可通过剩余寿命的概率密度函数计算得到。TMSE 为随机退化设备整个寿命周期中各状态监测点 MSE 的和。也就是说，如果有 m 个状态观测值，则 $\text{TMSE}=\sum_{k=1}^{m}\text{MSE}_k$。基于以上准则，具有最小 AIC 值和 MSE 值模型即为对应最适合的模型。

为了体现考虑三层不确定性进行剩余寿命预测的优越性，下面考虑其他三种情况用于比较研究。

情况 1：$\boldsymbol{\Sigma}_{\boldsymbol{\theta}_2}=\mathbf{0}$，$\sigma_\varepsilon=0$，即忽略个体差异性和测量不确定性，利用仅考虑时间不确定性的定理 2.1 进行剩余寿命预测。

情况 2：$\sigma_\varepsilon=0$，即仅忽略测量不确定性的影响，将考虑时间不确定性和个体差异性的定理 2.2 用于剩余寿命预测。

情况 3：$\boldsymbol{\Sigma}_{\boldsymbol{\theta}_2}=\mathbf{0}$，即仅忽略个体差异性，将考虑时间不确定性和测量不确定性的定理 2.3 用于剩余寿命预测。

情况 1 对应着一层不确定的情况。情况 2 和情况 3 对应着考虑两层不确定的情况，其中情况 2 对应文献［67］中的方法。把本章提出的考虑三层不确定的情况作为情况 4。下面，通过对数值仿真、疲劳裂纹[67]和陀螺漂移[67]三个实例的研究，比较上述四种情况对应方法的模型适应性和预测准确性。

2.5.1　数值仿真

数值仿真可将本章所提方法与其他三种情况的剩余寿命预测结果进行对比分析，同时也可验证本章提出的参数估计方法的准确性。

按照式（2.1）和式（2.2），通过以下状态空间模型产生 N 个设备的退化数据

$$\begin{cases} X_k = X_{k-1} + a(k\Delta t)^b - a[(k-1)\Delta t]^b + v_k \\ Y_k = X_k + \varepsilon_k \end{cases} \tag{2.46}$$

其中：$a \sim N(\mu_a, \sigma_a^2)$；$v_k \sim N(0, \sigma_B^2(t_k - t_{k-1}))$；$\varepsilon_k \sim N(0, \sigma_\varepsilon^2)$。参数设定为 $\mu_a = 0.2$，$\sigma_a = 0.03$，$b = 2$，$\sigma_B = 0.05$，和 $\sigma_\varepsilon = 0.3$，采样间隔设定为 $\Delta t = 0.1$。对每一个退化样本采样 m 次，失效阈值设定为 $w = 13$。这里采用的仿真数据为 $N = 101$ 和 $m = 100$，前 100 个设备的数据用于未知参数估计，最后一个设备的采样数据用于不同情况下剩余寿命预测结果的比较。接下来，对四种情况下的模型适应性和剩余寿命预测情况进行比较分析。

首先基于 2.4 节提出的参数估计方法对四种情况下的模型参数进行估计。为便于比较，将四种情况下的参数估计结果、对数似然函数值和 AIC 值列于表 2.1 中。

表 2.1　四种情况下仿真数据的参数估计结果及对数似然函数值和 AIC 值

	μ_a	σ_a	b	σ_B	σ_ε	log-LF	AIC
情况 1	0.2038	—	2.0030	1.3471	—	−5648.9928	11303.9856
情况 2	0.1985	0.0181	2.0138	1.3474	—	−5647.0081	11302.0162
情况 3	0.2054	—	1.9999	0.4456	0.27989	−3922.7418	7853.4836
情况 4	0.2104	0.0312	1.9901	0.3056	0.29291	−3646.8234	7303.6448

如表 2.1 所列，参数估计结果接近产生仿真数据的实际设定值，证明了本章采用的参数估计方法是有效的。另外，考虑一层不确定性的情况 1 所得到的对数似然函数值最小，而 AIC 值最大。比较而言，考虑两层不确定性的情况 2 和情况 3 则有更大的对数似然函数值和更小的 AIC 值。进一步，考虑三层不确定性的情况 4 具有最大的对数似然函数值和最小的 AIC 值。由以上数据和 AIC 准则可知，退化建模过程中考虑三层不确定性能够有效提高模型适应性。

为进一步比较所建立模型和提出的方法在剩余寿命预测方面的有效性，这

里采用测试样本对四种情况下的剩余寿命进行预测，具体仿真数据测试样本的退化轨迹由图 2.1 给出。

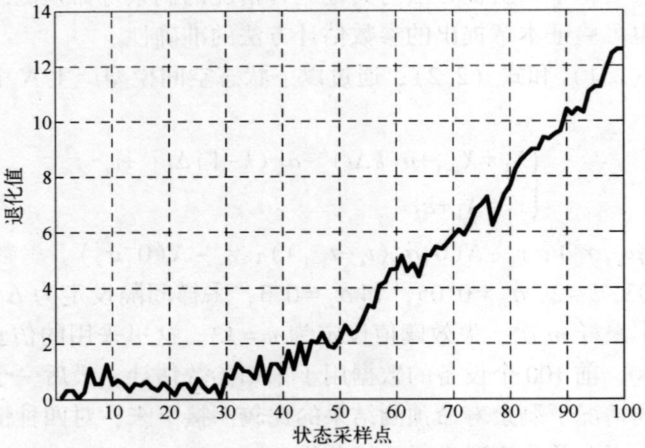

图 2.1　仿真数据测试样本的退化轨迹

图 2.1 中的退化数据在四种情况下的剩余寿命预测结果如图 2.2 所示。由图 2.2 可见，在经过初始阶段以后，情况 4 预测的剩余寿命分布紧紧围绕实际剩余寿命，明显优于其他三种情况。特别地，情况 4 获得的剩余寿命的期望值也明显优于其他情况。

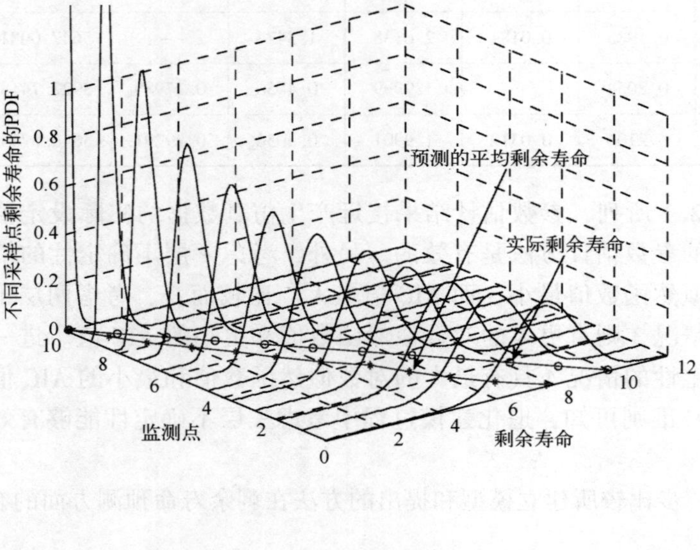

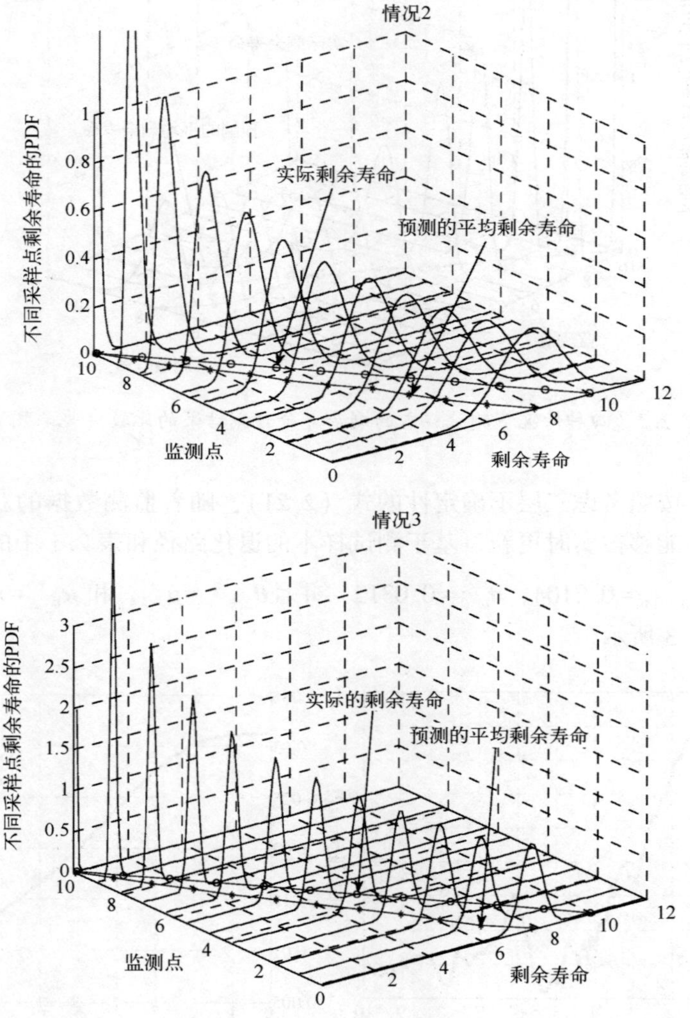
情况2
不同采样点剩余寿命的PDF
实际剩余寿命
预测的平均剩余寿命
监测点
剩余寿命
情况3
不同采样点剩余寿命的PDF
实际的剩余寿命
预测的平均剩余寿命
监测点
剩余寿命

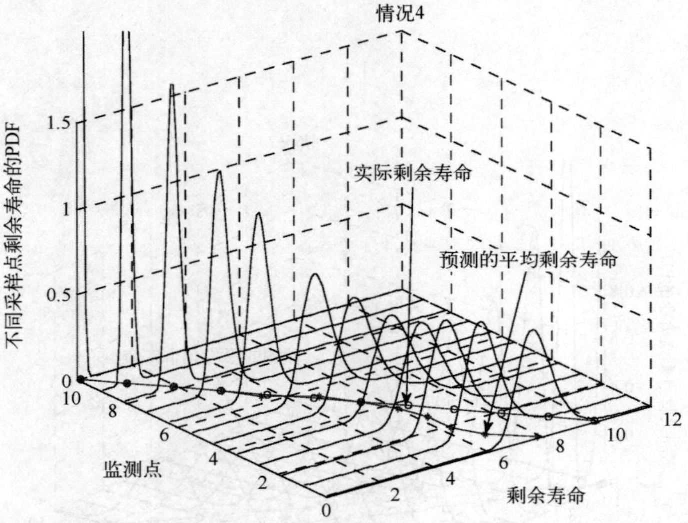

图 2.2 四种情况下测试样本的剩余寿命预测结果的比较（见彩图）

同时，按照考虑三层不确定性的式（2.21），随着监测数据的获取，随机效用参数 a 能够被实时更新。基于测试样本的退化路径和表 2.1 中的参数估计值，可知 $\mu_{a,0|0}=0.2104$，$\sigma_{a,0}=0.0312$，并且 $\hat{\boldsymbol{\theta}}_{2,k|k}=\boldsymbol{\mu}_{a,k|k}$ 和 $\boldsymbol{\kappa}_{\boldsymbol{\theta}_2,k}=\boldsymbol{\sigma}_{a,k}^2$ 的更新过程如图 2.3 所示。

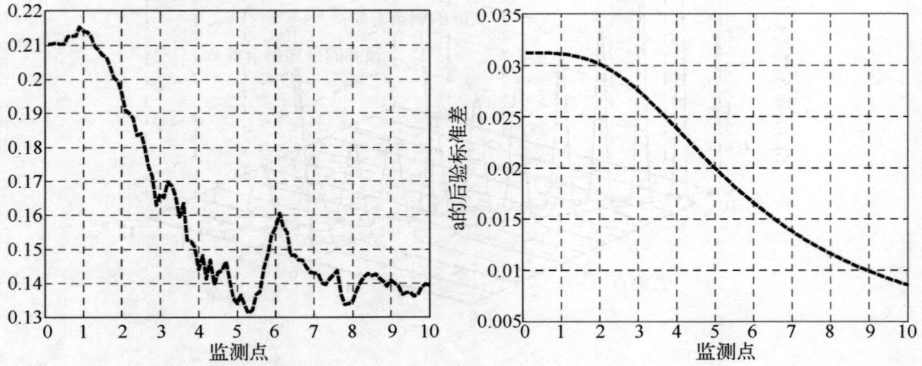

图 2.3 基于测试样本退化数据的 $\mu_{a,k|k}$ 和 $\sigma_{a,k}$ 更新过程

由图 2.3 结果可知，随着监测数据的积累，可以对 a 的后验均值 $\boldsymbol{\mu}_{a,k|k}$ 和标准差 $\boldsymbol{\sigma}_{a,k}$ 进行自适应更新调整。特别地，可以发现后验均值 $\boldsymbol{\mu}_{a,k|k}$ 最终围绕

0.14 附近，这表明测试样本的漂移系数 a 约为 0.14，而并不等于产生仿真数据时设定的均值 0.2，这也证明了考虑个体差异性的必要性。另一方面，标准差 $\sigma_{a,k}$ 随着更新过程的进展而逐渐减小，这表明个体差异的影响逐渐减小，预测结果更针对当前系统。这个更新机制有效减小了 a 的估计误差的影响，使得本章提出的剩余寿命预测方法在小样本情况下也是有效的，该特点在工程实践中具有重要的现实意义，尤其是对长寿命和价格昂贵的设备。

接下来，进一步比较不同情况下剩余寿命的 MSE 值。通过 MSE 的定义和预测的剩余寿命能够计算出各监测点的 MSE 值。具体地，情况 4 相对于其他三种情况在各监测点的 MSE 值如图 2.4 所示。

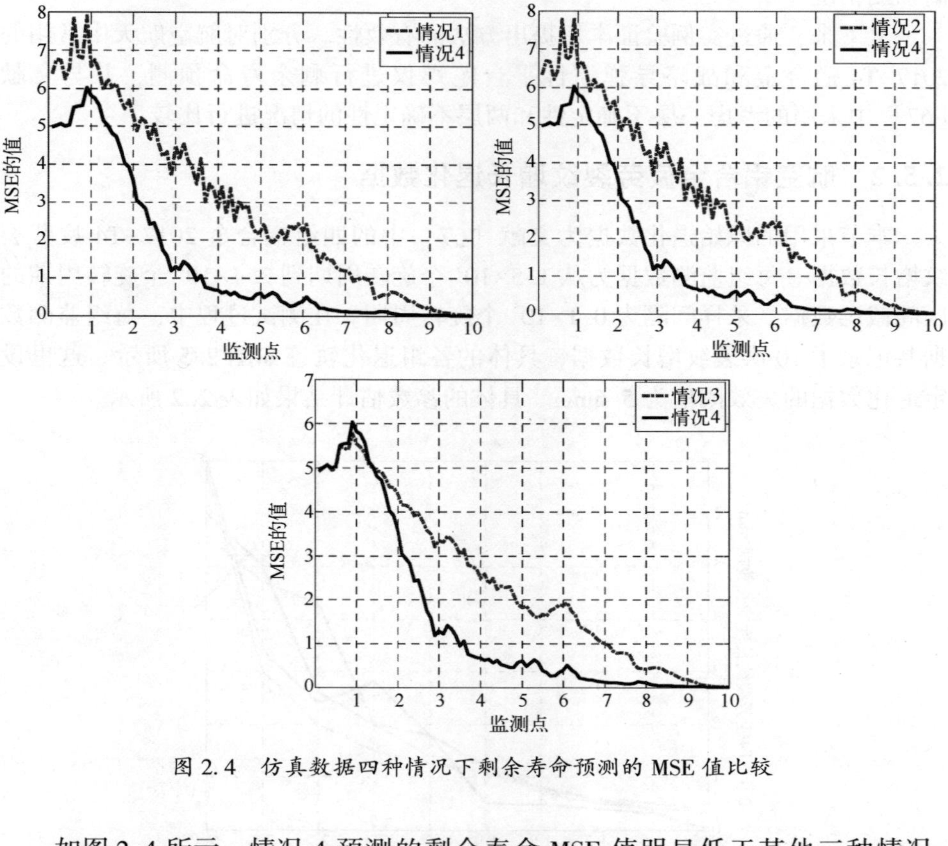

图 2.4　仿真数据四种情况下剩余寿命预测的 MSE 值比较

如图 2.4 所示，情况 4 预测的剩余寿命 MSE 值明显低于其他三种情况。在其他三种情况下，MSE 值降低缓慢且有较大波动，这三种情况仅考虑了一层或两层不确定性。相对地，情况 4 由于同时考虑了三层不确定性 MSE 值快速降低。

需要说明的是，虽然情况 3 没有考虑个体差异，但其结果比情况 1 和情况 2 要好，这主要是因为利用定理 2.3 对潜在退化状态进行了 Kalman 滤波估计，同时也是利用测量数据实时更新剩余寿命分布的结果。另外，在第 1.5 个监测点之前情况 3 表现得比情况 4 结果要好，这也是正常的，主要是在退化过程的初始阶段可用数据较少的原因。显然，随着退化数据的积累，情况 4 的结果优于情况 3。最后，情况 1 和情况 2 由于没考虑测量误差的影响，在各状态监测点 MSE 均较大。相应地，情况 1 至情况 4 的 TMSE 分别为 290.2352，288.9250，234.0842 和 146.0553。由此可见，这与前面讨论的结论是一致的，进一步表明了考虑三层不确定性剩余寿命预测结果优于其他情况，能够有效提高预测精度。

接下来，通过实例验证本章提出方法的有效性。分别对航空航天中常用的 2017-T4 铝合金和战略导弹惯性平台陀螺仪进行剩余寿命预测，并与文献 [67] 中采用的考虑一层不确定性和两层不确定性的情况进行比较。

2.5.2 航空铝合金疲劳裂纹增长退化数据

本节采用的原始退化数据为文献 [67] 中的四组铝合金 2017-T4 疲劳裂纹增长数据。每组监测数据为从 1.5×10^5 个旋转周期到 2.4×10^5 个旋转周期的区间截尾数据，采样间隔为 0.1×10^5 个旋转周期。在测试过程中，每组监测数据共记录了 10 次裂纹增长数据，具体的各组退化轨迹如图 2.5 所示。这里设定退化数据的失效阈值为 5.6mm。具体的参数估计结果如表 2.2 所示。

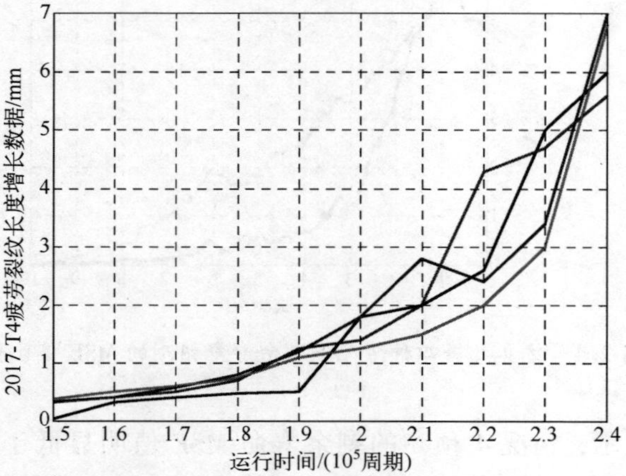

图 2.5 疲劳裂纹增长的退化轨迹（见彩图）

表 2.2　四种情况下疲劳裂纹增长数据的参数估计结果以及不同测度值

	μ_a	σ_a	b	σ_B	σ_ε	log-LF	AIC	TMSE
情况 1	3.56×10^{-4}	—	11.0746	1.9819	—	−43.5131	93.0262	0.0572
情况 2	3.94×10^{-5}	8.93×10^{-6}	13.4820	1.8977	—	−43.1125	94.2250	0.0518
情况 3	4.92×10^{-5}	—	13.3145	0.5346	0.49074	−37.4882	82.9764	0.0259
情况 4	4.96×10^{-3}	1.95×10^{-4}	8.1382	0.0113	0.51211	−28.9682	67.9364	0.0063

表 2.2 的结果可见，情况 4 在对数似然函数方面优于其他三种情况。根据 AIC 和 TMSE 的比较结果，情况 4 比其他三种情况具有更好的模型适合性和预测准确性。另外，表 2.2 中 σ_a 的估计值要比 μ_a，σ_B 和 σ_ε 小得多，这似乎表明退化率的随机性（即 σ_a）可以被忽略。然而，事实并非如此。按照式（2.1）和式（2.2），在离散时刻 t_k 的退化量方差为 $\sigma_a^2t_k^{2b}+\sigma_B^2t_k$。显然，随着时间 t 的增加 σ_a 对退化过程的影响也会逐渐增加。鉴于此，σ_a 表征的随机效用不能忽略。另一方面，根据表 2.2 中情况 4 估计的参数，在 $t_k=2\times10^5$ 周期时，可得 $\sigma_a^2t_k^{2b}=3.04367\times10^{-3}$ 和 $\sigma_B^2t_k=2.58\times10^{-4}$。该结果表明随机效用 σ_a 的影响大于时间不确定性的影响。因此，σ_a 的影响不可忽略，并且该影响随着系统时间 t 的增长而逐渐增大。

为进一步证明所提方法的有效性，为便于与文献［67］中方法进行比较，这里选择第三组退化数据进行分析，具体四种情况下剩余寿命的 PDF、剩余寿命期望值和实际剩余寿命进行比较，结果如图 2.6 所示。

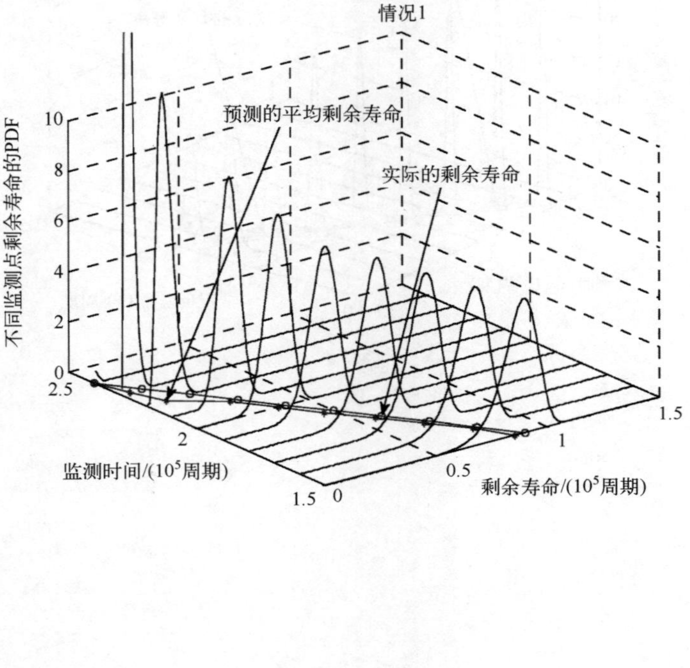

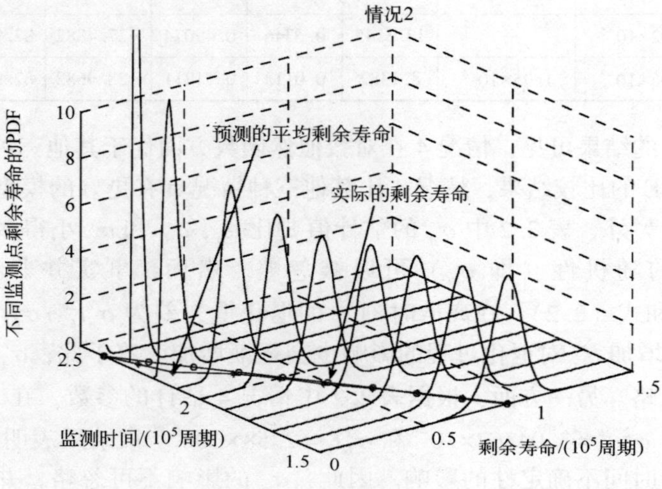
情况2
预测的平均剩余寿命
实际的剩余寿命
不同监测点剩余寿命的PDF
监测时间/(10^5周期)
剩余寿命/(10^5周期)

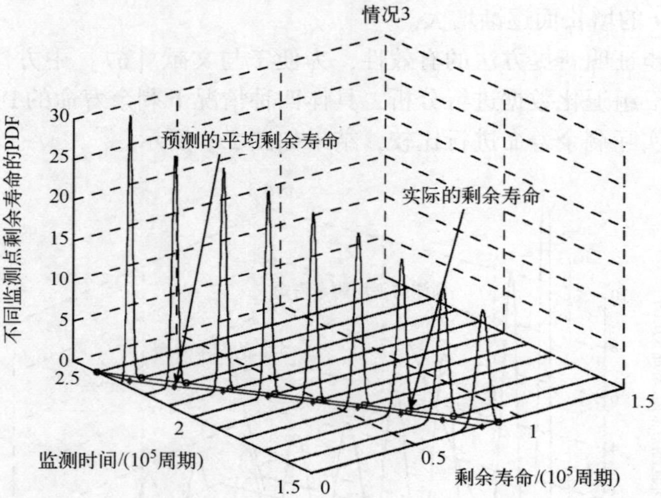
情况3
预测的平均剩余寿命
实际的剩余寿命
不同监测点剩余寿命的PDF
监测时间/(10^5周期)
剩余寿命/(10^5周期)

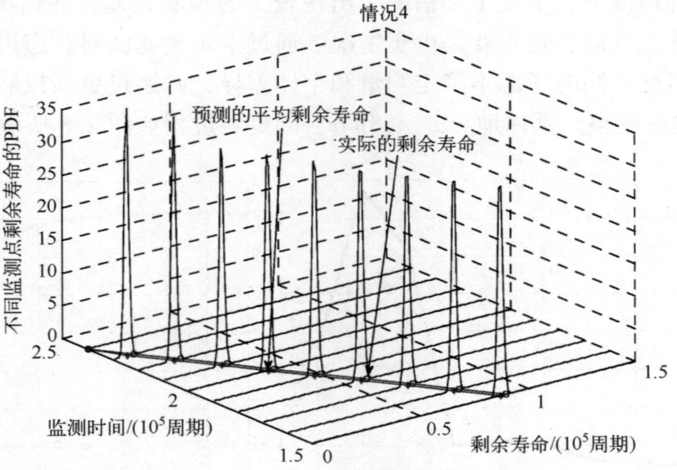

图 2.6　疲劳裂纹增长数据在四种情况下剩余寿命预测结果的比（见彩图）

由图 2.6 可见，情况 4 预测的剩余寿命的 PDF 围绕实际剩余寿命更加紧致，这表明剩余寿命预测的不确定性比其他情况更小，同时，剩余寿命预测的均值也比其他三种情况更加准确。另一方面，对于剩余寿命的期望值，虽然情况 1、情况 2 和情况 3 在 2.1×10^5 周期之前也表现出不错的效果，但 2.1×10^5 周期后预测性能下降，表现出较大的误差，而情况 4 的期望预测值比其他三种情况表现得更加精确。为便于比较分析，图 2.7 展现了在 2.2×10^5 周期监测点时三种情况下的剩余寿命 PDF。从图 2.7 可明显看出在实际剩余寿命为 0.2×10^5 周期下情况 4 相比于其他三种情况表现出的优良性能。由实际退化数据可知，退化过程在 2.1×10^5 周期后均表现出更强的非线性，即退化率较之前明显

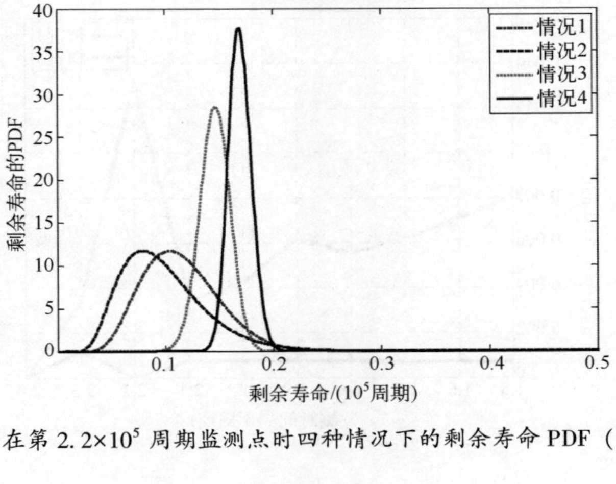

图 2.7　在第 2.2×10^5 周期监测点时四种情况下的剩余寿命 PDF（见彩图）

增大，这种情况下，情况 1 和情况 2 出现较大的预测误差，而情况 4 和情况 3 表现出更优的性能，这主要是由于情况 3 通过卡尔曼滤波对状态进行实时滤波估计，而情况 4 同时考虑不确定测量和个体差异，并通过更新机制对漂移系数 a 进行自适应调整。具体地，$\mu_{a,k|k}$ 和 $\sigma_{a,k}$ 的更新过程如图 2.8 所示。

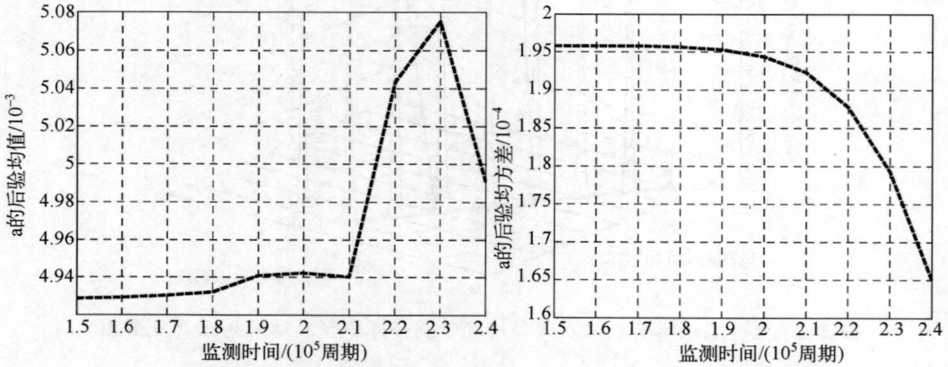

图 2.8 疲劳裂纹增长数据对 $\mu_{a,k|k}$ 和 $\sigma_{a,k}$ 的更新过程

如图 2.8 所示，由于漂移系数 a 是随着退化过程变化的，则 a 的后验均值 $\mu_{a,k|k}$ 随着新监测数据的获取而更新，这不同于前面仿真数据漂移系数的变化情况。另外，标准差 $\sigma_{a,k}$ 仍然随着更新过程的进展而减小。

为进一步比较，计算了四种情况下剩余寿命预测的 MSE 值，如图 2.9 所示。以上分析可知，考虑三层不确定的剩余寿命预测结果优于其他情况的预测结果。

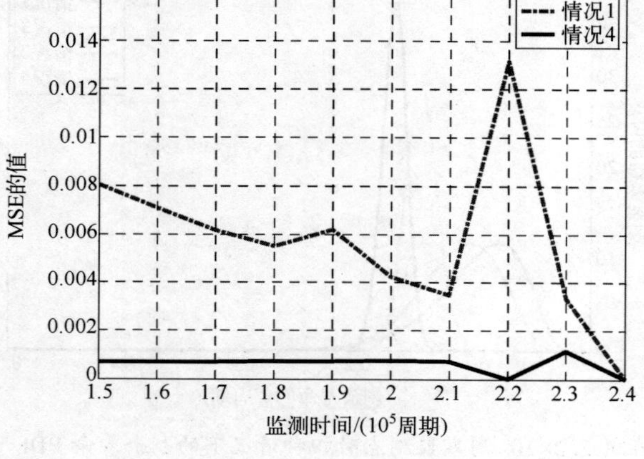

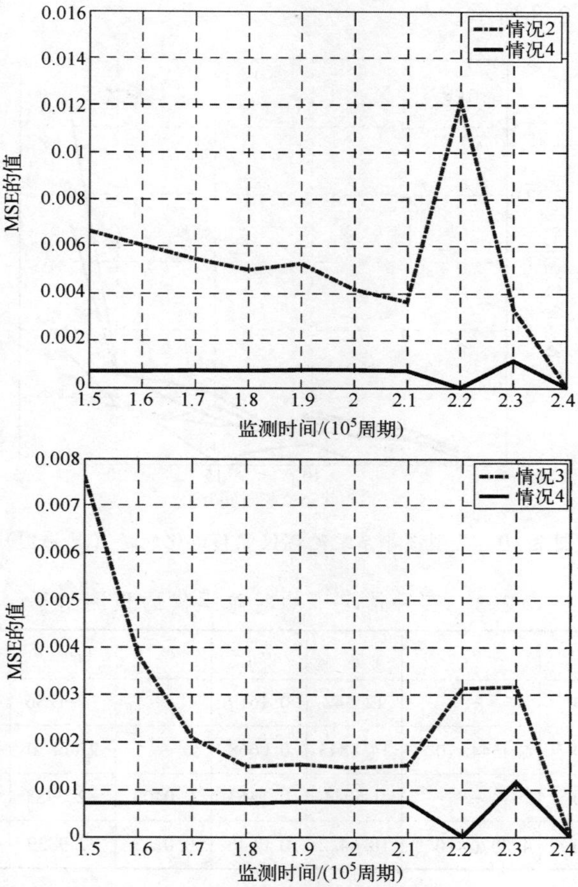

图 2.9　疲劳裂纹增长数据四种情况下剩余寿命预测的 MSE 值比较

2.5.3　惯性平台陀螺仪漂移退化数据

陀螺仪是战略导弹惯性平台导航系统的核心器件，对导弹飞行过程中惯性平台能否保持惯性空间基准起着决定性作用，而陀螺仪漂移的大小则表征了惯性平台的导航精度。为进一步比较所提方法的有效性，这里采用某型导弹惯性平台陀螺仪的退化数据[67]进行验证。具体监测数据如图 2.10 所示，该数据是在实战化环境下连续通电监测获取的，共包括 5 个同型号惯性平台陀螺仪漂移退化数据，对每个陀螺仪获取了 9 个监测数据。按照文献［67］中的要求，设定漂移的阈值为 0.6（°）/h，为与文献［67］保持一致，选择第四组数据进行分析验证。作为比较，这里仅给出四种情况下的参数估计结果、AIC 值、

TMSE 值，如表 2.3 所示。

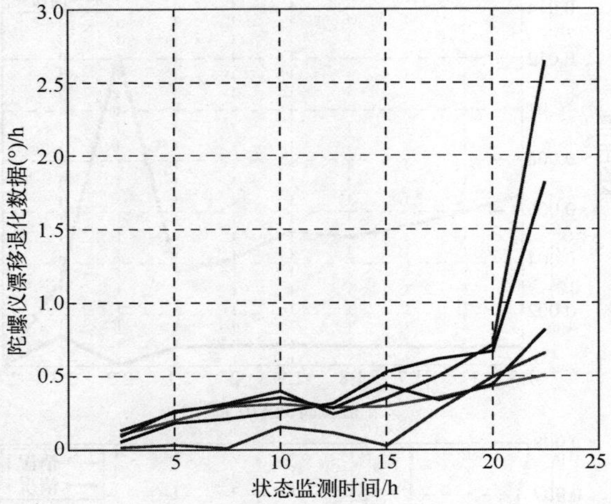

图 2.10　某型惯导系统陀螺仪漂移退化轨迹（见彩图）

表 2.3　四种情况下的对陀螺仪的预测结果

	μ_a	σ_a	b	σ_B	σ_ε	log-LF	AIC	TMSE
情况 1	1.0403×10^{-17}	—	12.542	0.1619	—	-2.1286	10.2572	351.5115
情况 2	6.6895×10^{-21}	6.1544×10^{-21}	14.8843	0.0668	—	27.6830	-47.3360	66.1468
情况 3	1.4625×10^{-13}	—	9.5044	0.1563	0.0400	-2.3983	12.7966	89.5732
情况 4	5.2151×10^{-26}	4.8076×10^{-26}	18.6422	0.0646	0.0253	27.9339	-45.8780	42.8521

从表 2.3 中得到与表 2.2 相似的结论，四种情况下模型参数 b 均远大于 1，表明了数据的非线性特征。需要说明的是，情况 4 的对数似然函数值和 AIC 值明显优于情况 3，虽然和情况 2 相近，但情况 4 的 TMSE 值均明显优于其他三种情况。对于仅考虑时间而忽略个体差异性和测量不确定性的情况 1，其对数似然函数值、AIC 值和 TMSE 值均表现较差。四种情况下各监测点剩余寿命预测的 MSE 值如图 2.11 所示。

由图 2.11 可见，对于四种情况下的 MSE，情况 1 除了在最后时刻点表现稍好外，其他时刻均表现出较大的均方误差。情况 2 和情况 3 不但表现出较大的波动性，而且各点预测的 MSE 值也较大，表明预测误差较大，而情况 4 则整体相对稳定，且各点 MSE 值较小，预测精度明显优于其他三种情况。这进一步验证了本文提出的考虑三层不确定性的剩余寿命预测方法具有显著优势。

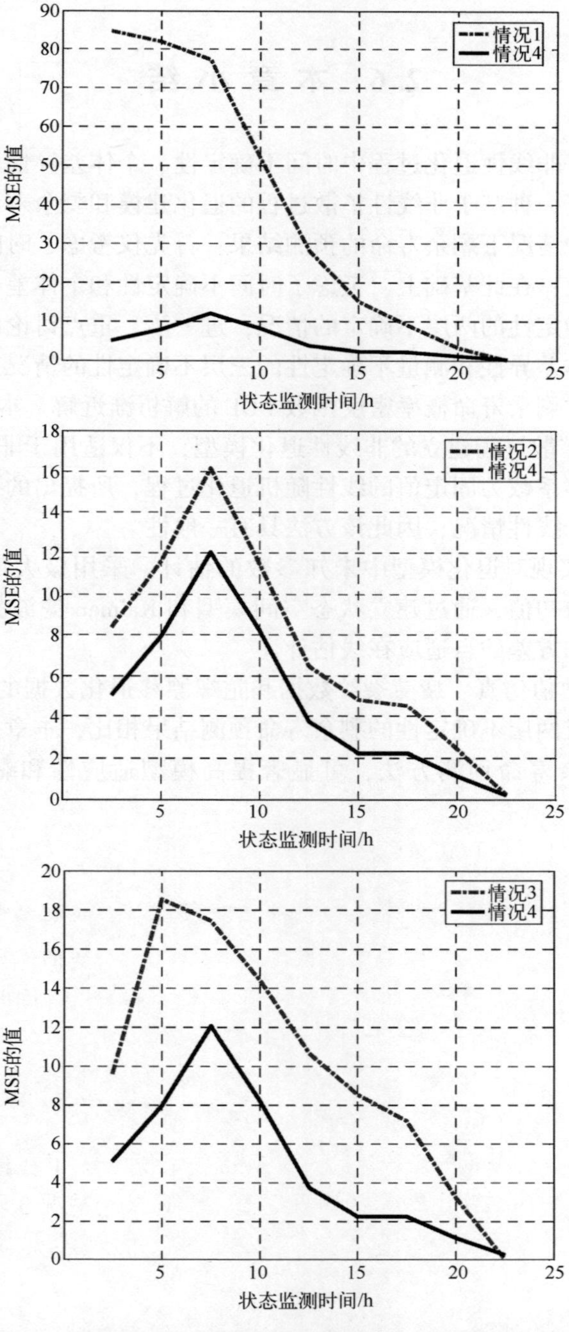

图 2.11　基于第四组陀螺漂移数据的剩余寿命预测的 MSE 比较结果

2.6 本章小结

本章考虑了非线性退化过程中时间不确定性、个体差异性和测量不确定性的影响，提出了一种基于非线性扩散过程的退化建模和剩余寿命预测方法。分步骤考虑了四种情况下剩余寿命的预测结果：首先仅考虑了时间不确定性的一层不确定的情况；在此基础上，考虑了时间不确定性和个体差异性、时间不确定性和测量不确定性的两层不确定的情况；进一步，重点讨论的同时考虑时间不确定性、个体差异性和测量不确定性的三层不确定性的情况。相应地，推导了每种情况下的剩余寿命概率密度函数 PDF 的解析渐近解。本章小结如下：

（1）基于扩散过程建立的非线性退化模型，不仅适用于非线性退化过程，而且适用于漂移系数为固定值的线性随机退化过程，所提出的剩余寿命预测方法也同样适用于线性情况，因此该方法具有一般性。

（2）为了实现对退化模型中未知参数的估计，采用极大似然估计方法估计出模型各参数初值，通过建立状态空间模型和 Kalman 滤波技术实现了对漂移系数的均值和方差的自适应在线估计。

（3）基于数值仿真、疲劳裂纹数据和陀螺漂移退化数据的实例研究表明，与仅考虑一层或两层不确定性的剩余寿命预测结果相比，本章提出的考虑三层不确定性的剩余寿命预测方法，可显著提高模型适应性和剩余寿命的预测精度。

第3章 测量不确定性影响下的随机退化装备自适应剩余寿命预测方法

3.1 引 言

随着现代监测技术的日益发展，系统退化状态检测技术也日趋成熟，基于退化监测数据的剩余寿命预测方法同样得到快速发展[131-132]。在工程实际中，现代工业设备大多为随机退化设备，即退化以随机形式发生，如刀具磨损、轴承疲劳裂纹、锂电池容量退化等[133-135]。目前，基于退化监测数据，将各种不确定性融入设备退化建模中，得到RUL的概率分布和预测结果，成为一种常用的方式，可为后续健康管理提供合理依据。

在实际中，对设备的隐含退化状态进行精确测量往往是不现实的或经济成本过高。例如，武器装备系统中采用的锂电池通过传感器状态监测得到的与设备隐含退化状态相关的测量数据，不可避免地受到噪声、扰动、非理性测量等因素的影响，得到带有测量误差的状态监测数据。

对于考虑测量不确定性的退化建模方法，研究人员已做出大量工作。例如，Ye等人对带有测量误差的Wiener过程的退化数据进行了研究，分析了测量数据与隐含退化状态之间的随机关系和测量不确定性[136]；文献［137-139］在退化建模时仅考虑测量误差对模型参数估计的影响，没能同时考虑随机退化特性和测量不确定性对设备剩余寿命预测结果的影响，并且该参数估计方法为离线估计，无法实现剩余寿命自适应预测；对此，司小胜等人做出改进，提出了一种同时考虑随机退化特性和测量误差的Wiener过程退化建模方法[140]，在模型参数实时估计的基础上，得到了首达时间意义下设备剩余寿命表达式。

但上述文献采用的模型通常存在三点不足：（1）主要适用于均匀测量间隔，但在工程实际中设备退化过程的测量间隔通常分布不均匀；（2）即使测量间隔均匀，当利用多组同类型退化设备的历史数据或先验信息估计模型未知参数时，必须要求监测数据的测量频率与历史数据中使用的测量频率相同。否则，历史数据将不再适用；（3）该模型漂移系数从最后监测点开始保持不变，直到系统发生故障。这意味着该模型假设可以根据实时监测数据自适应更新漂移系数，但对未来的 RUL 预测没有利用实时监测数据更新漂移系数。针对上述三点问题，Zhai 等人利用连续的 Brownian 运动，引入自适应漂移来描述随机不确定性，提出一种新的 Wiener 过程退化模型，该模型在实现参数自适应漂移的同时还解决了测量间隔不均匀，测量频率不一致等问题，极大提高了 RUL 预测的准确性[141]。但是，文献［141］提出的退化模型仅适用于考虑理想状态下剩余寿命预测研究。

综上，本章针对存在测量误差的随机退化设备，同时考虑测量间隔不均匀，测量频率不一致以及自适应漂移可变性对剩余寿命的影响，在自适应 Wiener 过程基础上，提出一种考虑测量不确定性影响的设备退化建模和剩余寿命预测方法。在引入自适应漂移描述退化过程的随机不确定性的同时，引入测量误差描述测量不确定性，在首达时间意义下，推导出退化设备近似解析的剩余寿命分布。利用 Kalman 滤波技术和极大似然估计方法实现退化模型未知参数的辨识。最后，通过数值仿真和锂电池的退化实例验证了本章所提方法的剩余寿命预测精度优于忽略测量不确定性的方法，可以提高剩余寿命预测结果的准确性，对后续设备的维修决策、备件替换与订购以及提高设备可靠度均具有重要意义。

3.2 问题描述与退化建模

Wiener 过程是一种具有非单调退化特性的模型，凭借其独特优势可以较好地描述设备线性随机退化过程[142-143]。随着科学技术发展，许多工程设备变得越来越复杂，这类模型在轴承、陀螺仪、电池系统等复杂退化设备得到了广泛的应用。

令 $X(t)$ 表示设备的随机退化过程，可具体表示为

$$X(t)=X(0)+\lambda t+\sigma B(t) \tag{3.1}$$

其中：λ 为漂移系数；$\sigma(\sigma>0)$ 为扩散系数；$\{B(t),t\geqslant 0\}$ 服从标准布朗运动（Brownian Motion，BM），且有 $\sigma B(t)\sim N(0,\sigma^2 t)$；令 $X(0)=x_0$ 为初始退化状态，在此假设初始退化状态 $X(0)=0$。

将上述退化模型用于剩余寿命预测，使用最新的监测数据更新漂移系数时，该漂移系数从最后监测点开始保持不变，直到系统发生故障。这意味着该模型假设可以根据实时监测数据自适应更新漂移系数，但对未来的 RUL 预测中没能实现漂移系数的自适应更新。针对此问题，本章引入自适应 Wiener 过程来建立退化模型，与传统 Wiener 过程模型不同，该模型通过连续的 Brownian 运动退化建模，具体形式如下

$$\begin{cases} v(t) = v_0 + kW(t) \\ X(t) = \int_0^t v(\tau)\mathrm{d}S(\tau;\alpha) + \sigma B(t) \end{cases} \tag{3.2}$$

其中：$v(t)$ 为遵循 Wiener 过程的随时间变化的自适应漂移项；$v_0>0$ 为初始漂移率；k 是自适应漂移项的扩散系数；$W(t)$ 是独立于 $B(t)$ 的标准 Brownian 运动；$S(t;\alpha)$ 是一个随时间 t 变化的非线性函数。

在工程实际中，得到的监测数据大多为非理想状态下，只能部分反映设备退化状态。为了描述测量不确定性对剩余寿命的影响，令 $\{Y(t),t>0\}$ 表示对应实际监测过程。本章采用以下退化领域最常用的观测模型，即 t 时刻的潜在退化状态与实际状态监测数据之间的关系为

$$Y(t) = X(t) + \varepsilon \tag{3.3}$$

其中，ε 是随机测量误差。在此，假设在任意时刻 t，ε 为独立同分布的高斯分布，且有 $\varepsilon \sim N(0,\gamma^2)$，$\varepsilon$ 和 $B(t)$ 相互独立。通过以上模型描述可以看出，当 $\gamma^2=0$ 时，该模型变为式（3.2）中的自适应 Wiener 过程模型。

为实现设备剩余寿命预测，首先给出首达时间意义下随机退化设备的寿命 T 和预先设定的失效阈值 w，具体定义为

$$T = \inf\{t : X(t) \geqslant w \mid X(0) < w\} \tag{3.4}$$

假设状态监测数据的离散时间点为 $0=t_0<t_1<\cdots<t_i$，令 $y_i = Y(t_i)$ 表示 t_i 时刻得到的退化监测数据。因此，从初始 t_0 时刻到 t_i 时刻的所有实际退化监测数据的集合可以表示为 $Y_{1:i} = \{y_1, y_2, \cdots, y_i\}$，对应的不考虑测量误差的退化状态的集合为 $X_{1:i} = \{x_1, x_2, \cdots, x_i\}$，其中 $x_i = X(t_i)$。通过首达时间，t_i 时刻的剩余寿命 L_i 可以定义为

$$L_i = \inf\{l_i > 0 : X(l_i + t_i) \geqslant w\} \tag{3.5}$$

3.3　剩余寿命预测分布推导和自适应预测

首先不考虑测量误差对退化过程 $\{X(t),t\geqslant 0\}$ 的影响，为了实现设备潜在退化状态和剩余寿命预测的在线更新，假设系统在正常运行的情况下，t_i 时刻潜在的退化状态为 $X(t_i) = x_i(x_i<w)$。因此，对于 $l \geqslant t_i$，给定 t_i 时刻的设备退化量 x_i，则从 t_i 时刻开始的退化过程为

$$X(l) = x_i + v[S(l) - S(t_i)] + k\int_{t_i}^{l} [W(\tau) - W(t_i)]\mathrm{d}S(\tau) + \sigma[B(l) - B(t_i)],\quad l \geqslant t_i \tag{3.6}$$

在这种情况下，令 l 为随机过程 $\{X(l), l \geqslant t_i\}$ 的首达时间，那么根据剩余

寿命的定义，$l-t_i$ 就对应着 t_i 时刻设备的剩余寿命。因此，对式（3.6）采用变换 $t=l-t_i$，其中 $t>0$，那么退化过程 $\{X(t),t\geqslant 0\}$ 变为

$$X(t+t_i)=x_i+v_i[S(t+t_i)-S_i]+k\int_{t_i}^{t+t_i}[W(\tau)-W(t_i)]\mathrm{d}S(\tau)+\sigma[B(t+t_i)-B(t_i)] \tag{3.7}$$

因此，t_i 时刻的剩余寿命就等于退化过程 $\{\widetilde{X}(t_i),t_i\geqslant 0\}$ 首次穿过阈值 $w_i=w-x_i$ 的时间，其中 $\widetilde{X}(t)=X(t+t_i)-X(t_i)$、$\widetilde{X}(0)=0$。也就是说，在 t_i 时刻

$$\widetilde{X}(t)=v_i\widetilde{S}(t)+B_0(\psi(t)) \tag{3.8}$$

其中，$\widetilde{S}(t)=S(t+t_i)-S(t_i)$，噪声部分能近似为一个标准 Brownian 运动 $B_0(\psi(t))$，具体如下[144]

$$\psi(t)=k\int_0^t[\widetilde{S}(t)-\widetilde{S}(\tau)]\mathrm{d}\tau+\sigma^2 t \tag{3.9}$$

引理 3.1 给定随机过程 $\{D(t),t\geqslant 0\}$，对任意 $t\geqslant 0$，$D(t)=B(t+t_i)-B(t_i)$ 仍然是一个标准 Brownian 运动过程，其中 $\{B(t),t\geqslant 0\}$ 为标准 Brownian 运动。

根据引理 3.1，得到随机过程仍然是一个服从标准 Brownian 运动的过程，可为后续推导出考虑测量不确定性的剩余寿命概率密度函数 $f_{t|Y_{1:i}}(t|Y_{1:i})$ 提供保证。

通过上述推导，可证随机过程 $\{\widetilde{X}(t),t\geqslant 0\}$ 仍符合 Wiener 过程条件。因此，在已知 t_i 时刻的退化量 $x_i(x_i\leqslant w)$ 的前提下，可以得到随机退化设备的条件剩余寿命分布 $f_{t|x_i}(t|x_i)$。

引理 3.2 已知 t_i 时刻的退化状态，根据首达时间，可以得到自适应 Wiener 过程的条件剩余寿命分布 $f_{t|x_i}(t|x_i)$ 为

$$f_{t|x_i}(t|x_i)=\frac{1}{\sqrt{2\pi(\psi(t)+P_{i|i}\widetilde{S}(t)^2)}}\exp\left\{-\frac{(w-x_i-u_i^v\widetilde{S}(t))^2}{2(\psi(t)+P_{i|i}\widetilde{S}(t)^2)}\right\}$$
$$\left(\frac{\psi'(t)}{\psi(t)}(w-x_i)+\left(\widetilde{S}'(t)-\frac{\psi'(t)}{\psi(t)}\widetilde{S}(t)\right)\frac{\psi(t)u_i^v+(w-x_i)\widetilde{S}(t)P_{i|i}}{\psi(t)+P_{i|i}\widetilde{S}(t)^2}\right) \tag{3.10}$$

以上得到的剩余寿命分布解析式是在理想条件下由随机退化过程 $\{\widetilde{X}(t),t\geqslant 0\}$ 求得。因此，得到的剩余寿命预测结果仅依赖当前退化监测状态 x_i。而在工程实际中，得到的状态监测数据 x_i 易受到各种外界因素影响，无法获取精确测量结果，因此不能直接对状态监测数据 x_i 进行剩余寿命预测。

为了得到设备的潜在退化状态，首先对状态空间模型进行离散化处理，然

后在不同离散时间点 $t_i, i=1,2,\cdots$上，可以得到离散化的退化模型

$$\begin{cases} x_i = x_{i-1} + v\Delta S_i + \eta \\ y_i = x_i + \varepsilon_i \end{cases} \tag{3.11}$$

其中：$\eta = k\int_{t_{i-1}}^{t_i} W(\tau)\mathrm{d}S(\tau) + \sigma\Delta B_i$；$\pi_i = k^2\int_{t_{i-1}}^{t_i}(S(t_i) - S(\tau))\mathrm{d}\tau + \sigma^2\Delta t_i$；$\varepsilon_i$ 为 ε 在 t_i 时刻的实现，因而进一步有 $\eta \sim N(0,\pi_i)$ 和 $\varepsilon_i \sim N(0,\gamma^2)$。

根据建立的模型（3.11），可以利用 Kalman 滤波技术实现隐含退化状态的估计。首先，定义$\hat{x}_{i\mid i} = E(x_i \mid Y_{1:i})$和 $P_{i\mid i} = \mathrm{var}(x_i \mid Y_{1:i})$分别为基于退化监测数据 $Y_{1:i}$估计潜在状态 x_i 的均值和方差。此外，定义$\hat{x}_{i\mid i-1} = E(x_i \mid Y_{1:i-1})$和 $P_{i\mid i-1} = \mathrm{var}(x_i \mid Y_{1:i-1})$分别为模型前向预测的均值和方差。因此，基于 Kalman 滤波技术的具体更新过程如下

$$\text{状态估计}\begin{cases} \hat{x}_{i\mid i-1} = \hat{x}_{i-1\mid i-1} + v\Delta S_i \\ \hat{x}_{i\mid i} = \hat{x}_{i\mid i-1} + K(i)(y(i) - \hat{x}_{i\mid i-1}) \\ K(i) = P_{i\mid i-1}(P_{i\mid i-1} + \gamma^2)^{-1} \\ P_{i\mid i-1} = P_{i-1\mid i-1} + \pi_i \end{cases}$$

$$\text{方差更新}\ P_{i\mid i} = (1 - K(i))P_{i\mid i-1}$$

应用上述 Kalman 滤波更新算法，可以得到基于状态监测数据 $Y_{1:i}$的隐含退化状态x_i的后验估计同样服从高斯分布，具体可以表示为$x_i \mid v, Y_{1:i} \sim N(\hat{x}_{i\mid i}, p_{i\mid i})$。为了在剩余寿命预测中融入以上退化估计的不确定性，因而可得

$$f_{t\mid x_i, Y_{1:i}}(t \mid x_i, Y_{1:i}) = \mathrm{E}_{x_i \mid Y_{1:i}}[f_{t\mid x_i, Y_{1:i}}(t \mid x_i, Y_{1:i})] \tag{3.12}$$

引理 3.3　给定当前的潜在退化状态 x_i 以及所有状态监测数据 $Y_{1:i}$，有如下的等价关系

$$f_{t\mid x_i, Y_{1:i}}(t \mid x_i, Y_{1:i}) = f_{t\mid x_i}(t \mid x_i) \tag{3.13}$$

基于引理 3.2 和引理 3.3，利用全概率公式，可以计算式（3.12）中涉及的积分问题，并得到考虑测量不确定性的自适应 Wiener 过程剩余寿命预测分布。

定理 3.1　在自适应 Wiener 过程框架下，根据首达时间的概念，在给定初始时刻到当前时刻 t_i 对应的状态监测数据 $Y_{1:i}$条件下，t_i 时刻的 RUL 分布有以下结论成立，具体可表示为

$$f_{t\mid x_i}(t \mid x_i) = \frac{\psi'(t)}{\psi(t)}\frac{1}{\sqrt{2\pi(\psi(t)+P_{i\mid i})}}\left[\begin{array}{c}(w - x_i - \psi(t)/\psi'(t)v\widetilde{S}'(t)) \\ -\dfrac{P_{i\mid i}(w - v\widetilde{S}'(t)) + \hat{x}_{i\mid i}\psi(t)}{\psi(t)+P_{i\mid i}}\end{array}\right]\exp\left\{\frac{((w - v\widetilde{S}'(t)) + \hat{x}_{i\mid i})^2}{2(\psi(t)+P_{i\mid i})}\right\} \tag{3.14}$$

其中：$\widetilde{S}'(t)=\dfrac{\mathrm{d}\widetilde{S}(t)}{\mathrm{d}t}$；$\psi'(t)=\dfrac{\mathrm{d}\psi(t)}{\mathrm{d}t}=2k^2\widetilde{S}'(t)\int_0^t \widetilde{S}(t)-\widetilde{S}(\tau)\mathrm{d}\tau+\sigma^2$。

证明：

$$\begin{cases} f_{t\mid x_i,Y_{1:i}}(t\mid x_i,Y_{1:i})=f_{t\mid x_i}(t\mid x_i) \\ \qquad =\dfrac{1}{\sqrt{2\pi\psi(t)}}\left(\dfrac{w-x_i-v\widetilde{S}(t)}{\psi(t)}\psi'(t)+v\widetilde{S}'(t)\right)\cdot\exp\left(-\dfrac{(w-x_i-v\widetilde{S}(t))^2}{2\psi(t)}\right) \\ f_{t\mid Y_{1:i}}(t\mid Y_{1:i})=E_{x_i\mid Y_{1:i}}[f_{t\mid x_i,Y_{1:i}}(t\mid x_i,Y_{1:i})] \end{cases} \tag{3.15}$$

如果 $Z\sim N(u,\sigma^2)$，并且 w,A,B,C 均为自然数，将遵循以下等式

$$E_z[(A-Z)\cdot\exp(-(B-Z)^2/2C)]=\sqrt{\frac{C}{\sigma^2+C}}\left(A-\frac{\sigma^2B+uC}{\sigma^2+C}\right)\cdot\exp\left(-\frac{(B-u)^2}{2(\sigma^2+C)}\right) \tag{3.16}$$

利用式（3.16）可以求出式（3.15）中的期望，得到剩余寿命的概率密度函数

$$f_{t\mid x_i}(t\mid x_i)=\frac{\psi'(t)}{\psi(t)}\frac{1}{\sqrt{2\pi(\psi(t)+P_{i\mid i})}}\left[\begin{matrix}(w-x_i-\psi(t)/\psi'(t)v\widetilde{S}'(t))\\ -\dfrac{P_{i\mid i}(w-v\widetilde{S}'(t))+\hat{x}_{i\mid i}\psi(t)}{\psi(t)+P_{i\mid i}}\end{matrix}\right]\exp\left\{\frac{((w-v\widetilde{S}'(t))+\hat{x}_{i\mid i})^2}{2(\psi(t)+P_{i\mid i})}\right\}$$

证明完成。

通过定理 3.1 可以得到，基于自适应 Wiener 过程且同时考虑退化过程本身的随机性和测量不确定性影响的随机退化设备剩余寿命预测结果，且在 $\gamma^2=0$ 时，以上的结论即为引理 3.1 的结果。在式（3.14）中，模型参数 $k^2,\sigma^2,\gamma^2,v,\alpha$ 是未知的，要想实现退化模型剩余寿命预测，就需要通过历史数据确定这些模型参数，具体方法在下一节给出。

3.4 参数估计

为了实现退化模型参数的估计，令 $\boldsymbol{\theta}=(k^2,\sigma^2,\gamma^2,v,\alpha)$ 表示模型参数向量，类似于文献［147］中所采用的参数估计方法，假设有 N 个退化设备，且第 i 个设备的监测时间为 $t_1,t_2,\cdots,t_M$，且对应的状态监测数据为 $\{Y_i(t_j)=y_{i,j},i=1,2,\cdots,N,j=1,2,\cdots,M\}$。由式（3.3）可知，第 i 个设备在 t_j 时刻的退化数据可以表示为

$$Y_i(t_j)=\int_0^{t_j}v(\tau)\mathrm{d}S(\tau,\alpha)+\sigma B(t_j)+\varepsilon_{i,j} \tag{3.17}$$

其中，$\varepsilon_{i,j}$为测量误差，且有 $\varepsilon_{i,j}\sim N(0,\gamma^2)$。

令 $\boldsymbol{t}=(t_1,t_2,\cdots,t_M)'$、$\boldsymbol{y}_i=y_{i,j},j=1,2,\cdots,M$，根据独立性假设检验和标准 Brownian 运动的独立增量性质，可知 $\boldsymbol{y}_i$ 服从多变量正态分布，其均值和方差具体如下

$$\begin{cases}\boldsymbol{y}_i\sim N(u,\boldsymbol{\Sigma}),u=vS_i\\ \boldsymbol{\Omega}_i=\sigma^2\boldsymbol{Q}+\gamma^2\boldsymbol{I}_M\\ \boldsymbol{\Sigma}=k^2\boldsymbol{D}+\sigma^2\boldsymbol{Q}+\gamma^2\boldsymbol{I}_M\end{cases}\tag{3.18}$$

其中：$\boldsymbol{D}$ 和 $\boldsymbol{Q}$ 都为一个 $M\times M$ 的方阵；$\boldsymbol{I}_M$ 为一个 M 阶单位矩阵。具体如下

$$\begin{cases}\boldsymbol{D}(i_1,i_2)=S_{i_1}S_{i_2}\min(t_{i_1},t_{i_2})-(S_{i_1}+S_{i_2})\int_0^{\min(t_{i_1},t_{i_2})}S(\tau)\mathrm{d}\tau+\int_0^{\min(t_{i_1},t_{i_2})}S(\tau)^2\mathrm{d}\tau\\ \boldsymbol{Q}(i_1,i_2)=\min(t_{i_1},t_{i_2})\end{cases}\tag{3.19}$$

因此，对于第 i 个设备的监测数据，有 $\boldsymbol{y}_i\sim N(u,k^2\boldsymbol{D}+\sigma^2\boldsymbol{Q}+\gamma^2\boldsymbol{I}_M)$，关于 $\boldsymbol{\theta}$ 对应的所有监测数据 $\boldsymbol{Y}$ 的似然函数为

$$l(\boldsymbol{\theta}\mid\boldsymbol{Y})=-\frac{NM}{2}\ln(2\pi)-\frac{N}{2}\ln|\boldsymbol{\Sigma}|-\frac{1}{2}\sum_{i=1}^{N}(\boldsymbol{y}_i-vS_i)'\boldsymbol{\Sigma}^{-1}(\boldsymbol{y}_i-vS_i)\tag{3.20}$$

进一步，对式（3.20）求得关于 v 的一阶偏导数为

$$v=\frac{\sum_{i=1}^{N}S'\boldsymbol{\Sigma}^{-1}S}{NS'\boldsymbol{\Sigma}^{-1}S}\tag{3.21}$$

k^2,σ^2,γ^2 和 α 关于 v 的极大似然估计值的剖面似然函数为

$$\begin{aligned}l(k,\sigma,\gamma,\alpha\mid\boldsymbol{Y},v)=&-\frac{MN}{2}\ln(2\pi)-\frac{N}{2}\ln|\boldsymbol{\Sigma}|-\frac{1}{2}\sum_{i=1}^{N}\boldsymbol{Y}_i^{\mathrm{T}}\boldsymbol{\Omega}_i^{-1}\boldsymbol{Y}_i\\&+\left(\frac{\sum_{i=1}^{N}\boldsymbol{T}_i^{\mathrm{T}}\boldsymbol{\Sigma}_i^{-1}Y_i}{\sum_{i=1}^{N}\boldsymbol{Y}_i^{\mathrm{T}}\boldsymbol{\Sigma}_i^{-1}\boldsymbol{T}_i}\right)\sum_{i=1}^{N}\boldsymbol{T}_i^{\mathrm{T}}\boldsymbol{\Sigma}_i^{-1}\boldsymbol{Y}_i-\frac{1}{2}\left(\frac{\sum_{i=1}^{N}T_i^{\mathrm{T}}\boldsymbol{\Sigma}_i^{-1}\boldsymbol{Y}_i}{\sum_{i=1}^{N}\boldsymbol{Y}_i^{\mathrm{T}}\boldsymbol{\Sigma}_i^{-1}T_i}\right)\sum_{i=1}^{N}\boldsymbol{Y}_i^{\mathrm{T}}\boldsymbol{\Omega}_i^{-1}\boldsymbol{T}_i\end{aligned}\tag{3.22}$$

基于此，k^2,σ^2,γ^2 和 α 的极大似然估计值可以利用多维搜索的方法，通过极大化剖面函数式（3.22）得到。然后，将 k^2,σ^2,γ^2 和 α 的极大似然估计值回代到式（3.21）中，就可以得到 v 的极大似然估计值。

3.5 仿真验证与实例研究

为了将本章提出方法和现阶段已有方法作比较，考虑使用以下两种模型：(1) 本章提出的考虑不确定测量的自适应 Wiener 过程模型，记为模型 M0；(2) 文献［141］提出的不考虑测量误差的自适应 Wiener 过程模型，记为模型 M1。首先，通过数值仿真方法，分别采用两种模型预测其剩余寿命，比较两种模型的有效性和预测结果的准确性。然后，通过单阶段退化的锂电池实例，对本章所提方法的有效性进行验证分析。

3.5.1 仿真验证

由于工程实际数据存在一定的偶然性，可能某些点的数据偏差很大，导致预测效果不好。为了排除这种偶然性带来的影响，通过欧拉离散化方法，数值仿真得到带有测量误差的随机退化数据，分别采用这两种模型预测剩余寿命，比较两种模型剩余寿命预测结果的准确程度。

预先设定模型参数 σ^2、γ^2、α 的初始值分别为 0.3、0.2、1.5。本章利用 3.4 节的极大似然估计法（Maximum Likelihood Estimation，MLE）求出两种模型的未知参数，利用 Kalman 滤波技术可以实现对设备潜在退化状态的辨识，得到两种模型的预测退化轨迹，如图 3.1 所示。图中三条线分别代表仿真退化路径、模型 M0 和模型 M1 的预测退化路径。可以观看出考虑测量误差的影响，

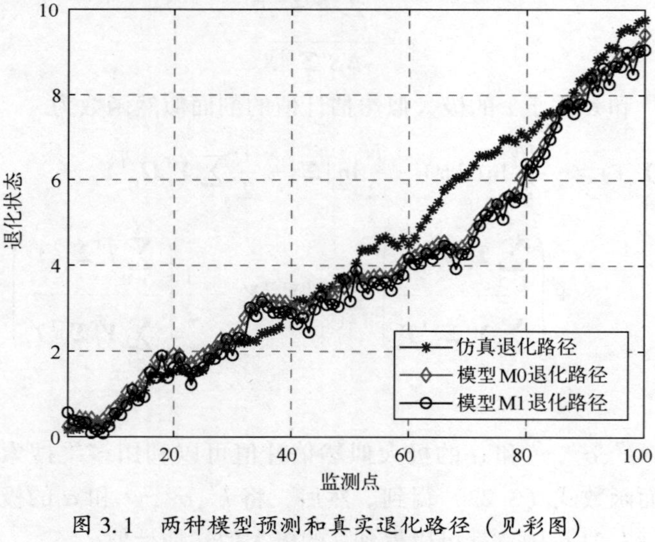

图 3.1　两种模型预测和真实退化路径（见彩图）

模型 M0 的预测退化路径相比于模型 M1，更接近数值仿真的退化监测数据。

为了进一步比较两种方法 RUL 预测性能，给出两种模型在不同监测点的剩余寿命分布，如图 3.2 所示。其中，绿色虚线代表本章所提模型 M0 剩余寿命预测的 PDF，蓝色实线代表模型 M1 剩余寿命预测的 PDF，红色星标表示真实剩余寿命。从图 3.2 中可以看出，由于模型 M0 与模型 M1 相比，考虑了监测退化数据测量误差对剩余寿命预测的影响，因此模型 M0 剩余寿命的 PDF 相比于模型 M1 剩余寿命的 PDF 更加窄而尖锐，其预测不确定性较小，预测结果更为准确。

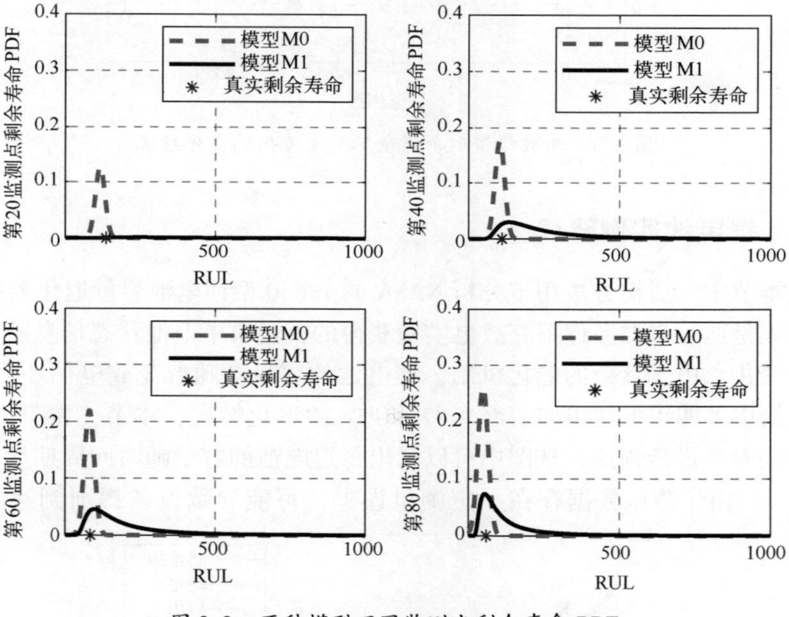

图 3.2 两种模型不同监测点剩余寿命 PDF

为了证明模型 M0 预测方法的有效性，给出两种方法各自的剩余寿命预测结果与真实值之间的绝对误差（Absolute Error，AE）值的变化情况，如图 3.3 所示。从图中可以看出，随着设备不断退化，两种模型剩余寿命预测结果的绝对误差都随之变小，由于模型 M0 考虑测量误差的影响且其漂移项自适应更新，其预测结果的绝对误差明显小于模型 M1，因此前者的预测精度更高。

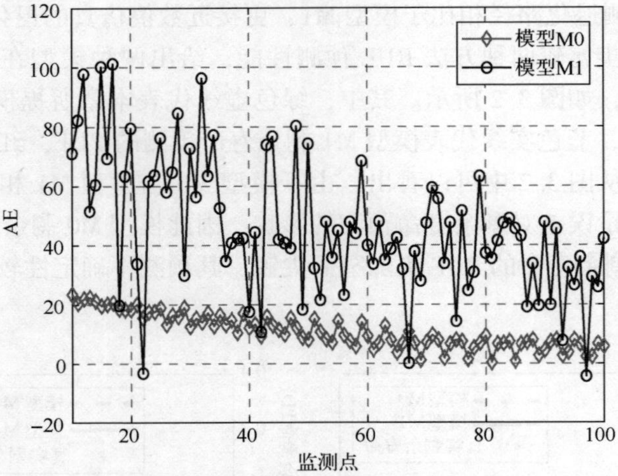

图 3.3　两种模型剩余寿命绝对误差值的变化情况

3.5.2　锂电池实例研究

在本节中，所提方法用于分析 NASA 的 18650 型锂电池容量退化数据[148]。该数据集是通过室温条件下充放电实验获得的，记录了电池状态信息随充放电循环的变化。由于复杂的老化机制，锂电池的容量会随着充放电循环而降低。图 3.4 给出了四组电池组#5、#6、#7 和#18 的退化情况，本节主要针对#5 电池的剩余寿命进行预测，从图中可以看出每组电池的容量随时间周期呈下降趋势[149-150]。由于测试数据存在一定测量误差，可能导致设备提前到达失效阈

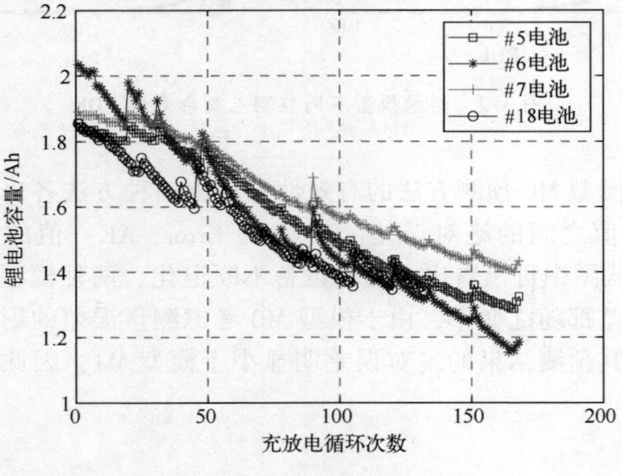

图 3.4　锂电池容量退化路径

值。因此，如果忽略测量不确定性对剩余寿命预测的影响，可能导致预测结果不准确，同时对后续科学维护也造成影响。

根据 3.4 节提出的参数极大似然估计方法，利用其余几组锂电池数据对#5 电池退化模型参数进行辨识，并利用最小信息量准则（Akaike Information Criterion，AIC）和对数似然函数值对两种方法的参数估计结果的准确度进行比较。表 3.1 给出了模型 M0 和模型 M1 两种方法各参数估计结果。通过表 3.1 可以看出，模型 M0 对应更大的似然函数值和更小的 AIC 值，对数据的拟合结果有较大的提高。

表 3.1　退化模型参数估计结果

参　数	k	v	σ	γ	α	log-LF	AIC
模型 M0	2.7×10^{-11}	0.015	0.00984	0.2	1.296	112.5	−215
模型 M1	4.43×10^{-11}	0.071	0.01	—	1.4812	69.6152	−131.2

基于表 3.1 的模型参数估计结果，利用 Kalman 滤波技术可以实现模型潜在退化状态下的实时预测。通过初始电池容量值减去每次充放电循环后的电池容量，得到符合 Wiener 过程的锂电池真实退化路径和两种模型的预测退化路径。如图 3.5 所示，红、绿、蓝三条线分别代表锂电池真实退化路径、模型 M0 和模型 M1 预测退化路径，从图中可以清楚看到，相比于模型 M1，模型 M0 预测退化数据更接近真实退化监测数据，模型拟合效果更好。

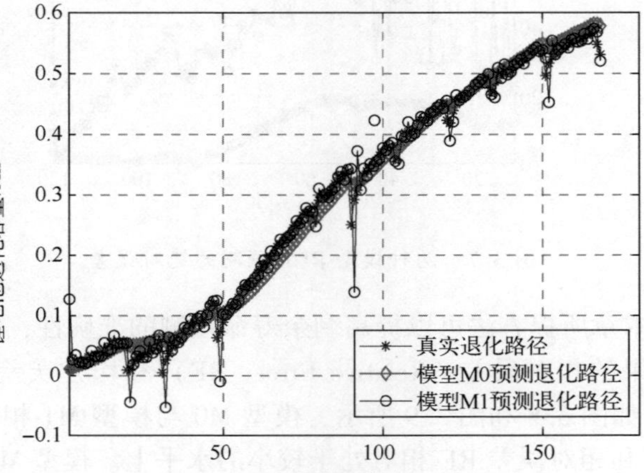

图 3.5　两种模型预测和真实退化路径（见彩图）

为了更进一步比较两种方法剩余寿命的预测性能，验证本章所提方法的有效性，给出两种模型的剩余寿命预测的 PDF 以及两种模型剩余寿命预测值与真实值之间的绝对误差（Absolute Error，AE），如图 3.6 和图 3.7 所示。

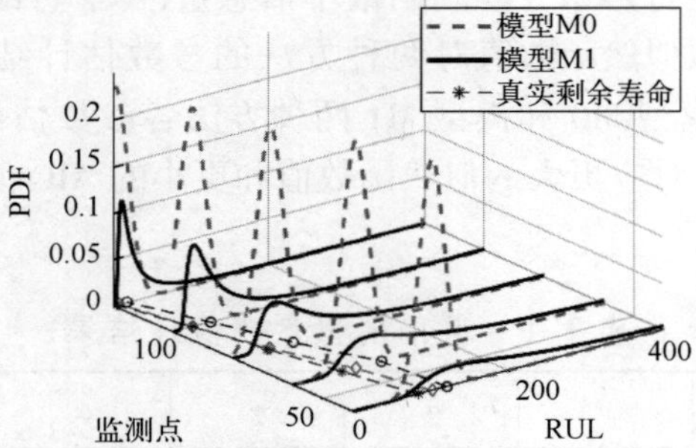

图 3.6　两种模型 RUL 预测结果

从图 3.6 中可以看到，模型 M0 的 PDF 与模型 M1 的 PDF 相比，前者的 PDF 更加窄而尖锐。由于模型 M1 方法没有考虑退化数据测量不确定性的影响，因此，模型 M0 预测结果更为准确。图 3.7 表明模型 M0 预测结果的绝对误差 AE 始终小于模型 M1 的 AE。

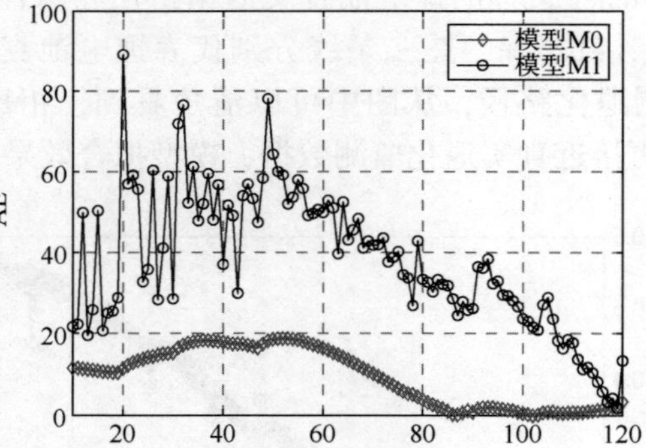

图 3.7　两种模型 RUL 预测的绝对误差

为了验证本章所提方法可以提高剩余寿命预测的准确性，给出两种模型剩余寿命预测结果的相对误差（Relative Error，RE）和均方误差（Mean Squared Error，MSE）。如图 3.8 和图 3.9 所示，模型 M0 与模型 M1 相比，模型 M0 的均方误差 MSE 和相对误差 RE 相对处于较小的水平上。模型 M0 考虑了退化数据测量不确定性的影响，剩余寿命预测结果不确定性明显优于模型 M1，预测结果更为准确。

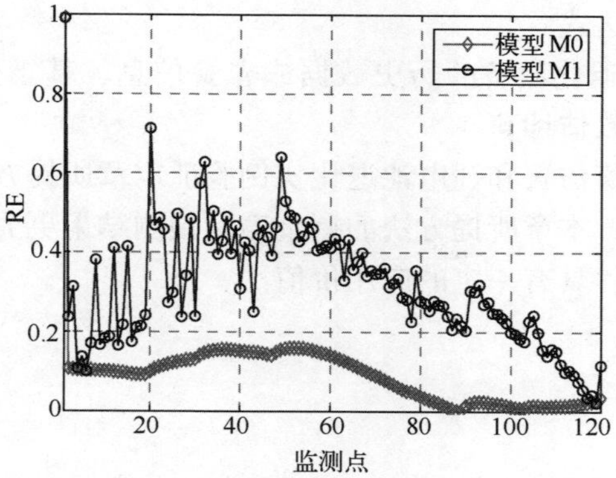

图 3.8　两种模型 RUL 预测的相对误差

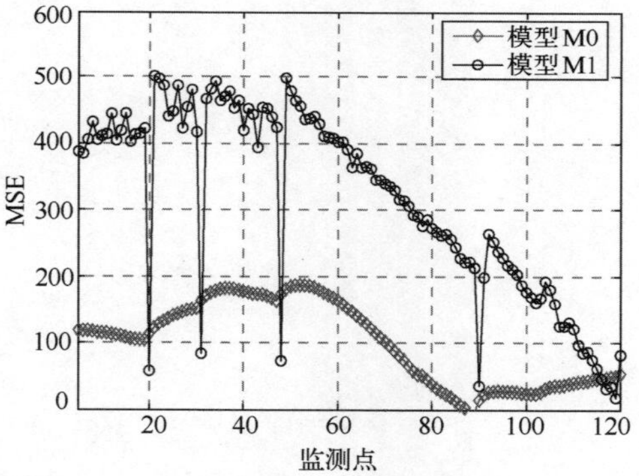

图 3.9　两种模型 RUL 预测的均方误差

3.6　本章小结

本章针对监测退化数据存在测量误差的非线性退化设备，基于自适应 Wiener 过程，提出一种新的考虑测量不确定性的退化建模和剩余寿命预测方法，具体工作如下：

（1）基于自适应 Wiener 过程，构建了一种考虑测量不确定性的非线性退化模型，该模型能够克服测量间隔不均匀、测量频率不一致的不足，并且能在未来剩余寿命预测时实现自适应漂移可变性。

（2）利用高斯分布描述测量误差对设备退化量的影响，基于 Kalman 滤波技术实现对隐含状态的估计与在线更新，进而在首达时间意义下，推导出剩余寿命分布的解析表达式。

（3）利用随机退化设备的历史数据或先验信息，基于极大似然估计 MLE 实现退化模型的参数估计。

最后，通过数值仿真和锂电池退化实例验证本章所提方法的有效性和准确性。实验结果表明，本章所提方法的剩余寿命预测结果更为准确，且不确定性能够得到大幅降低，具有一定的应用价值。

第4章　随机冲击影响下随机退化装备自适应剩余寿命预测方法

4.1　引　言

在工程实际应用中，设备除去正常工作外，其退化过程通常还会受到各种复杂因素的影响，如单粒子效应、温度振动冲击、化学腐蚀等。因此，设备在连续退化过程中，其退化数据会出现随机跳变现象。例如：在高炉工作中，铁水不仅对高炉炉壁造成侵蚀，还与其他材料发生化学反应产生混合物依附在炉壁上，当混合物突然脱落，对炉壁厚度造成影响，可将这种现象视为高炉炉壁受到随机冲击；铣床的刀具在连续工作时会经历多次启停操作，除去正常工作磨损，每次启动都会受到冲击引起的退化；惯性导航系统的陀螺仪在安装到导弹等武器装备后，会随弹经历长时间储存、测试、拆装、运输等不同环境过程，易受到振动冲击的影响。上述随机冲击的发生都会对设备退化造成一定影响，进而影响设备的健康状态。同时随着设备不断运行，其可靠性和稳定性也随之不断下降，当受到随机冲击影响时，将加速设备退化进程。如果忽略随机冲击的影响，将对设备剩余寿命预测产生错判，进而引发严重后果。因此，有必要考虑随机冲击对设备剩余寿命预测的影响。

考虑冲击与退化之间的相互影响已经开展许多工作，但大多应用于设备可靠性评估领域，而在寿命预测领域仍需要进一步拓展。张延静等人针对受到随机冲击影响的单部件系统，考虑冲击对退化量的影响，建立竞争失效可靠性模型，并运用到维修决策中[151]。孙富强等人针对存在冲击韧性的系统，考虑冲击对退化量和退化率两方面的影响，建立非线性 Wiener 过程的竞争失效模型进行可靠性评估[152]。王浩伟等人针对导弹武器系统，采用 Gamma 过程和 Weibull 分布分别作为退化失效模型和突发失效模型进行可靠性评估和 RUL 预测[153]。王华伟等人针对航空发动机的突发失效问题，基于混合 Weibull 分布退化建模，并对退化设备进行可靠性评估，得到突发失效条件下 RUL 预测结果[154]。白灿等人基于非线性 Wiener 过程，考虑随机冲击对设备剩余寿命的影响，在首达时间意义下推导出剩余寿命近似解，极大缩短了计算时间，为后续开展设备健康维护奠定了良好基础[155]。

在现有基于 Wiener 过程进行退化建模和 RUL 预测方法的研究中，对于设备寿命周期中存在的随机冲击影响、监测间隔不均匀、与先验数据测量频率不一致的情况尚未考虑。同时，对于模型漂移系数的更新，仅局限于实时监测数据下的更新，并未考虑 RUL 预测时模型自适应漂移的可变性。

综上，本章考虑随机冲击对退化过程的影响，提出一种基于自适应 Wiener 过程的非线性退化建模和剩余寿命预测方法。所建模型通过正态分布刻画单次冲击对设备退化水平的影响，突破了测量间隔固定和采样频率一致的要求限制，并且考虑了设备未来 RUL 预测时漂移系数的可变性。进一步地，推导出了设备首达时间意义下的剩余寿命的解析解。通过构建状态空间模型，基于 Kalman 滤波框架和期望最大化算法，利用退化数据实现参数和剩余寿命的自适应更新。通过数值仿真和惯导系统陀螺仪实例，验证了所提方法进行剩余寿命预测的精确性和实用性。

4.2 问题描述与退化建模

令 $X(t)$ 表示设备在运行中的退化过程，现有常用的 Wiener 过程模型具有以下形式

$$X(t)=X_0+\lambda t+\sigma B(t) \tag{4.1}$$

其中：λ 和 σ 分别表示退化过程的漂移系数和扩散系数；$B(t)$ 是一个标准 Brownian 运动函数；X_0 为退化初值，通常假设 $X_0=0$。

由于上述 Wiener 过程模型存在测量间隔不均匀、测量频率不一致以及忽略自适应漂移可变性的三点不足。当不考虑随机冲击影响时，对于设备退化过程 $\{X(t),t\geqslant 0\}$，采用自适应 Wiener 过程来描述[141]

$$\begin{cases}\lambda(t)=\lambda_0+kD(t)\\ X(t)=\int_0^t\lambda(\tau)\mathrm{d}S(\tau;\alpha)+\sigma B(t)\end{cases} \tag{4.2}$$

其中：$\lambda(t)$ 是一个符合 Wiener 过程且随时间变化的漂移系数；$\lambda_0>0$ 是初始漂移率；k 是自适应漂移扩散系数；$D(t)$ 是一个独立于 $B(t)$ 的标准 Brownian 运动函数；α 为参数向量；$S(t;\alpha)$ 是一个随时间 t 增长的函数，简写为 $S(t)$。当 $k=0,\alpha=1$ 时，设备退化模型呈线性退化过程，此时退化模型即为式（4.1）所示的 Wiener 过程。

现有考虑退化与冲击相互影响的研究中，大多采用泊松过程来描述系统受到的随机冲击过程。相比于其他随机过程，泊松过程主要有以下几点优

势[156]：（1）泊松过程是一种点过程，可用于表征随机冲击效应；（2）泊松过程可较好描述冲击是随机发生现象；（3）泊松密度 $\mu(t)$ 可为任意形式，能较好地描述随机冲击的出现频次。

为了描述单次冲击对退化量的影响，假定冲击导致的第 k 次退化水平突变量 γ_k 为服从均值为 u_l、方差为 σ_l^2 的正态分布。因此，$\gamma_1^k=[\gamma_1,\gamma_2,\gamma_3,\cdots,\gamma_k]^{\mathrm{T}}$ 为独立同分布的正态随机变量，一定时间内冲击发生次数 $\{N(t),t\geqslant 0\}$ 是一个泊松过程，$\mu(t)$ 代表冲击发生的频率。基于以上假设，随机冲击模型为

$$\varepsilon_0(t)=\sum_{i=0}^{N(t)}\gamma_i \tag{4.3}$$

其中：$\varepsilon_0(t)$ 为随机冲击引起的退化水平变化量之和；$\{N(t),t\geqslant 0\}$ 为一定时间内冲击发生次数；γ_i 为单次退化水平突变量。

将随机冲击融入设备退化模型中，如图 4.1 所示。

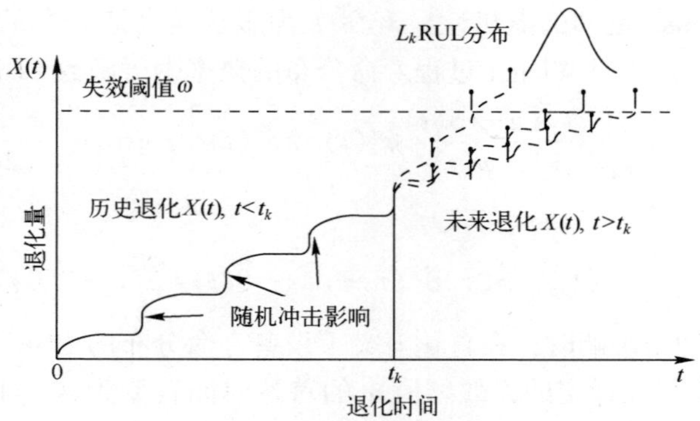

图 4.1　考虑随机冲击影响时设备退化过程（见彩图）

在图 4.1 中，横坐标为退化时间 t，纵坐标为退化量 $X(t)$，w 为失效阈值，$t_k(k=1,2,3\cdots)$ 表示第 k 次状态监测时间，L_k 为设备在 t_k 时刻的剩余寿命。当退化量达到预先设定的失效阈值 w 时，即认定设备失效。用随机过程 $\{X(t),t>0\}$ 表示设备退化过程，考虑随机冲击影响，设备实际退化过程分为两部分：设备正常退化和随机冲击对退化水平的影响。此时，设备退化模型为

$$\begin{cases}\lambda(t)=\lambda_0+kD(t)\\ X(t)=\int_0^t\lambda(\tau)\mathrm{d}S(\tau;\alpha)+\sigma B(t)+\varepsilon_0(t)\\ \varepsilon_0(t)=\sum_{i=0}^{N_0^t}\gamma_i\end{cases} \tag{4.4}$$

其中：$\lambda(t)$ 是一个符合 Wiener 过程且随时间变化的漂移系数；$D(t)$ 是一个独

立于$B(t)$的标准 Brownian 运动；$\varepsilon_0(t)$为随机冲击引起的退化水平变化量之和；N_0^t表示在$(0,t)$时刻内随机冲击发生的次数。

4.3 剩余寿命预测分布推导与更新

本节主要分为两部分：一是推导首达时间意义下考虑随机冲击影响的剩余寿命分布；二是实现剩余寿命分布的在线更新。

4.3.1 剩余寿命预测分布推导

在随机退化建模的框架下，可以得到首达时间意义下的退化设备寿命

$$T=\inf\{t:X(t)\geqslant w\,|\,X(0)<w\} \tag{4.5}$$

其中：$X(t)$为设备退化状态；$X(0)$为退化初值。

由于 Brownian 运动的随机性，寿命 T 为服从逆高斯分布的随机变量，根据文献［141］自适应 Wiener 过程寿命分布的概率密度函数 PDF 为

$$f_{T/\lambda}(t/\lambda)=\frac{1}{\sqrt{2\pi\varphi(t)}}\left[\frac{w-\lambda\widetilde{S}(t)}{\varphi(t)}\varphi'(t)+\lambda\widetilde{S}'(t)\right]\cdot\exp\left\{-\frac{(w-\lambda\widetilde{S}(t))^2}{2\varphi(t)}\right\} \tag{4.6}$$

其中：$\varphi(t)=k^2\int_0^t(\widetilde{S}(t)-\widetilde{S}(\tau))^2\mathrm{d}\tau+\sigma^2 t$；$\widetilde{S}(t)=S(t)-S(0)$。

考虑随机冲击影响时，在首达意义下设备寿命分布的 PDF 不能直接得到。将式（4.4）中预先设定的失效阈值 w 的首达时间转变为式（4.2）中随机失效阈值$\widetilde{w}=w-\varepsilon_0(t)$其中：$\widetilde{w}\sim N(w-u_{0t},\sigma_{0t}^2)$；$u_{0t}=N(t)u_I$；$\sigma_{0t}^2=N(t)^2\sigma_I^2$。

引理 4.1 若 $p\sim N(u,\sigma^2)$，A、B 都为常数，C 为正实数，则下式成立：

$$E_p\left[(A-p)\exp\left(-\frac{(B-p)^2}{2C}\right)\right]=\sqrt{\frac{C}{\sigma^2+C}}\left(A-\frac{\sigma^2B+uC}{\sigma^2+C}\right)\cdot\exp\left(-\frac{(B-u)^2}{2(\sigma^2+C)}\right) \tag{4.7}$$

根据引理 4.1，可通过全概率公式，得到考虑随机冲击影响下自适应 Wiener 过程的寿命 PDF 为

$$f_{T\,|\,\lambda,\varepsilon_0(t)}(t\,|\,\lambda,\varepsilon_0(t))=\frac{1}{\sqrt{2\pi(\sigma_{0t}^2+\varphi(t))}}\cdot\exp\left\{-\frac{(w-u_{0t}-\lambda\widetilde{S}(t))^2}{2(\sigma_{0t}^2+\varphi(t))}\right\}$$
$$\left[\lambda\widetilde{S}'(t)-\lambda\frac{\varphi'(t)}{\varphi(t)}\widetilde{S}(t)+\frac{\varphi'(t)}{\varphi(t)}\cdot\frac{w\varphi(t)+\lambda\widetilde{S}(t)\sigma_{0t}^2-u_{0t}\varphi(t)}{\sigma_{0t}^2+\varphi(t)}\right] \tag{4.8}$$

其中：$\widetilde{S}'(t)=\dfrac{\mathrm{d}\widetilde{S}(t)}{\mathrm{d}t}$；$\varphi'(t)=\dfrac{\mathrm{d}\varphi(t)}{\mathrm{d}t}$。

根据随机过程首达时间的概念，当$\{X(t),t\geqslant 0\}$首次达到失效阈值时，即认为设备失效。因此，基于监测数据$X_{0:k}=\{x_0,x_1,x_2\cdots,x_k\}$，将设备在$t_k$时刻的剩余寿命$L_k$定义为

$$L_k=\inf\{l_k:X(t_k+l_k)\geqslant w\mid X(t_k)<w\} \tag{4.9}$$

由式（4.8）可得，考虑随机冲击影响时自适应 Wiener 过程的剩余寿命分布 PDF 为

$$f_{L_k\mid\lambda,\varepsilon_0(l_k)}(l_k\mid\lambda,\varepsilon_0(l_k))=\frac{1}{\sqrt{2\pi(\sigma_{0l_k}^2+\varphi(l_k))}}\cdot\exp\left\{-\frac{(w_k-u_{0l_k}-\lambda\widetilde{S}(l_k))^2}{2(\sigma_{0l_k}^2+\varphi(l_k))}\right\}$$
$$\left[\lambda\widetilde{S}'(l_k)-\lambda\frac{\varphi'(l_k)}{\varphi(l_k)}\widetilde{S}(l_k)+\frac{\varphi'(l_k)}{\varphi(l_k)}\cdot\frac{w_k\varphi(l_k)+\lambda\widetilde{S}(l_k)\sigma_{0l_k}^2-u_{0l_k}\varphi(l_k)}{\sigma_{0l_k}^2+\varphi(l_k)}\right] \tag{4.10}$$

其中：$w_k=w-x_k$；$\widetilde{S}(l_k)=S(l_k+t_k)-S(t_k)$；$\widetilde{S}'(l_k)=\dfrac{\mathrm{d}\widetilde{S}(l_k)}{\mathrm{d}l_k}$；$\varphi(l_k)=k^2\int_0^{l_k}(\widetilde{S}(l_k)-\widetilde{S}(\tau))^2\mathrm{d}\tau+\sigma^2 l_k$；$\varphi'(l_k)=\dfrac{\mathrm{d}\varphi(l_k)}{\mathrm{d}l_k}$。

4.3.2　剩余寿命预测在线更新

为实现同时考虑时变不确定性、个体差异性以及随机冲击影响等因素时设备剩余寿命预测的在线更新，需要构建退化过程的离散模型。此外，当受到随机冲击时，设备的退化速率可能会受到不同程度的影响，并且相同冲击对不同退化速率设备的影响也不尽相同。因此，在自适应 Wiener 过程中，表征设备退化速率的漂移系数$\lambda(t)$和随机冲击影响的退化量γ_k可能会相互影响，且该影响随着设备运行的时间不断变化。鉴于此，本节将式（4.4）中的退化模型改进如下

$$\begin{cases}\lambda_{k+1}=a_{11}\lambda_k+a_{12}\gamma_k+\varepsilon_k\\ \gamma_{k+1}=a_{21}\lambda_k+a_{22}\gamma_k+\omega_k\\ \Delta x_k=\gamma_k+\lambda_k\Delta S_k+\varphi(\Delta t_k)\end{cases} \tag{4.11}$$

其中：Δx_k表示第k次状态监测与第$k+1$次状态监测之间设备退化状态的增量，可通过计算两者之间的差值得到，即$\Delta x_k=x_{k+1}-x_k$；随机变量$\varepsilon_k\sim N(0,\sigma_\lambda^2)$，$\sigma_\lambda^2=k^2\Delta t_k$表示同一批产品不同个体间的差异性；随机变量$\omega_k\sim N(0,\sigma_I^2)$表示随机冲击对设备退化率的影响。

此时，将两个随机参数 $\lambda(t)$ 和 γ_k 视作双隐含状态，令 $\boldsymbol{\theta}_k^{\mathrm{T}}=[\lambda_k,\gamma_k]$。因此，退化模型式（4.11）进一步改写成

$$\begin{cases}\boldsymbol{\theta}_{k+1}=\boldsymbol{A}\boldsymbol{\theta}_k+\boldsymbol{\omega}_k\\ y_k=\boldsymbol{C}_k^{\mathrm{T}}\boldsymbol{\theta}_k+\boldsymbol{v}_k\end{cases}\tag{4.12}$$

其中：$\boldsymbol{v}_k=\varphi(\Delta t_k)$；$y_k=\Delta x_k$；

$$\boldsymbol{A}=\begin{bmatrix}a_{11}&a_{12}\\a_{21}&a_{22}\end{bmatrix},\quad \boldsymbol{\omega}_k=\begin{bmatrix}\varepsilon_k\\ \omega_k\end{bmatrix},\quad \boldsymbol{C}_k^{\mathrm{T}}=\begin{bmatrix}\widetilde{S}(t_k)\\1\end{bmatrix}$$

此时，$\boldsymbol{\omega}_k$ 服从二元正态分布 $\mathrm{BVN}(\boldsymbol{0},\boldsymbol{\Sigma})$，均值和方差分别为

$$\boldsymbol{0}=\begin{bmatrix}0\\0\end{bmatrix},\quad \boldsymbol{\Sigma}=\begin{bmatrix}\sigma_\lambda^2&p\sigma_\lambda\sigma_I\\p\sigma_\lambda\sigma_I&\sigma_I^2\end{bmatrix}$$

令 $\boldsymbol{Y}_1^k=[y_1,y_2,\cdots,y_k]^{\mathrm{T}}$，并且定义双隐含状态 $\boldsymbol{\theta}_k$ 后验估计的均值和方差分别为 $\hat{\boldsymbol{\theta}}_{k|k}=E[\boldsymbol{\theta}_k|\boldsymbol{Y}_1^k]$ 和 $\boldsymbol{P}_{k|k}=\mathrm{cov}(\boldsymbol{\theta}_k|\boldsymbol{Y}_1^k)$。同理，一步预测的均值和方差分别为 $\hat{\boldsymbol{\theta}}_{k|k-1}=E[\boldsymbol{\theta}_k|\boldsymbol{Y}_1^{k-1}]$ 和 $\boldsymbol{P}_{k|k-1}=\mathrm{cov}(\boldsymbol{\theta}_k|\boldsymbol{Y}_1^{k-1})$。当新的测量数据 $\boldsymbol{Y}_1^k$ 可用时，可以基于 Kalman 滤波实现对双隐含状态 $\boldsymbol{\theta}_k$ 的实时估计。具体的迭代过程如下：

（初始化）
$$\hat{\boldsymbol{\theta}}_{0|0},\quad \boldsymbol{P}_{0|0}$$

（状态估计）
$$\begin{cases}\hat{\boldsymbol{\theta}}_{k|k-1}=\boldsymbol{A}\hat{\boldsymbol{\theta}}_{k-1|k-1}\\ \hat{\boldsymbol{\theta}}_k=\hat{\boldsymbol{\theta}}_{k|k-1}+\boldsymbol{K}_k(y_k-\boldsymbol{C}_k^{\mathrm{T}}\hat{\boldsymbol{\theta}}_{k|k-1})\\ \boldsymbol{K}_k=\boldsymbol{P}_{k|k-1}\boldsymbol{C}_k(\boldsymbol{C}_k^{\mathrm{T}}\boldsymbol{P}_{k|k-1}\boldsymbol{C}_k+\varphi(\Delta t_k))^{-1}\end{cases}$$

（协方差更新）
$$\begin{cases}\boldsymbol{P}_{k|k-1}=\boldsymbol{A}\boldsymbol{P}_{k-1|k-1}\boldsymbol{A}^{\mathrm{T}}+\boldsymbol{\Sigma}_k\\ \boldsymbol{P}_{k|k}=(\boldsymbol{I}-\boldsymbol{K}_k\boldsymbol{C}_k^{\mathrm{T}})\boldsymbol{P}_{k|k-1}\end{cases}$$

基于退化模型式（4.12）和 Kalman 滤波的性质，双隐含状态 $\boldsymbol{\theta}_k$ 的后验 PDF 是二元正态分布的，即 $\boldsymbol{\theta}_k\sim N(\hat{\boldsymbol{\theta}}_{k|k},\boldsymbol{P}_{k|k})$。

引理 4.2 若 $\boldsymbol{p}\sim N(\boldsymbol{u},\boldsymbol{\Sigma})$ 的 n 元正态分布，且 w_1 和 w_2 为已知的常实数，$\boldsymbol{a}$ 和 $\boldsymbol{b}$ 为已知的 n 维常值向量，则有下式成立

$$\begin{aligned}&E_{\boldsymbol{p}}\left[(w_1-\boldsymbol{a}^{\mathrm{T}}\boldsymbol{p})\exp\left[-\frac{(w_2-\boldsymbol{b}^{\mathrm{T}}\boldsymbol{p})^2}{2\gamma}\right]\right]\\&=\sqrt{\frac{\gamma^2}{|\boldsymbol{b}\boldsymbol{b}^{\mathrm{T}}\boldsymbol{\Sigma}+\gamma\boldsymbol{I}|}}\left[w_1-\frac{w_2\boldsymbol{a}^{\mathrm{T}}\boldsymbol{\Sigma}\boldsymbol{b}+\gamma\boldsymbol{a}^{\mathrm{T}}\boldsymbol{u}}{\gamma+\boldsymbol{b}^{\mathrm{T}}\boldsymbol{\Sigma}\boldsymbol{b}}\right]\cdot\exp\left\{-\frac{(w_2-\boldsymbol{b}^{\mathrm{T}}\boldsymbol{u})^2}{2(\gamma+\boldsymbol{b}^{\mathrm{T}}\boldsymbol{\Sigma}\boldsymbol{b})}\right\}\end{aligned}\tag{4.13}$$

根据引理 4.2，通过全概率公式可以求得同时考虑随机冲击和个体差异性

时，首达意义下设备剩余寿命分布的 PDF 为

$$
\begin{aligned}
f_{L_k|Y_1^k}(l_k|\boldsymbol{Y}_1^k)&=\mathrm{E}_{\boldsymbol{\theta}_k|Y_1^k}[f_{L_k|\boldsymbol{\theta}_k,Y_1^k}(l_k|\boldsymbol{\theta}_k,\boldsymbol{Y}_1^k)]\\
&=\frac{\gamma}{\sqrt{|\boldsymbol{b}_k\boldsymbol{b}_k^{\mathrm{T}}\boldsymbol{P}_{k|k}+\gamma\boldsymbol{I}|}}\exp\left\{-\frac{(w_k-\boldsymbol{b}_k^{\mathrm{T}}\hat{\boldsymbol{\theta}}_{k|k})^2}{2(\gamma+\boldsymbol{b}_k^{\mathrm{T}}\boldsymbol{P}_{k|k}\boldsymbol{b}_k)}\right\}\left[w_k-\frac{w_k\boldsymbol{a}_k^{\mathrm{T}}\boldsymbol{P}_{k|k}\boldsymbol{b}_k+\gamma\boldsymbol{a}_k^{\mathrm{T}}\hat{\boldsymbol{\theta}}_{k|k}}{\gamma+\boldsymbol{b}_k^{\mathrm{T}}\boldsymbol{P}_{k|k}\boldsymbol{b}_k}\right]
\end{aligned}
\tag{4.14}
$$

其中：$\boldsymbol{a}_k^{\mathrm{T}}=\left[-\widetilde{S}(l_k)+\frac{\gamma}{\gamma'}\widetilde{S}'(l_k),N(l_k)\right]$；$\gamma=\varphi(l_k)$；$\boldsymbol{b}_k^{\mathrm{T}}=[\widetilde{S}(l_k),N(l_k)]$；$\boldsymbol{I}$ 是二元单位矩阵。

本章在第 4.2 节，令一定时间内随机冲击次数 $N(t)$ 为泊松过程，且 $\mu(t)$ 代表冲击发生的频率，即泊松密度。若已知单次冲击对设备退化造成水平变化量的均值和方差分别为 u_I 和 σ_I^2，在剩余寿命 l_k 时间内，随机冲击造成的设备退化水平变化量的均值和方差分别为 $u_\varepsilon=\mu l_k\cdot u_I$ 和 $\sigma_\varepsilon^2=\mu l_k(u_I^2+\sigma_I^2)$，为了将 u_ε 和 σ_ε^2 融入式（4.14）设备剩余寿命分布中，采用一种基于蒙特卡罗仿真的剩余寿命算法[157]，具体过程如下。

步骤 1：基于历史监测数据估计泊松密度 μ，泊松密度估计值记为 $\hat{\mu}_k$；

步骤 2：基于泊松分布的概率密度函数，产生 M 个随机变量表示随机冲击次数，即 $N(l_k)^1,\cdots,N(l_k)^M$，且

$$
f_{N(l_k)|\hat{\mu}}(N(l_k)|\hat{\mu})=\frac{1}{N(l_k)!}(\hat{\mu}l_k)^{N(l_k)}\exp(-\hat{\mu}l_k) \tag{4.15}
$$

步骤 3：将 $N(l_k)^1,\cdots,N(l_k)^M$ 与 $\boldsymbol{\theta}_k\sim N(\hat{\boldsymbol{\theta}}_{k|k},\boldsymbol{P}_{k|k})$ 分别代入式（4.14）中，得到相应的剩余寿命分布的概率密度函数 $f_{L_k|\varepsilon_k^m,Y_1^k}(l_k|\varepsilon_k^m,\boldsymbol{Y}_1^k)$；

步骤 4：计算步骤 3 得到剩余寿命分布的均值，令其作为随机冲击影响下设备剩余寿命的概率密度函数

$$
f_{L_k|Y_1^k}(l_k|\boldsymbol{Y}_1^k)=\frac{1}{M}\sum_{m=1}^{M}f_{L_k|\varepsilon_k^m,Y_1^k}(l_k|\varepsilon_k^m,\boldsymbol{Y}_1^k) \tag{4.16}
$$

4.4　参 数 估 计

为了实现模型参数估计，首先令 $\boldsymbol{\Theta}=[\boldsymbol{A},\boldsymbol{\Sigma},\hat{\boldsymbol{\theta}}_{0|0},\boldsymbol{P}_{0|0},\sigma^2,\alpha]$ 表示模型参数向量，状态空间模型中 $\boldsymbol{\theta}$ 包含两个隐含状态（漂移系数和随机冲击影响的均值），根据极大似然估计方法，设备监测数据 $\boldsymbol{X}_1^k$ 关于模型参数向量 $\boldsymbol{\Theta}$ 的对数

似然函数为

$$l(\boldsymbol{\Theta})=\ln p(\boldsymbol{X}_1^k|\boldsymbol{\Theta}) \tag{4.17}$$

其中，$p(\boldsymbol{X}_1^k|\boldsymbol{\Theta})$为联合 PDF。进一步模型参数向量 $\boldsymbol{\Theta}$ 的 MLE 值 $\hat{\boldsymbol{\Theta}}_n$ 可以通过最大化式（4.17）得到

$$\hat{\boldsymbol{\Theta}}_n=\arg\max_{\boldsymbol{\Theta}} l_n(\boldsymbol{\Theta}) \tag{4.18}$$

由于状态空间模型中 $\boldsymbol{\theta}$ 被视作“隐含状态”，无法对式（4.18）直接最大化。因此，本章采用 EM 算法对未知参数 $\boldsymbol{\Theta}$ 进行估计，通过极大化联合似然函数 $p(\boldsymbol{\theta}_0^k,\boldsymbol{X}_1^k|\boldsymbol{\Theta})$ 去不断逼近模型参数的极大似然估计，得到模型参数的最优解。EM 算法的参数估计过程为以下两式

$$l(\boldsymbol{\Theta}|\hat{\boldsymbol{\Theta}}_n^{(l)})=E_{\boldsymbol{\theta}_0^k|\boldsymbol{X}_1^k,\hat{\boldsymbol{\Theta}}_n^{(l)}}[l(\boldsymbol{\Theta}|\boldsymbol{\theta}_0^k,\boldsymbol{X}_1^k)] \tag{4.19}$$

$$\hat{\boldsymbol{\Theta}}_n^{(l+1)}=\arg\max_{\boldsymbol{\Theta}} l(\boldsymbol{\Theta}|\hat{\boldsymbol{\Theta}}_n^{(l)}) \tag{4.20}$$

根据状态空间模型，基于贝叶斯定理和条件概率公式，未知参数的对数联合似然函数为

$$\begin{aligned} l(\boldsymbol{\Theta}|\boldsymbol{\theta}_0^k,\boldsymbol{Y}_1^k)= & -\frac{1}{2}\ln|\boldsymbol{P}_{0|0}|-\frac{1}{2}(\boldsymbol{\theta}_0-\boldsymbol{\theta}_{0|0})^{\mathrm{T}}\boldsymbol{P}_{0|0}^{-1}(\boldsymbol{\theta}_0-\boldsymbol{\theta}_{0|0})-\frac{1}{2}\ln|\boldsymbol{\Sigma}| \\ & -\frac{1}{2}\sum_{j=1}^{k}(\boldsymbol{\theta}_j-\boldsymbol{A}\boldsymbol{\theta}_{j-1})^{\mathrm{T}}\boldsymbol{\Sigma}^{-1}(\boldsymbol{\theta}_j-\boldsymbol{A}\boldsymbol{\theta}_{j-1})-\frac{1}{2}\sum_{j=1}^{k}\ln\sigma^2-\frac{1}{2\sigma^2}\sum_{j=1}^{k}\frac{(x_j-\boldsymbol{C}_j^{\mathrm{T}}\boldsymbol{\theta}_j)^2}{S(t_j)} \end{aligned} \tag{4.21}$$

为了计算 $l(\boldsymbol{\Theta}|\hat{\boldsymbol{\Theta}}_n^{(l)})$，需要计算的条件期望有：
$E_{\boldsymbol{\theta}_0^k|x_1^k,\hat{\boldsymbol{\Theta}}_n^{(l)}}[\boldsymbol{C}_j^{\mathrm{T}}\boldsymbol{\theta}_j]$；$E_{\boldsymbol{\theta}_0^k|x_1^k,\hat{\boldsymbol{\Theta}}_n^{(l)}}[\boldsymbol{C}_j^{\mathrm{T}}\boldsymbol{\theta}_j\boldsymbol{\theta}_j^{\mathrm{T}}\boldsymbol{C}_j]$；$E_{\boldsymbol{\theta}_0^k|x_1^k,\hat{\boldsymbol{\Theta}}_n^{(l)}}[\boldsymbol{\theta}_j^{\mathrm{T}}\boldsymbol{\Sigma}^{-1}\boldsymbol{\theta}_j]$；
$E_{\boldsymbol{\theta}_0^k|x_1^k,\hat{\boldsymbol{\Theta}}_n^{(l)}}[\boldsymbol{\theta}_j^{\mathrm{T}}\boldsymbol{\Sigma}^{-1}\boldsymbol{A}\boldsymbol{\theta}_{j-1}]$；$E_{\boldsymbol{\theta}_0^k|x_1^k,\hat{\boldsymbol{\Theta}}_n^{(l)}}[\boldsymbol{\theta}_{j-1}^{\mathrm{T}}\boldsymbol{\Sigma}^{-1}\boldsymbol{A}\boldsymbol{\theta}_{j-1}]$。

基于构建的状态空间模型，以上条件期望值可通过平滑滤波计算（Rauch-Tung-Striebel，RTS）得到，具体过程如下。

步骤 1：平滑滤波 $\begin{cases}\boldsymbol{S}_j=\boldsymbol{P}_{j|j}\boldsymbol{A}_j^{\mathrm{T}}\boldsymbol{P}_{j+1|j}^{-1}\\ \hat{\boldsymbol{\theta}}_{j|k}=\hat{\boldsymbol{\theta}}_j+\boldsymbol{S}_j(\hat{\boldsymbol{\theta}}_{j+1|k}-\hat{\boldsymbol{\theta}}_j)\\ \boldsymbol{P}_{j|k}=\boldsymbol{P}_{j|j}+\boldsymbol{S}_j(\boldsymbol{P}_{j+1|k}-\boldsymbol{P}_{j+1|j})\boldsymbol{S}_j^{\mathrm{T}}\end{cases}$

步骤 2：协方差初始值 $\boldsymbol{M}_{k|k}=(\boldsymbol{I}-\boldsymbol{K}(k)\boldsymbol{C}_k^{\mathrm{T}})\boldsymbol{A}_{k-1}\boldsymbol{P}_{k-1|k-1}$

步骤 3：后向迭代 $\boldsymbol{M}_{j|k}=\boldsymbol{P}_{j|j}\boldsymbol{S}_{j-1}^{\mathrm{T}}+\boldsymbol{S}_j(\boldsymbol{M}_{j+1|k}-\boldsymbol{A}_j\boldsymbol{P}_{j|j})\boldsymbol{S}_{j-1}^{\mathrm{T}}$

令 $l(\boldsymbol{\Theta}|\hat{\boldsymbol{\Theta}}_n^{(l)})$ 关于模型参数向量的偏导数为零，求解方程组。最终得到最优解依次为

$$
\begin{aligned}
\hat{\boldsymbol{\theta}}_{0|0}^{(l+1)} &= \hat{\boldsymbol{\theta}}_{0|k} \\
\hat{\boldsymbol{P}}_{0|0}^{(l+1)} &= \boldsymbol{P}_{0|k} \\
\hat{\boldsymbol{A}}^{(l+1)} &= \left[\sum_{j=1}^{k}(\boldsymbol{M}_{j|k} + \hat{\boldsymbol{\theta}}_{j|k}\hat{\boldsymbol{\theta}}_{j-1|k}^{\mathrm{T}})\right]\left[\sum_{j=1}^{k}(\boldsymbol{P}_{j-1|k} + \hat{\boldsymbol{\theta}}_{j|k}\hat{\boldsymbol{\theta}}_{j-1|k}^{\mathrm{T}})\right] \\
\hat{\boldsymbol{\Sigma}}^{(l+1)} &= \frac{1}{k}\hat{\boldsymbol{A}}^{(l+1)}\sum_{j=1}^{k}(\boldsymbol{M}_{j|k} + \hat{\boldsymbol{\theta}}_{j|k}\hat{\boldsymbol{\theta}}_{j-1|k}^{\mathrm{T}}) + \frac{1}{k}\sum_{j=1}^{k}(\boldsymbol{P}_{j|k} + \hat{\boldsymbol{\theta}}_{j|k}\hat{\boldsymbol{\theta}}_{j|k}^{\mathrm{T}}) \\
(\hat{\sigma}^2)^{(l+1)} &= \frac{1}{k}\sum_{j=0}^{k}\boldsymbol{C}_j^{\mathrm{T}}(\boldsymbol{P}_{j|k} + \hat{\boldsymbol{\theta}}_{j|k}\hat{\boldsymbol{\theta}}_{j|k}^{\mathrm{T}})\boldsymbol{C}_j + \frac{1}{k}\sum_{j=0}^{k}[y_j^2 - y_j\boldsymbol{C}_j\hat{\boldsymbol{\theta}}_j]
\end{aligned}
\tag{4.22}
$$

未知参数 $\boldsymbol{\Theta}$ 中，在得到 $\boldsymbol{A},\boldsymbol{\Sigma},\hat{\boldsymbol{\theta}}_{0|0},\boldsymbol{P}_{0|0},\sigma^2$ 未知参数估计结果的基础上，通过 MATLAB 软件中“fminsearch”函数来实现 α 的参数估计。交替执行式（4.19）和式（4.20），直至估计的结果满足预设的算法终止条件，即最大迭代次数或参数收敛。

4.5　仿真验证与实例研究

4.5.1　仿真验证

为了说明随机冲击对设备寿命预测的影响，本章给定一组数值仿真结果，通过改变随机冲击的均值 u_I、方差 σ_I^2 以及泊松密度 μ，观察随机冲击对设备寿命分布的影响。

首先，利用欧拉离散化方法，产生具有足够数据的退化轨迹。在此，设定退化模型参数 $\lambda=0.5$、$k=0.05$ 和 $\sigma=0.4$，同时预先设定失效阈值和欧拉离散步长分别为 $w=25$、$\Delta t=0.1$，并且引入服从泊松分布的随机冲击，具体参数为均值 $u_I=0.8$、方差 $\sigma_I^2=0.2$、泊松密度 $\mu=1$。基于预先设定的参数，可生成一组具有随机冲击的仿真退化数据，利用本章所提方法（记为 M0）、文献［155］所提方法（记为 M1）以及不考虑随机冲击影响的方法（记为 M2）进行模型参数估计，具体结果见表 4.1。可以看出，相比于其他两种方法，模型 M0 的参数估计结果更为准确，说明了本章所提方法的合理性和有效性，为后续准确预测剩余寿命奠定了基础。

由图 4.2 可知，与模型 M1、模型 M2 相比，本章所提方法模型 M0 得到的寿命分布更接近于模拟仿真的寿命分布直方图，验证了本章所提方法可以有效预测设备寿命。进一步分析，给出不同的均值 u_I、方差 σ_I^2 以及泊松密度 μ 的值，得到不同冲击影响下模型 M0 寿命分布的 PDF，分别如图 4.3、图 4.4 和图 4.5 所示。

表 4.1　模型参数估计值

参　数	模　型		
	M0	M1	M2
λ	0.481	0.473	0.432
σ	0.407	0.412	0.428
u_I	0.773	0.754	—
σ_I^2	0.187	0.179	—
μ	1.13	1.17	—

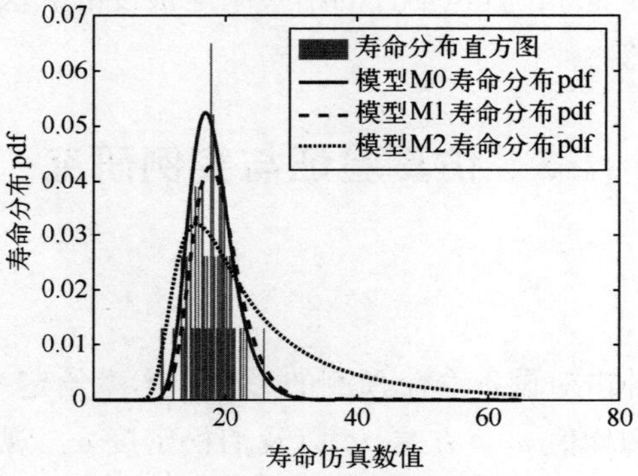

图 4.2　不同模型寿命分布 PDF

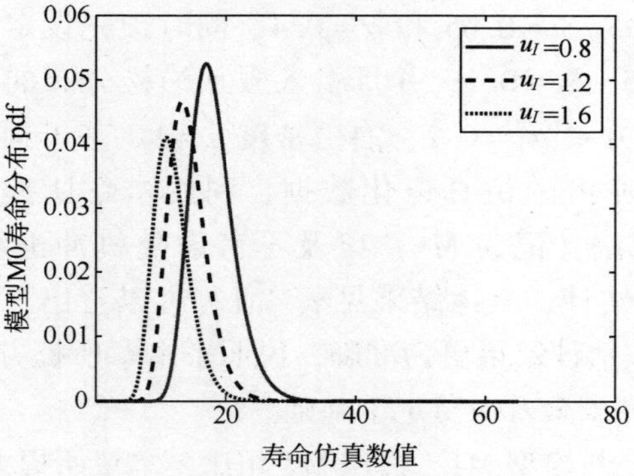

图 4.3　不同均值 u_I 下模型 M0 寿命分布 PDF

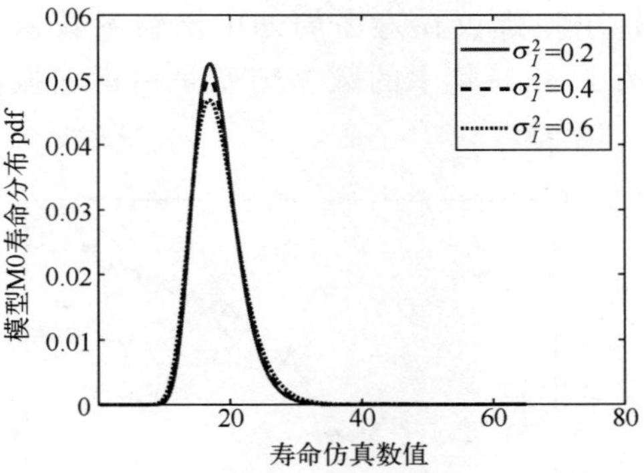

图 4.4　不同方差 σ_I^2 下模型 M0 寿命分布 PDF

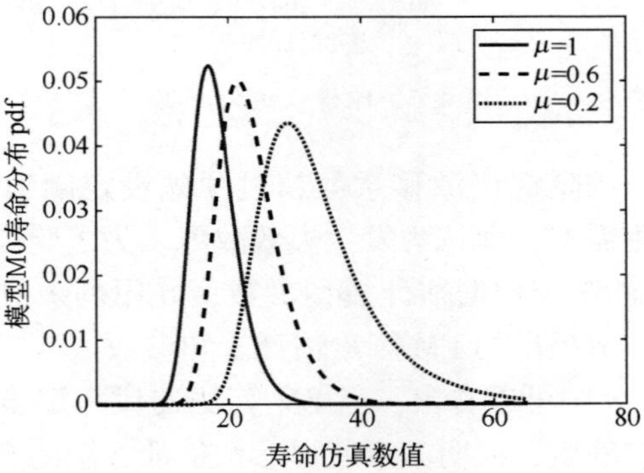

图 4.5　不同泊松密度 μ 下模型 M0 寿命分布 PDF

图 4.3、图 4.4 和图 4.5 的结果反映了随机冲击对寿命分布的影响，即：(1) 增大 u_I，加速设备退化，设备寿命随之不断下降，且寿命预测的不确定性增高；(2) 增大 σ_I，寿命分布 PDF 的位置几乎不变，但寿命预测的不确定性增高；(3) 减小 μ，设备寿命下降且预测不确定性也随之下降。

4.5.2　陀螺仪实例研究

陀螺仪是战略导弹等惯性导航系统的核心设备，其性能的优劣直接决定了导航精度和作战任务的成败，同时具有结构复杂、精度要求高、价格昂贵等特点。通常，陀螺仪在安装到导弹后，会随弹经历长时间储存、测试、拆装、运输等不同环境过程，易受到随机振动冲击等影响，对表征其精度性能的陀螺仪误差模型系数的退化过程产生加速退化影响，最终影响其服役时间。因此，为了准确预测陀螺仪剩余寿命，必须考虑随机冲击对陀螺仪退化的影响，某机械转子陀螺仪在寿命周期中漂移系数退化数据如图 4.6 所示，监测时间间隔为 2.5h，其中的数据突变是由运输振动冲击导致的退化加速。

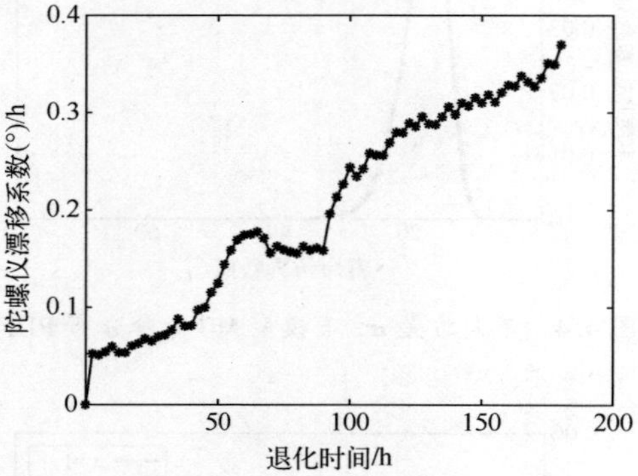

图 4.6 陀螺仪退化数据

在工程实际中，该陀螺仪漂移系数超过预先设定阈值 $w=0.37(°)/h$ 时，认为其不再满足使用需求，即认为发生失效故障。为了验证所提模型剩余寿命预测的有效性，用前 67 个数据估计模型参数，并用剩余数据对陀螺仪的剩余寿命更新。利用上一节提出的 EM 算法估计未知参数。

从图 4.7、图 4.8 中可以看出，当 EM 算法迭代一定步数以后，模型参数估计值将收敛到相应的值，说明本章所提参数估计方法的有效性。根据估计参数并利用所提模型，对陀螺仪漂移系数进行拟合。图 4.9 为监测陀螺仪漂移系数退化过程和预测退化过程的比较，从图中可以看出本章所提模型能较好地反映陀螺仪退化过程。

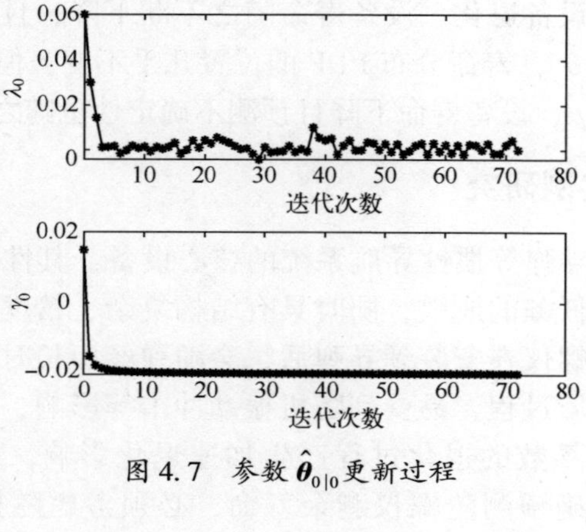

图 4.7 参数 $\hat{\boldsymbol{\theta}}_{0|0}$ 更新过程

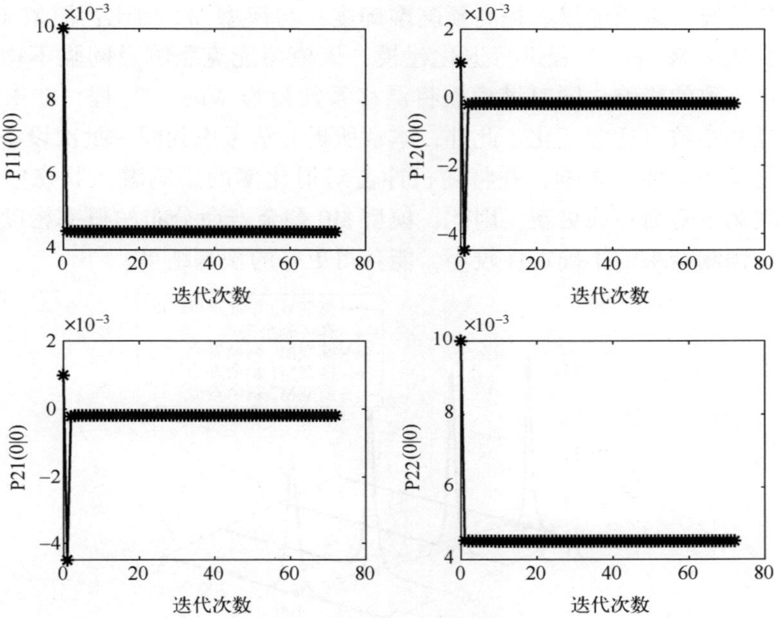

图 4.8　参数 $\boldsymbol{P}_{0|0}$ 更新过程

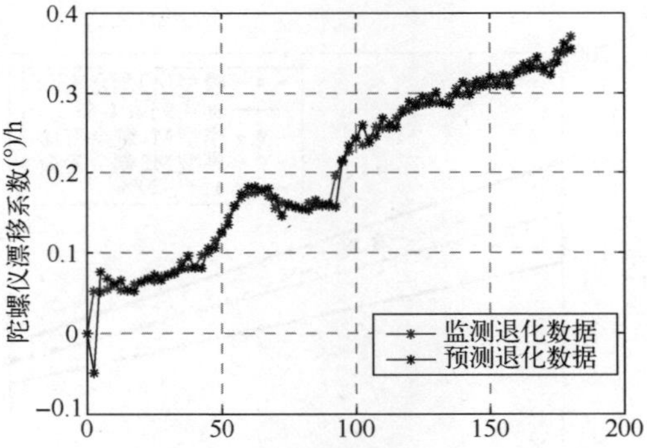

图 4.9　陀螺仪漂移数据拟合效果（见彩图）

为了便于表述，令本章所提模型记为模型 M0，白灿等提出的随机冲击退化模型[155]记为模型 M1，不考虑随机冲击影响的退化模型记为模型 M2。在此，给出三种模型各自的剩余寿命预测结果，具体如图 4.10、图 4.11 所示。其中，星形代表实际寿命，正方形代表模型 M0 的剩余寿命，菱形代表模型 M1 的剩余寿命，圆形代表模型 M2 的剩余寿命。结果表明，模型 M0 相比于模型 M2，考虑到设备运行过程中随机冲击对退化量和退化率的影响，更加符合实际退化情况，进而能显著提高预测准确度；与模型 M1 相比，模型 M0 基于非线性自适应 Wiener 过程进行退化建模，该模型能克服测量间隔不均匀、测量频率不一致的影响，同时该模型将漂移系数视为 Wiener 过程，在未来 RUL 预测时漂移参数自适应变化。此外，本章所提方法考虑到同一批次设备不同个体间退化率差异性的影响，并将随机冲击对退化率的影响融入状态空间模型中，实现剩余寿命在线更新。因此，模型 M0 剩余寿命分布的概率密度函数窄而尖锐，预测结果的不确定性较小，能获得更好的预测结果。

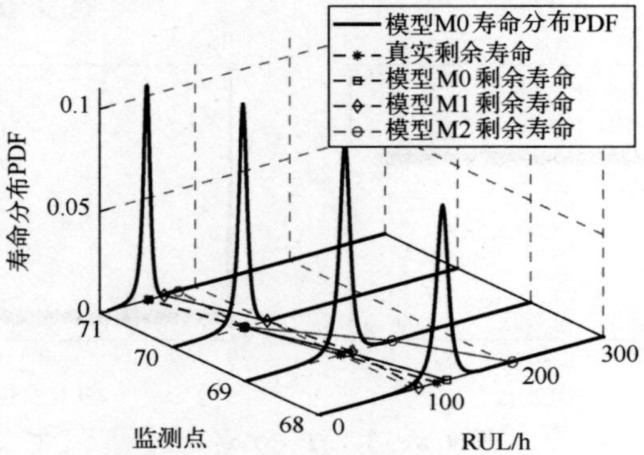

图 4.10　不同模型 RUL 预测结果

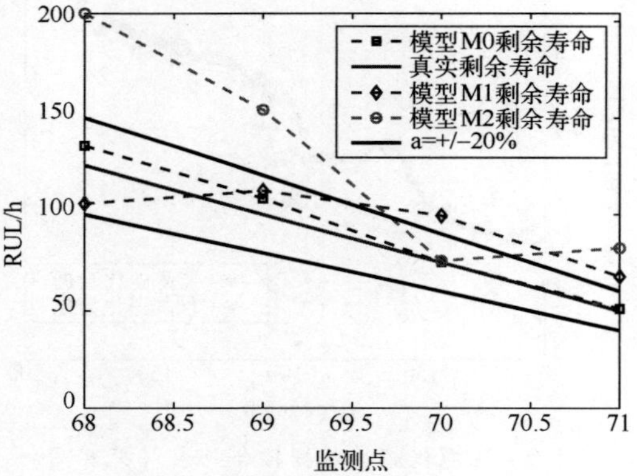

图 4.11　不同监测点 RUL

为了对不同模型预测结果进行量化比较，进而验证所提模型 M0 的有效性。定义设备的均方根误差（Root Mean Squared Error，RMSE）[158-159] 如下

$$\mathrm{RMSE}_k = \sqrt{\int_0^{+\infty} (l_k - \tilde{l}_k)^2 f_{L_k|\boldsymbol{Y}_k}(l_k|\boldsymbol{Y}_k)\,\mathrm{d}l_k} \tag{4.23}$$

其中：$\tilde{l}_k$ 为时刻 t_k 的真实剩余寿命；$f_{L_k|\boldsymbol{Y}_k}(l_k|\boldsymbol{Y}_k)$ 为设备剩余寿命分布的 PDF。

图 4.12 表明，随着设备的不断运行，获取的退化信息逐渐增多，其剩余寿命预测结果的均方根误差不断减小。在三种模型 M0、M1 以及 M2 中，本章所提模型 M0 对应均方根误差值最小，进一步证明了所提模型 M0 较 M1 和 M2 具有更好的模型拟合性，能有效降低预测的不确定性。

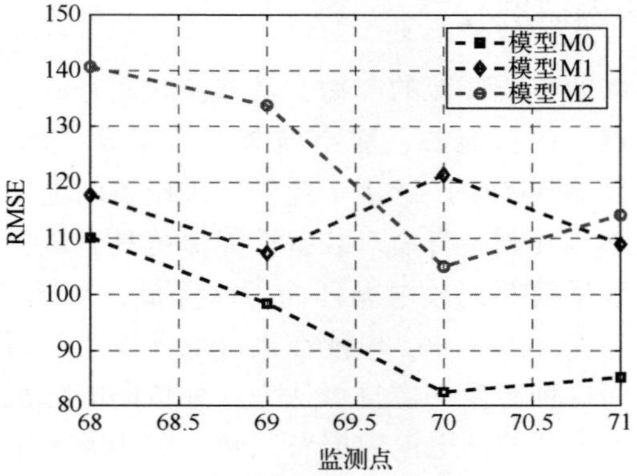

图 4.12　不同模型 RUL 预测的均方根误差

为了定量分析模型预测结果，在此引入绝对误差和评分函数（Scoring Function，Score）进行性能评价。Score 的计算公式如下[160]

$$\text{Score} = \begin{cases} \sum_{i=1}^{N} \left(e^{-\frac{h_i}{13}} - 1\right) & h_i < 0 \\ \sum_{i=1}^{N} \left(e^{\frac{h_i}{10}} - 1\right) & h_i \geq 0 \end{cases} \tag{4.24}$$

其中：$h_i = \hat{L}_i - L_{i\,\text{ture}}$；$\hat{L}_i$ 为设备 RUL 预测值；$L_{i\,\text{ture}}$为设备 RUL 真实值。

由表 4.2 可知三种模型剩余寿命预测结果的绝对误差在不断减小，且模型 M0 对应的绝对误差最小，即预测结果更准确。评分函数 Score 主要用于描述预测值与真实值高估与低估的关系。一般 Score 值越小，预测结果越准确。从表 4.3 中可知三种模型中模型 M0 对应的 Score 值最小。

表 4.2　不同监测点绝对误差

模　型	监　测　点			
	68	69	70	71
M0	10.12	8.28	0.12	1.17
M1	19.38	12.16	24.48	17.61
M2	79.22	54.22	0.941	32.62

表 4.3　不同模型评分函数

模　型	M0	M1	M2
Score	0.1241	4.8169	25.0970

4.5.3　锂电池实例研究

锂电池作为新兴的节能环保的产物，具有长时间寿命、高能量密度、利用率高和污染小等优点，在新能源、航空航天、汽车等领域得到广泛应用。同时，锂电池在导弹武器装备中广泛用于提供多种设备的电能，来保证装备平稳运行。因此，准确预测其剩余寿命对装备性能保持具有重要意义。

锂电池的容量数据随着充放电循环而不断降低，如图 4.13 所示。在退化过程中，由于充放电循环的中止，电池在没有电子压力的情况下，其容量数据可能会有所恢复。而这种容量的恢复可认为一种负向的随机冲击增加到退化过程中。本节从 NASA 公开的锂电池数据#5、#6、#7 和#18 中[148]，选择#5 电池进行实例研究。

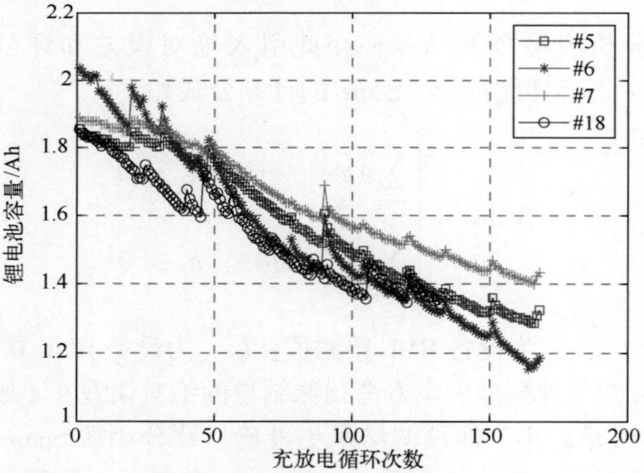

图 4.13　锂电池退化数据

在工程实际中，一般认为电池容量衰减 30%将失效，在此预先设置电池失效阈值 $w=0.4565/\mathrm{Ah}$。通过相应变换可以得到符合 Wiener 过程的#5 锂电池真实退化数据和预测退化数据，如图 4.14 所示。图 4.14 结果表明，本章所提方法预测数据与真实数据拟合效果较好，能较好反映锂电池退化情况。

将参数估计结果代入模型剩余寿命预测解析式中，可得到模型 M0 和模型 M1 的剩余寿命预测结果，如图 4.15、图 4.16 所示。

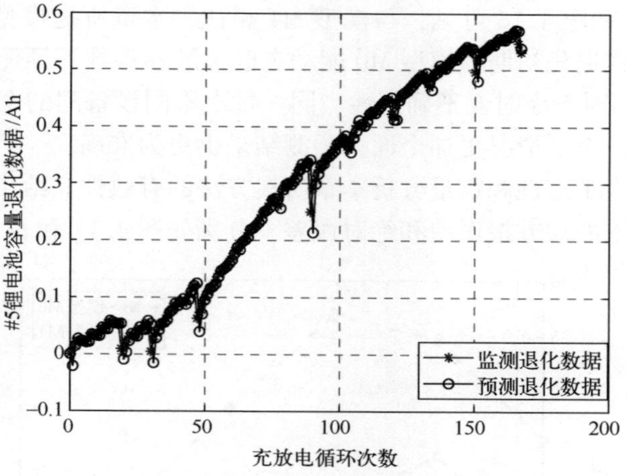

图 4.14　锂电池退化数据拟合效果

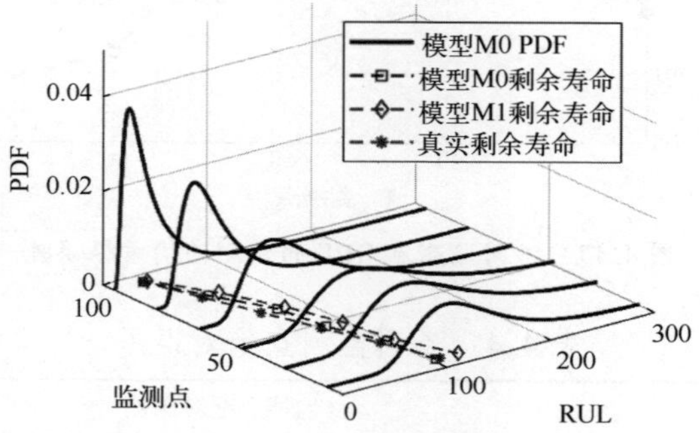

图 4.15　不同模型 RUL 预测结果

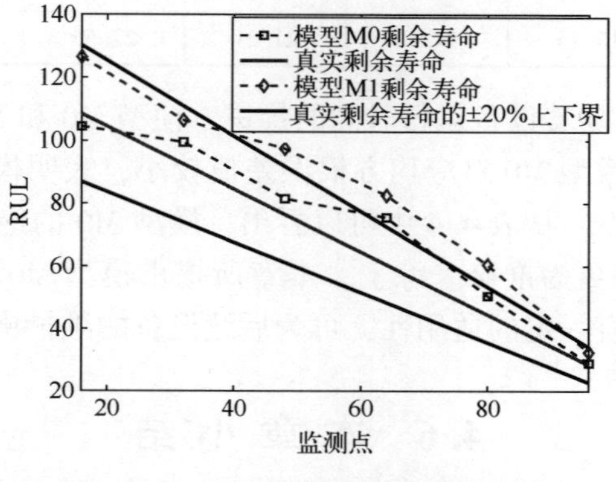

图 4.16　不同监测点 RUL（见彩图）

由图 4.15 和图 4.16 可见，与模型 M1 相比，本章所提模型 M0 的预测效果较好。尤其在退化初期，模型 M0 能动态调整漂移参数，预测精度较高。此外，模型 M0 同时考虑时变不确定性、同一批次不同设备间的个体差异性以及随机冲击影响，考虑情况更加全面，预测结果也更为准确。

同样地，为了定性和定量分析本章所提方法的有效性，给出两种模型的剩余寿命预测结果的均方根误差和绝对误差，分别如图 4.17 和表 4.4 所示。

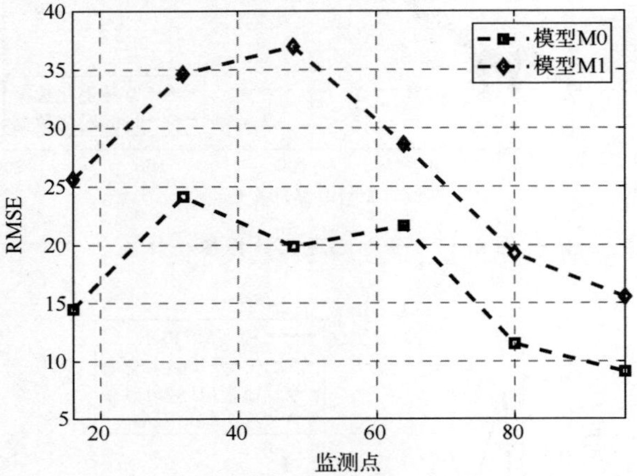

图 4.17　不同监测点 RUL 的预测的均方根误差

表 4.4　不同监测点绝对误差

方　　法	监测点绝对误差					
	16	32	48	64	80	96
模型 M0	4.46	7.31	5.12	15.63	6.55	0.89
模型 M1	18.45	14.16	21.21	22.55	16.24	3.76

图 4.17 表明，随着设备运行时间的推进，模型 M0 和 M1 预测结果的均方根误差不断减小。模型 M0 对应均方根误差值较小，表明模型 M0 能有效降低预测结果的不确定性。从表 4.4 中可以看出，模型 M0 的绝对误差始终小于模型 M1，其预测结果更为准确。综上，本章所提出模型 M0 预测准确度高、不确定性小，并且具有一定的适用性，可为后续设备的维护决策提供理论依据。

4.6　本章小结

本章针对退化过程中受到随机冲击影响的非线性退化设备，基于自适应

Wiener 过程，提出一种考虑时变不确定性、设备个体差异性以及随机冲击对设备退化状态和退化速率影响的剩余寿命预测方法，将现有考虑随机冲击影响的退化建模和剩余寿命预测方法推广到更贴合实际工程应用的情形。本章的工作主要包括：

（1）利用非线性自适应 Wiener 过程和正态分布分别描述设备正常退化和随机冲击对设备退化量的影响，建立融合随机冲击影响的自适应 Wiener 过程随机退化模型，该模型能够克服测量间隔不均匀、测量频率不一致的不足，并且能在未来剩余寿命预测时实现漂移项的动态变化；

（2）同时考虑时变不确定性、个体差异性以及随机冲击对设备退化状态、退化速率影响，构建离散状态空间模型。利用 Kalman 滤波技术实现对双隐含状态的估计，在首达时间意义下推导出剩余寿命解析式，利用构建的状态空间模型实现剩余寿命在线更新；

（3）提出基于 EM 算法的参数在线估计方法，有效降低了计算复杂度，提高了算法的在线估计能力和估计精度，并可根据最新获得的状态监测数据，实现模型参数的在线更新。

通过数值仿真、陀螺仪以及锂电池退化数据的实例研究，验证了本章所提方法的有效性和优越性。实验结果表明，针对存在随机冲击影响的随机退化设备，本章所提方法能够自适应预测随机退化设备的剩余寿命，并提高剩余寿命的预测精度，降低不确定性。

第 5 章　分阶段退化情况下随机退化装备自适应剩余寿命预测方法

5.1 引　言

近年来，基于 Wiener 过程退化建模方法一般将系统的整个退化过程假设为一个阶段来建立随机退化模型。但在工程实际中，由于受到内部因素（如材料蠕变、磨损等）、外部动态环境变化、运行状态切换等的影响，许多设备的退化特性呈现出两阶段乃至多阶段退化特征[161]。例如：锂电池初始处于平稳退化状态，随着充放电的不断循环，由于存在化学反应导致电池材料发生损耗，造成锂电池的容量在后一阶段迅速下降，整个退化过程呈现两阶段特性[162]；液力耦合器[163]同样开始时经历一个快速退化期，当到达某一时刻（变点）退化速度明显下降，与之类似的还有半导体激光器[164]、等离子显示板[165-167]等。

对于这种存在变点，呈现两阶段退化特性的设备进行退化建模和 RUL 预测，已有不少学者进行了研究和拓展。Ng 等根据退化数据的两阶段特性，提出一种基于单个变点独立增量的两阶段随机退化模型，并采用 EM 算法对模型参数进行估计[164]。Yan 等基于两阶段 Wiener 过程模型对液力耦合器进行可靠性校验，并根据赤池信息准则（Schwarz Information Criterion，SIC）对变点进行辨识[165]。Chen 等改进两阶段线性对数模型来描述滚球轴承的分阶段退化过程，并用贝叶斯方法更新模型参数进行寿命估计[168]。Wang 等提出了一种两阶段退化模型用于轴承退化数据的建模，在第一段假设处于健康状态，在第二段结合卡尔曼滤波和 EM 算法进行剩余寿命估计[169]。Peng 等为了提高 RUL 预测的鲁棒性和效率，开发了一种半解析预测模型，该模型可以避免 RUL 预测的大幅度波动，自动跟踪不同的退化阶段，并自适应地更新超参数[170]。Zhang 等在两阶段 Wiener 过程退化模型的框架下，推导出基于首达时间意义的寿命分布，该模型优势在于充分考虑并量化变点处退化量的不确定性，同时能够推广至更具有一般性的多阶段退化模型中[171]。

尽管两阶段以及多阶段退化模型已经取得了一些理论与实际应用成果，但仍存在一些问题有待解决。目前大多数两阶段退化模型都是基于 Wang 所提出的一阶自回归模型进行建模[172]，但该模型存在三点不足：(1) 假设噪声项是独立且均匀分布，并且仅适用于均匀测量间隔。由于不是自动测量或根据某些设计方案进行测量等原因，在工程实际中设备退化过程的测量间隔往往是不均匀的；(2) 当使用多组同类型退化设备的历史数据或先验信息估计模型未知参数时，必须要求监测数据的测量频率与历史数据中的测量频率相同。否则，历史数据将不再适用；(3) 该模型假设可以根据实时监测数据自适应更新漂移系数，但在未来的 RUL 预测时忽略自适应漂移的可变性。

针对上述问题，本章提出了一种基于自适应 Wiener 过程的两阶段退化模型，突破测量间隔固定和采样频率一致的要求限制，同时考虑对表征退化个体差异性的漂移系数实现自适应更新。在首达时间意义下，推导出两阶段自适应 Wiener 过程模型的 RUL 分布解析式，结合 EM 算法和 Kalman 滤波技术对模型参数进行估计和更新，并基于 SIC 实现退化变点辨识，最后通过数值仿真和锂电池的实例研究，验证了本章所提方法的有效性。

5.2　问题描述与退化建模

建立两阶段退化模型主要针对退化过程表现为两阶段特征的设备，且整个退化时间内存在一个变点，变点前后的退化率呈现显著差异性。

令 $X(t)$ 表示设备在运行中的退化过程，常用的 Wiener 过程模型具有以下形式

$$X(t)=x_0+\lambda t+\sigma B(t) \tag{5.1}$$

其中：λ 和 σ 分别表示退化过程的漂移系数和扩散系数；$B(t)$ 是一个标准 Brownian 运动函数；x_0 为退化初值，通常假设 $x_0=0$。

基于上述模型，对于存在变点的随机退化设备可以建立两阶段 Wiener 过程退化模型为

$$X(t)=\begin{cases}x_0+\lambda_1 t+\sigma_1 B(t) & 0<t\leqslant\tau\\ x_\tau+\lambda_2(t-\tau)+\sigma_2 B(t-\tau) & t>\tau\end{cases} \tag{5.2}$$

其中：x_0 为退化模型的初始参数；x_τ 为第二阶段模型的初始值即变点处的退化量；τ 为变点发生时间；λ_1 和 σ_1 分别对应退化模型第一阶段的漂移系数和扩散系数；λ_2 和 σ_2 分别对应退化模型第二阶段的漂移系数和扩散系数。

由于上述的 Wiener 过程模型存在测量间隔不均匀、测量频率不一致以及在 RUL 预测中没有利用实时监测数据自适应更新漂移系数三点不足。因此，本章考虑基于 Zhai 所提如下自适应 Wiener 过程模型[141]建模

$$\begin{cases}\lambda(t)=\lambda_0+kW(t)\\ X(t)=\int_0^t\lambda(\tau)\mathrm{d}\tau+\sigma B(t)\end{cases}\tag{5.3}$$

其中：$\lambda(t)$是一个遵循 Wiener 过程且随时间变化的漂移系数；λ_0 是初始漂移率；k 是自适应漂移率的扩散系数；$W(t)$是一个独立于 $B(t)$的标准 Brownian 运动函数。

根据式（5.1）和式（5.3），可以推导出两者各自的离散状态空间模型如下：

$$\begin{bmatrix}\lambda_i\\X_i\end{bmatrix}=\begin{bmatrix}1&0\\\Delta t_i&1\end{bmatrix}\begin{bmatrix}\lambda_{i-1}\\X_{i-1}\end{bmatrix}+\begin{bmatrix}\eta_i\\\sigma\Delta B_i\end{bmatrix}\tag{5.4}$$

$$\begin{bmatrix}\lambda_i\\X_i\end{bmatrix}=\begin{bmatrix}1&0\\\Delta t_i&1\end{bmatrix}\begin{bmatrix}\lambda_{i-1}\\X_{i-1}\end{bmatrix}+\begin{bmatrix}k\Delta W_i\\k\int_{t_{i-1}}^{t_i}W(\tau)\mathrm{d}\tau+\sigma\Delta B_i\end{bmatrix}\tag{5.5}$$

其中：$\eta_i\sim N(0,Q)$；$\Delta B_i=B(t_i)-B(t_{i-1})$；$\Delta W_i=W(t_i)-W(t_{i-1})$。

从上式中，可以看到自适应 Wiener 过程离散模型的噪声项比式（5.4）的 Wiener 过程离散模型，增加了一个自适应漂移项 $k\int_{t_{i-1}}^{t_i}W(\tau)\mathrm{d}\tau$，当使用最新的监测值 X_i 更新漂移系数时，自适应 Wiener 过程的漂移项从最后监测点开始仍可以动态变化，直到系统发生故障。此外，如式（5.4）所示的 Wiener 过程模型假定两个监测点之间的漂移系数 λ_i 为一个随机游走模型，并且依赖于前一个时刻的漂移系数，当测量间隔发生变化时，可能导致模型参数估计不准确。鉴于此，自适应 Wiener 过程增加了一个随时间变化的漂移项。当测量间隔发生变化时，模型漂移部分能动态相应变化，适用于不等间隔测量下的剩余寿命预测。

为了进一步说明，本章给出式（5.1）和式（5.3）的两步预测模型如下：

$$\begin{aligned}\begin{bmatrix}\lambda_i\\X_i\end{bmatrix}&=\begin{bmatrix}1&0\\\Delta t_i&1\end{bmatrix}\begin{bmatrix}\lambda_{i-1}\\X_{i-1}\end{bmatrix}+\begin{bmatrix}\eta_i\\\sigma\Delta B_i\end{bmatrix}\\&=\begin{bmatrix}1&0\\\Delta t_i+\Delta t_{i-1}&1\end{bmatrix}\begin{bmatrix}\lambda_{i-2}\\X_{i-2}\end{bmatrix}+\begin{bmatrix}\eta_i+\eta_{i-1}\\\eta_{i-1}\Delta t_i+\sigma(\Delta B_i+\Delta B_{i-1})\end{bmatrix}\end{aligned}\tag{5.6}$$

$$
\begin{aligned}
\begin{bmatrix}\lambda_i\\ X_i\end{bmatrix} &= \begin{bmatrix}1 & 0\\ \Delta t_i & 1\end{bmatrix}\begin{bmatrix}\lambda_{i-1}\\ X_{i-1}\end{bmatrix}+\begin{bmatrix}k\Delta W_i\\ k\int_{t_{i-1}}^{t_i} W(\tau)\mathrm{d}\tau+\sigma\Delta B_i\end{bmatrix}\\
&= \begin{bmatrix}1 & 0\\ \Delta t_i+\Delta t_{i-1} & 1\end{bmatrix}\begin{bmatrix}\lambda_{i-2}\\ X_{i-2}\end{bmatrix}+\begin{bmatrix}k(\Delta W_i+\Delta W_{i-1})\\ k\Delta W_{i-1}\Delta t_i+k\int_{t_{i-2}}^{t_i} W(\tau)\mathrm{d}\tau\\ +\sigma(\Delta B_i+\Delta B_{i-1})\end{bmatrix}\\
&\approx \begin{bmatrix}1 & 0\\ \Delta t_i+\Delta t_{i-1} & 1\end{bmatrix}\begin{bmatrix}\lambda_{i-2}\\ X_{i-2}\end{bmatrix}+\begin{bmatrix}k(\Delta W_i+\Delta W_{i-1})\\ k\int_{t_{i-2}}^{t_i} W(\tau)\mathrm{d}\tau+\sigma(\Delta B_i+\Delta B_{i-1})\end{bmatrix}
\end{aligned}
\tag{5.7}
$$

从式（5.6）中观察到，Wiener 过程两步预测模型的噪声项中第一个元素 $\eta_i+\eta_{i-1}$ 的方差是一步预测模型的 2 倍，然而两步预测模型的噪声项中第二个元素除了 $\sigma(\Delta B_i+\Delta B_{i-1})$ 还有一个附加项 $\eta_{i-1}\Delta t_i$，与一步预测模型的噪声项第二个元素相比，方差不能构成 2 倍关系。因此，当式（5.1）所示的 Wiener 过程应用于测量间隔不均匀的数据时，可能造成估计值不准确，RUL 预测准确度随之下降。相比之下，自适应 Wiener 过程的两步预测模型增加了一个漂移项 $k\int_{t_{i-2}}^{t_i} W(\tau)\mathrm{d}\tau$，导致附加项 $k\Delta W_{i-1}\Delta t_i$ 的影响可忽略不计。因此，自适应 Wiener 过程两步预测与一步预测可以相互兼容，当测量间隔变化时能解决此类问题带来的影响。

基于上述结论，本章对存在变点的随机退化设备建立两阶段自适应 Wiener 过程退化模型为

$$
X(t)=\begin{cases} x_0+\int_0^t \lambda_1(s)\mathrm{d}s+\sigma_1 B(t) & 0<t\leqslant\tau\\ x_\tau+\int_0^{t-\tau}\lambda_2(s)\mathrm{d}s+\sigma_2 B(t-\tau) & t>\tau\end{cases}
\tag{5.8}
$$

其中：x_0 为退化模型的初始参数；x_τ 为第二阶段模型的初始值即变点处的退化量；τ 为变点发生时间；$\lambda_1(s)$ 和 σ_1 分别对应退化模型第一阶段的漂移项和扩散系数；$\lambda_2(s)$ 和 σ_2 分别对应退化模型第二阶段的漂移项和扩散系数。

5.3 两阶段剩余寿命预测分布推导与自适应预测

为描述同批次设备中某一个体的退化过程，考虑设备个体差异性对剩余寿命预测的影响，将退化模型的漂移系数随机化[145]，即 $\lambda_1 \sim N(u_a,\sigma_a^2)$ 和 $\lambda_2 \sim N(u_b,\sigma_b^2)$。若发生变点时的退化量已知，根据文献［141］中自适应 Wiener 过程的寿命分布，可以推导出两阶段自适应 Wiener 过程寿命分布的 PDF 如下：

$$
f_T(t)=\begin{cases}
\dfrac{1}{\sqrt{2\pi(\varphi_1(t)+\sigma_a^2t^2)}}\left[\dfrac{\varphi_1'(t)}{\varphi_1(t)}(w-X_0)+\left(1-\dfrac{\varphi_1'(t)}{\varphi_1(t)}t\right)\dfrac{u_a\varphi_1(t)+(w-X_0)\sigma_a^2t}{\varphi_1(t)+\sigma_a^2t^2}\right] \\
\quad\cdot\exp\left\{-\dfrac{(w-X_0-u_at)^2}{2(\varphi_1(t)+\sigma_a^2t^2)}\right\} & 0<t\leqslant\tau \\
\dfrac{1}{\sqrt{2\pi(\varphi_2(t-\tau)+\sigma_b^2(t-\tau)^2)}}\left[\dfrac{\varphi_2'(t-\tau)}{\varphi_2(t-\tau)}(w-X_\tau)+\left(1-\dfrac{\varphi_2'(t-\tau)}{\varphi_2(t-\tau)}(t-\tau)\right)\dfrac{u_b\varphi_2(t-\tau)+(w-X_\tau)\sigma_b^2(t-\tau)}{\varphi_2(t-\tau)+\sigma_b^2(t-\tau)^2}\right] \\
\quad\cdot\exp\left\{-\dfrac{(w-X_\tau-u_b(t-\tau))^2}{2(\varphi_2(t-\tau)+\sigma_b^2(t-\tau)^2)}\right\} & t>\tau
\end{cases}
\tag{5.9}
$$

其中：$\varphi_1(t)=\dfrac{1}{3}k_1^2t^3+\sigma_1^2t$；$\varphi_1'(t)=k_1^2t^2+\sigma_1^2$；$\varphi_2(t-\tau)=\dfrac{1}{3}k_2^2(t-\tau)^3+\sigma_2^2(t-\tau)$；$\varphi_2'(t-\tau)=k_2^2(t-\tau)^2+\sigma_2^2$；$X_0$ 表示退化初值；w 表示设备退化的失效阈值；τ 表示变点发生时间。

在实际中，变点出现以前，其退化量准确值 X_τ 是未知的，为了得到寿命预测值，首先要得到首达时间意义下 X_τ 的分布形式，即在 $X_\tau<w$ 条件下经过时间 τ，退化量从 0 到 X_τ 的转移概率 $g_\tau(X_\tau)$。因此，要计算退化过程在(X_τ,∞)的失效概率，需保证退化过程在$(0,X_\tau)$上未超过失效阈值。如果 $g_\tau(X_\tau)$的解析表达式可以得到，则基于全概率公式可推导出寿命分布的 PDF。

引理 5.1 若退化过程为两阶段自适应 Wiener 过程模型，且漂移系数 λ_1、

λ_2 服从正态分布 $N(u_a,\sigma_a^2)$、$N(u_b,\sigma_b^2)$。如果变点时间 τ 给定，那么在首达时间意义下的寿命分布的 PDF 如下：

$$f_T(t)=\begin{cases}\dfrac{1}{\sqrt{2\pi(\varphi_1(t)+\sigma_a^2t^2)}}\left[\dfrac{\dfrac{\varphi_1'(t)}{\varphi_1(t)}(w-X_0)+\left(1-\dfrac{\varphi_1'(t)}{\varphi_1(t)}t\right)}{\dfrac{u_a\varphi_1(t)+(w-X_0)\sigma_a^2t}{\varphi_1(t)+\sigma_a^2t^2}}\right] \\ \quad\cdot\exp\left\{-\dfrac{(w-X_0-u_at)^2}{2(\varphi_1(t)+\sigma_a^2t^2)}\right\} & 0<t\leqslant\tau \\ \displaystyle\int_{-\infty}^{w}\frac{1}{\sqrt{2\pi(\varphi_2(t-\tau)+\sigma_2^2(t-\tau)^2)}}\left[\dfrac{\dfrac{\varphi_2'(t-\tau)}{\varphi_2(t-\tau)}(w-X_\tau)+\left(1-\dfrac{\varphi_2'(t-\tau)}{\varphi_2(t-\tau)}(t-\tau)\right)}{\dfrac{u_b\varphi_2(t-\tau)+(w-X_\tau)\sigma_b^2(t-\tau)}{\varphi_2(t-\tau)+\sigma_b^2(t-\tau)^2}}\right] \\ \quad\cdot\exp\left\{-\dfrac{(w-X_\tau-u_b(t-\tau))^2}{2(\varphi_2(t-\tau)+\sigma_b^2(t-\tau)^2)}\right\}\cdot g_\tau(X_\tau\mid u_a,\sigma_a)\,\mathrm{d}X_\tau\approx A_1-B_1 & t>\tau\end{cases}\tag{5.10}$$

其中

$$A_1=\frac{\varphi_2'(t-\tau)}{\varphi_2(t-\tau)}\sqrt{\frac{1}{2\pi(\sigma_{a1}^2+\sigma_{b1}^2)}}\exp\left[-\frac{(u_{a1}-u_{b1})^2}{2(\sigma_{a1}^2+\sigma_{b1}^2)}\right]\left\{\begin{aligned}&\frac{u_{b1}\sigma_{a1}^2+u_{a1}\sigma_{b1}^2}{\sigma_{a1}^2+\sigma_{b1}^2}\Phi\left(\frac{u_{b1}\sigma_{a1}^2+u_{a1}\sigma_{b1}^2}{\sqrt{\sigma_{a1}^2\sigma_{b1}^2(\sigma_{a1}^2+\sigma_{b1}^2)}}\right)\\&+\sqrt{\frac{\sigma_{a1}^2\sigma_{b1}^2}{\sigma_{a1}^2+\sigma_{b1}^2}}\phi\left(\frac{u_{b1}\sigma_{a1}^2+u_{a1}\sigma_{b1}^2}{\sqrt{\sigma_{a1}^2\sigma_{b1}^2(\sigma_{a1}^2+\sigma_{b1}^2)}}\right)\end{aligned}\right\}$$

$$B_1=\exp\left\{\frac{2u_aw}{\varphi_1'(\tau)}+\frac{2(w^2\sigma_a^4\tau+w^2\sigma_a^2\varphi_1'(\tau))}{(\varphi_1'(\tau)+\sigma_a^2\tau)\varphi_1'(\tau)^2}\right\}\frac{\varphi_2'(t-\tau)}{\varphi_2(t-\tau)}\sqrt{\frac{1}{2\pi(\sigma_{a1}^2+\sigma_{b1}^2)}}\exp\left[-\frac{(u_{a1}-u_{c1})^2}{2(\sigma_{a1}^2+\sigma_{b1}^2)}\right]$$
$$\left\{\frac{u_{c1}\sigma_{a1}^2+u_{a1}\sigma_{b1}^2}{\sigma_{a1}^2+\sigma_{b1}^2}\Phi\left(\frac{u_{c1}\sigma_{a1}^2+u_{a1}\sigma_{b1}^2}{\sqrt{\sigma_{a1}^2\sigma_{b1}^2(\sigma_{a1}^2+\sigma_{b1}^2)}}\right)+\sqrt{\frac{\sigma_{a1}^2\sigma_{b1}^2}{\sigma_{a1}^2+\sigma_{b1}^2}}\phi\left(\frac{u_{c1}\sigma_{a1}^2+u_{a1}\sigma_{b1}^2}{\sqrt{\sigma_{a1}^2\sigma_{b1}^2(\sigma_{a1}^2+\sigma_{b1}^2)}}\right)\right\}$$

$$u_{a1}=u_b(t-\tau)\quad u_{b1}=w-u_a\tau\quad u_{c1}=-w-u_a\tau-\frac{\sigma_a^2\tau}{\varphi_1'(\tau)}$$

$$\sigma_{a1}^2=\varphi_2(t-\tau)+\sigma_b^2(t-\tau)^2\quad \sigma_{b1}^2=\varphi_1(\tau)+\sigma_a^2\tau^2$$

定理 5.1　若已知当前时刻 t_k 的退化状态 x_k，用 l_k 表示设备剩余寿命，$f_L(l_k)$ 表示设备剩余寿命分布的 PDF，在随机退化速率 λ_1 和 λ_2 的影响下，可获得首达意义下两阶段自适应 Wiener 过程模型 RUL 的 PDF 分为以下两种情况。

情况 1：当前时刻 t_k 位于变点前，即 $t_k<\tau$，此时随机设备退化失效又存在两种情况：①失效阈值位于变点前，即 $l_k+t_k\leqslant\tau$；②失效阈值位于变点后，即 $l_k+t_k>\tau$。则 RUL 的 PDF 如下：

$$f_L(l_k)=\begin{cases}\dfrac{1}{\sqrt{2\pi(\varphi_1(l_k)+\sigma_a^2 l_k^2)}}\left[\dfrac{\dfrac{\varphi_1'(l_k)}{\varphi_1(l_k)}(w-X_k)+\left(1-\dfrac{\varphi_1'(l_k)}{\varphi_1(l_k)}l_k\right)}{\dfrac{u_a\varphi_1(l_k)+(w-X_k)\sigma_a^2 l_k}{\varphi_1(l_k)+\sigma_a^2 l_k^2}}\right] \\ \quad\cdot\exp\left\{-\dfrac{(w-X_k-u_a l_k)^2}{2(\varphi_1(l_k)+\sigma_a^2 l_k^2)}\right\} & l_k+t_k\leqslant\tau \\ A_2-B_2 & l_k+t_k>\tau\end{cases}\tag{5.11}$$

其中

$$A_2=\frac{\varphi_2'(l_k+t_k-\tau)}{\varphi_2(l_k+t_k-\tau)}\sqrt{\frac{1}{2\pi(\sigma_{a2}^2+\sigma_{b2}^2)}}\cdot\exp\left[-\frac{(u_{a2}-u_{b2})^2}{2(\sigma_{a2}^2+\sigma_{b2}^2)}\right]$$
$$\left\{\begin{array}{l}\dfrac{u_{b2}\sigma_{a2}^2+u_{a2}\sigma_{b2}^2}{\sigma_{a2}^2+\sigma_{b2}^2}\Phi\left(\dfrac{u_{b2}\sigma_{a2}^2+u_{a2}\sigma_{b2}^2}{\sqrt{\sigma_{a2}^2\sigma_{b2}^2(\sigma_{a2}^2+\sigma_{b2}^2)}}\right)\\ +\sqrt{\dfrac{\sigma_{a2}^2\sigma_{b2}^2}{\sigma_{a2}^2+\sigma_{b2}^2}}\phi\left(\dfrac{u_{b2}\sigma_{a2}^2+u_{a2}\sigma_{b2}^2}{\sqrt{\sigma_{a2}^2\sigma_{b2}^2(\sigma_{a2}^2+\sigma_{b2}^2)}}\right)\end{array}\right\}$$

$$B_2=\exp\left\{\frac{2u_a(w-X_k)}{\varphi_1'(\tau-t_k)}+\frac{2((w-X_k)^2\sigma_a^4\tau+(w-X_k)^2\sigma_a^2\varphi_1'(\tau-t_k))}{(\varphi_1'(\tau-t_k)+\sigma_a^2(\tau-t_k))\varphi_1'(\tau-t_k)^2}\right\}\cdot\frac{\varphi_2'(l_k+t_k-\tau)}{\varphi_2(l_k+t_k-\tau)}$$
$$\sqrt{\frac{1}{2\pi(\sigma_{a2}^2+\sigma_{b2}^2)}}\cdot\exp\left[-\frac{(u_{a2}-u_{c2})^2}{2(\sigma_{a2}^2+\sigma_{b2}^2)}\right]\times\left\{\frac{u_{c2}\sigma_{a2}^2+u_{a2}\sigma_{b2}^2}{\sigma_{a2}^2+\sigma_{b2}^2}\Phi\left(\frac{u_{c2}\sigma_{a2}^2+u_{a2}\sigma_{b2}^2}{\sqrt{\sigma_{a2}^2\sigma_{b2}^2(\sigma_{a2}^2+\sigma_{b2}^2)}}\right)\right.$$
$$\left.+\sqrt{\frac{\sigma_{a2}^2\sigma_{b2}^2}{\sigma_{a2}^2+\sigma_{b2}^2}}\phi\left(\frac{u_{c1}\sigma_{a2}^2+u_{a1}\sigma_{b2}^2}{\sqrt{\sigma_{a2}^2\sigma_{b2}^2(\sigma_{a2}^2+\sigma_{b2}^2)}}\right)\right\}$$

$$u_{a2}=u_b(l_k+t_k-\tau)\quad u_{b2}=w-X_k-u_a(\tau-t_k)\quad u_{c2}=-w+X_k-u_a(\tau-t_k)-\frac{\sigma_a^2(\tau-t_k)}{\varphi_1'(\tau-t_k)}$$

$$\sigma_{a2}^2=\varphi_2(l_k+t_k-\tau)+\sigma_b^2(l_k+t_k-\tau)^2\quad \sigma_{b2}^2=\varphi_1(\tau-t_k)+\sigma_a^2(\tau-t_k)^2$$

情况 2：当前时刻 t_k 位于变点后，即 $t_k>\tau$，此时退化设备 RUL 的 PDF 为

$$f_L(l_k)=\frac{1}{\sqrt{2\pi(\varphi_2(l_k)+\sigma_b^2 l_k^2)}}\left[\frac{\frac{\varphi_2'(l_k)}{\varphi_2(l_k)}(w-X_k)+\left(1-\frac{\varphi_2'(l_k)}{\varphi_2(l_k)}l_k\right)}{\frac{u_b\varphi_2(l_k)+(w-X_k)\sigma_b^2 l_k}{\varphi_2(l_k)+\sigma_b^2 l_k{}^2}}\right] \tag{5.12}$$
$$\cdot\exp\left\{-\frac{(w-X_k-u_b l_k)^2}{2(\varphi_2(l_k)+\sigma_b^2 l_k{}^2)}\right\}$$

在定理 5.1 中，变点发生时间为某一固定值，只适用于事先预设情况。在实际中，利用监测数据进行预测时，通常两阶段变点位置在不同情况或不同个体下存在差异性。因此，假设变点时间 τ 为随机变量来描述这种差异性。在这种情况下，随机退化设备的寿命和剩余寿命 PDF 为

$$\begin{cases} f_T(t)=\int_0^{+\infty} f_T(t\,|\,\tau)p(\tau)\,\mathrm{d}\tau \\ f_L(l_k)=\int_{t_k}^{+\infty} f_L(l_k\,|\,\tau)p(\tau)\,\mathrm{d}\tau \end{cases} \tag{5.13}$$

其中，$p(\tau)$ 为变点发生时间的 PDF。由于寿命与剩余寿命分布形式比较复杂，上述的积分难以得到具体解析表达式，故本章考虑采用数值积分方法求解。

5.4　参数估计

5.4.1　潜在退化状态估计

当前时间可定义为 t_k，而当前运行设备从时间 $t_0\sim t_k$ 获取的退化数据为 $x_{0:k}=\{x_0,x_1,\cdots,x_k\}$，如果此时变点未出现，即 $t_k\leqslant\tau$，即此时运行设备位于第一退化阶段无第二阶段退化数据，因此监测到的退化数据只用于更新第一阶段模型参数；反之，若变点已经出现，即 $t_k>\tau$，那么只需要利用监测数据更新第二阶段的模型参数。

根据建立的两阶段模型，可将漂移系数 λ_1 和 λ_2 视作“隐含状态”，因此基于实时监测数据 $x_{0:k}$，可以利用 Kalman 滤波进行状态估计。在此，定义 λ_1 和 λ_2 的均值和方差分别为 $\hat{\lambda}_1=E(\lambda_1\,|\,x_{0:k})$、$\hat{\lambda}_2=E(\lambda_2\,|\,x_{\tau+1:k})$ 和 $P_{1k|k}=\mathrm{var}(\lambda_1\,|\,x_{0:k})$、$P_{2k|k}=\mathrm{var}(\lambda_2\,|\,x_{\tau+1:k})$。

第一阶段($t_k\leqslant\tau$)：

初始化　　$\hat{\lambda}_{10}=a_{10},P_{10}$

$$\text{状态估计}\quad\begin{cases}P_{1k|k-1}=P_{1k-1|k-1}+k_1^2\Delta t_k\\K_1(k)=P_{1k|k-1}\Delta t_k(P_{1k|k-1}\Delta t_k^2+\varphi_1(\Delta t_k))^{-1}\\\hat{\lambda}_{1k}=\hat{\lambda}_{1k-1}+K_1(k)(x_k-x_{k-1}-\hat{\lambda}_{1k-1}\Delta t_k)\end{cases}$$

$$\text{方差更新}\quad P_{1k|k}=P_{1k|k-1}+P_{1k|k-1}K_1(k)\Delta t_k$$

类似地，若 $t_k>\tau$，可利用实时监测的设备退化数据更新第二阶段的参数 λ_2。由于第一阶段退化数据与第二阶段退化模型之间无必然联系，因此只需要第二阶段的监测数据 $x_{\tau:k}=\{x_{\tau+1},x_{\tau+2},\cdots,x_k\}$ 用于更新参数。

第二阶段($t_k>\tau$)：

$$\text{初始化}\quad \hat{\lambda}_{20}=a_{20},P_{20}$$

$$\text{状态估计}\quad\begin{cases}P_{2k|k-1}=P_{2k-1|k-1}+k_2^2\Delta t_k\\K_2(k)=P_{2k|k-1}\Delta t(P_{2k|k-1}\Delta t_k^2+\varphi_2(\Delta t_k))^{-1}\\\hat{\lambda}_{2k}=\hat{\lambda}_{2k-1}+K_2(k)(x_k-x_{k-1}-\hat{\lambda}_{2k-1}\Delta t_k)\end{cases}$$

$$\text{方差更新}\quad P_{2k|k}=P_{2k|k-1}+P_{2k|k-1}K_2(k)\Delta t_k$$

当两阶段自适应 Wiener 模型用于剩余寿命预测时，模型参数 a_{10}、a_{20}、P_{10}、P_{20}、k_1^2、k_2^2、σ_1^2、σ_2^2 均是未知的。对此，本章采用 EM 算法对参数自适应估计，使得预测寿命更好地反映设备当前健康状态。

5.4.2 基于 EM 算法的自适应估计

假设对某个退化设备进行状态监测，监测点为 m 个，即 $x=\{x_1,x_2,\cdots,x_m\}$，其各自对应的监测时间为 $\{t_1,t_2,\cdots,t_m\}$。同时，本章假设变点发生时间已知，即 $\tau\in\{t_1,t_2,\cdots,t_m\}$，那么 $\{x_1,x_2,\cdots,x_\tau\}$ 表示设备第一阶段的退化数据，$\{x_{\tau+1},x_{\tau+2},\cdots,x_m\}$ 表示设备第二阶段的退化数据。

令 $\boldsymbol{\theta}_1=(a_{10},P_{10},k_1^2,\sigma_1^2)^{\mathrm{T}}$ 表示第一阶段未知参数向量，因此在未知参数 $\boldsymbol{\theta}_1$ 条件下 t_k 时刻的监测数据 $x_{0:k}$ 的对数似然函数为

$$L_{1k}(\boldsymbol{\theta}_1)=\ln p(x_{0:k}|\boldsymbol{\theta}_1) \tag{5.14}$$

其中：$p(x_{0:k}|\boldsymbol{\theta}_1)$ 为监测数据 $x_{0:k}$ 的联合 PDF。

根据状态监测数据 $x_{0:k}$ 的似然函数，通过极大化似然函数，得到 $\boldsymbol{\theta}_1$ 的极大似然估计值 $\hat{\boldsymbol{\theta}}_{1k}$ 为

$$\hat{\boldsymbol{\theta}}_{1k}=\arg\max_{\boldsymbol{\theta}_1}L_{1k}(\boldsymbol{\theta}_1) \tag{5.15}$$

在本章中，由于漂移系数 λ_1 被视作一个“隐含状态”，无法使未知参数 $\boldsymbol{\theta}_1$ 最大化。而 EM 算法可通过最大化联合似然函数 $p(\lambda_{1k},x_{0:k}|\boldsymbol{\theta}_1)$ 来估计逼近

参数的极大似然估计，估计值可以通过迭代以下两步实现，如式（5.16）、式（5.17）所示：

$$l(\boldsymbol{\theta}_1|\hat{\boldsymbol{\theta}}_{1k}^{(i)})=E_{\lambda_{1k}|x_{0:k},\hat{\boldsymbol{\theta}}_{1k}^{(i)}}\{p(\lambda_{1k},x_{0:k}|\boldsymbol{\theta}_1)\} \tag{5.16}$$

其中，$\hat{\boldsymbol{\theta}}_{1k}^{(i)}=[a_{10k}^{(i)},P_{10k}^{(i)},k_1^{2\ (i)}{}_k,\sigma_1^{2\ (i)}{}_k]$表示基于监测数据 $x_{0:k}$ 在第 i 步估计的参数值。

$$\hat{\boldsymbol{\theta}}_{1k}^{(i)}=\arg\max_{\boldsymbol{\theta}_1}\{l(\boldsymbol{\theta}_1|\hat{\boldsymbol{\theta}}_{1k}^{(i)})\} \tag{5.17}$$

通过不断迭代式（5.16）和式（5.17），直至迭代收敛，得到的最优解即为模型对应的参数估计值，一般来说随着迭代次数增加，得到的参数估计值会越来越好。

对于第一阶段的随机退化模型，其联合对数似然函数可以表示为

$$l_{1k}(\boldsymbol{\theta}_1)=\ln p(\lambda_{10}|\boldsymbol{\theta}_1)+\ln\prod_{j=1}^{k}p(\lambda_{1j}|\lambda_{1j-1},\boldsymbol{\theta}_1)+\ln\prod_{j=1}^{k}p(x_j|\lambda_{1j-1},\boldsymbol{\theta}_1) \tag{5.18}$$

根据线性状态空间模型，有

$$\begin{aligned}&\lambda_{1k}|\lambda_{1k-1}\sim N(\lambda_{1k-1},k_1^2\Delta t_k)\\&x_k|\lambda_{1k-1}\sim N(x_{k-1}+\lambda_{1k-1}\Delta t_k,\varphi_1(\Delta t_k))\\&\lambda_{10}\sim N(a_{10},P_{10})\end{aligned} \tag{5.19}$$

因此，由式（5.16）计算 $l_{1k}(\boldsymbol{\theta}_1)$的条件期望，即 $l(\boldsymbol{\theta}_1|\hat{\boldsymbol{\theta}}_{1k}^{(i)})$为

$$\begin{aligned}2l(\boldsymbol{\theta}_1|\hat{\boldsymbol{\theta}}_{1k}^{(i)})&=E_{\lambda_{1k}|x_{0:k},\hat{\boldsymbol{\theta}}_{1k}^{(i)}}[2l_{1k}(\boldsymbol{\theta}_1)]\\&=E_{\lambda_{1k}|x_{0:k},\hat{\boldsymbol{\theta}}_{1k}^{(i)}}\left[\begin{aligned}&-\ln P_{10}-(\lambda_{10}-a_{10})^2/P_{10}-\sum_{j=1}^{k}(\ln k_1^2\Delta t_j+(\lambda_{1j}-\lambda_{1j-1})k_1^2\Delta t_j)\\&-\sum_{j=1}^{k}(\ln\sigma_1^2+(x_j-x_{j-1}-\lambda_{1j-1}\Delta t_j)^2/\sigma_1^2\Delta t_j)\end{aligned}\right]\end{aligned} \tag{5.20}$$

显然，要想计算$E_{\lambda_{1k}|x_{0:k},\hat{\boldsymbol{\theta}}_{1k}^{(i)}}(\lambda_{1j})$、$E_{\lambda_{1k}|x_{0:k},\hat{\boldsymbol{\theta}}_{1k}^{(i)}}(\lambda_{1j}^2)$和$E_{\lambda_{1k}|x_{0:k},\hat{\boldsymbol{\theta}}_{1k}^{(i)}}(\lambda_{1j}\lambda_{1j-1})$，可由 RTS 最优平滑算法来实现。

步骤 1：后向迭代

$$\begin{cases}S_j=P_{j|j}P_{j+1|j}^{-1}\\\hat{\lambda}_{j|k}=\hat{\lambda}_j+S_j(\hat{\lambda}_{j+1|k}-\hat{\lambda}_j)\\P_{j|k}=P_{j|j}+S_j^2(P_{j+1|k}-P_{j+1|j})\end{cases}$$

步骤 2：初始化　　$M_{k|k}=(1-K(k)\Delta t_k)P_{k-1|k-1}$

步骤 3：协方差后向迭代　$M_{j|k}=P_{j|j}S_{j-1}+S_j(M_{j+1|k}-P_{j|j})S_{j-1}$

引理 5.2　基于当前时刻估计的未知参数 $\hat{\boldsymbol{\theta}}_{1k}^{(i)}$ 和监测数据 $x_{0:k}$，有

$$
\begin{aligned}
&E_{\lambda_{1k}|x_{0:k},\hat{\boldsymbol{\theta}}_{1k}^{(i)}}(\lambda_{1j})=\hat{\lambda}_{j|k}\\
&E_{\lambda_{1k}|x_{0:k},\hat{\boldsymbol{\theta}}_{1k}^{(i)}}(\lambda_{1j}^2)=\hat{\lambda}_{j|k}^2+P_{j|k}\\
&E_{\lambda_{1k}|x_{0:k},\hat{\boldsymbol{\theta}}_{1k}^{(i)}}(\lambda_{1j}\lambda_{1j-1})=\hat{\lambda}_{j|k}\hat{\lambda}_{j-1|k}+M_{j|k}
\end{aligned}
\tag{5.21}
$$

结合式（5.20）和式（5.21），对未知变量 $\boldsymbol{\theta}_1$ 求偏导，且偏导等于 0，可得到第 $i+1$ 步的参数估计值 $\hat{\boldsymbol{\theta}}_{1k}^{(i+1)}$ 如下

$$
\begin{aligned}
&(a_1)_{0k}^{(i+1)}=(a_1)_{0|k}\\
&(P_1)_{0k}^{(i+1)}=(P_1)_{0|k}\\
&(k_1^2)_k^{(i+1)}=\frac{1}{k}\sum_{j=1}^{k}\frac{\ln(t_j-t_{j-1})}{t_j-t_{j-1}}\cdot(C_{j|k}-2C_{j,j-1|k}+C_{j-1|k})\\
&(\sigma_1^2)_k^{(i+1)}=\frac{1}{k}\sum_{j=1}^{k}\left(\frac{(x_j-x_{j-1})^2-2\hat{\lambda}_{1j-1|k}(x_j-x_{j-1})\cdot(t_j-t_{j-1})+(t_j-t_{j-1})^2C_{j-1|k}}{(t_j-t_{j-1})}\right)
\end{aligned}
\tag{5.22}
$$

其中：$C_{j|k}=E_{\lambda_{1k}|x_{0:k},\hat{\boldsymbol{\theta}}_{1k}^{(i)}}(\lambda_{1j}^2)$；$C_{j,j-1|k}=E_{\lambda_{1k}|x_{0:k},\hat{\boldsymbol{\theta}}_{1k}^{(i)}}(\lambda_{1j}\lambda_{1j-1})$。

第二阶段参数估计方法同上，不再赘述。在退化实验中，监测到的设备性能退化数据一般为离散值，变点 τ 的值通常未知。SIC 准则是对 Akaike 信息准则的改进，能对是否存在变点进行准确辨识。下面给出具体方法，判断退化过程是否存在以及确定变点 τ 的位置[167,175]。

5.4.3　变点检测

SIC 准则是一种判断退化模型是否存在变点的判别准则，其原理为，如果待检测序列存在变点，其样本的熵要大于不存在变点的样本的熵。利用 SIC 准则可以较好地辨识变点个数以及变点所在的位置[173-174]。其定义为

$$
\mathrm{SIC}=-2\ln L(\hat{\boldsymbol{\theta}})+p\ln m \tag{5.23}
$$

其中：$L(\hat{\boldsymbol{\theta}})$ 是模型的极大似然函数；$\hat{\boldsymbol{\theta}}$ 是 $\boldsymbol{\theta}$ 的极大似然估计；p 是模型中的自由参数个数；m 是样本大小。依据 SIC 原则，为了确定变点所在位置，做出以下假设。

原假设 H_0：各参数值相等，即模型中不存在变点。

备择假设 H_1：存在一个变点 τ，在 τ 之前一个阶段按 $X_1(t;\lambda_1,\sigma_1^2)$ 退化，在 τ 之后一个阶段按 $X_2(t;\lambda_2,\sigma_2^2)$ 退化。

根据式（5.23），基于原假设 H_0 下的 SIC(m) 值为

$$\text{SIC}(m)=m\ln 2\pi+m\ln\sum_{i=1}^{m}(\Delta x_i-\Delta\bar{x})^2+m+(2-m)\ln m$$

$$\Delta\bar{x}=\frac{1}{m}\sum_{i=1}^{m}\Delta x_i \tag{5.24}$$

基于备择假设 H_1 下的 SIC(k) 值为

$$\text{SIC}(k)=m\ln 2\pi+k\ln\frac{1}{k}\sum_{i=1}^{k}(\Delta x_i-\Delta\bar{x}_1)^2+4\ln m+(m-k)\ln\frac{1}{m}\sum_{i=k+1}^{m}(\Delta x_i-\Delta\bar{x}_2)^2-m$$

$$\Delta\bar{x}_1=\frac{1}{k}\sum_{i=1}^{k}\Delta x_i,\ \Delta\bar{x}_2=\frac{1}{m-k}\sum_{i=k+1}^{m}\Delta x_i \tag{5.25}$$

根据 SIC 准则，如果 $\text{SIC}(m)>\min\limits_{2<k\leqslant m-2}\text{SIC}(k)$，则拒绝原假设 H_0，认为存在变点[174]。同时估计的变点值 $\hat{\tau}=t_{\hat{k}}$ 为

$$\text{SIC}(\hat{k})=\min_{2<k\leqslant m-2}\text{SIC}(k) \tag{5.26}$$

为了描述不同设备变点时间的个体差异性，本章假设变点时间 τ 服从随机分布。相比于其他分布，Gamma 分布能包含其他常见分布，如指数分布等，并且形状参数 α 越大，Gamma 分布越逼近正态分布，计算也较为容易。因此，本章假设变点时间 τ 服从 Gamma 分布，且形状参数为 α、尺度参数为 β。通过 SIC 方法，利用退化先验信息可离线估计设备的变点发生时间，通过 Gamma 分布的统计形式，进而得到变点时间 τ 的分布参数及概率分布函数 $p(\tau)$。

注：对于变点前后变化幅度较小的随机退化设备，其退化过程趋向于单一退化过程。当趋于极限时变为单阶段退化，此时本章所提方法对模型参数估计较为准确，剩余寿命预测结果同样较为准确。对于变点前后变化幅度较大的随机退化设备，即两个阶段退化速率之间的幅值偏大，设备退化过程将明显呈现出两个不同退化过程，两个阶段的退化速率变化较为明显。此时，若采用单一阶段进行剩余寿命预测，模型两个阶段各自参数无法准确估计，其预测结果精度低。本章所提模型在此情况下，通过两阶段自适应 Wiener 过程退化建模，分阶段对设备退化模型参数进行辨识，得到了准确的参数估计结果，且剩余寿命预测结果优于单阶段退化模型。

5.5 仿真验证与实例研究

5.5.1 仿真验证

为了验证本章所提模型能够解决现有两阶段模型不能刻画测量间隔不均匀、测量频率不一致的问题，在此考虑将所提出模型与 Zhang 所提的两阶段模型作比较，为了便于后续表述，将本章所提模型记为模型 M0，Zhang 所提模型[171]记为模型 M1。

首先，在这里主要考虑漂移参数的随机效应，利用两种退化模型分别对仿真得到的数据进行退化建模，并利用第 5.4 节模型参数估计方法，可求得两个阶段模型参数估计值，最后得到两种方法各自预测的剩余寿命结果。本章增加一个仿真验证的例子，设定仿真参数值为$(\lambda_1,\lambda_2,\sigma_1,\sigma_2,k_1,k_2)=(2,1,1,1,1,0.5)$，并且生成一组间隔为 1、次数为 200 的监测数据。为了证明本章所提模型 M0 比现有模型 M1 适用于测量间隔不均匀、测量频率不一致情况，考虑将数据变为以下情况：存在测量间隔为 1、2、4 的测量间隔不均匀的混合数据。其中，变点发生时间设为 120，失效阈值为 155。

图 5.1 为本章所提模型 M0 和 Zhang 所提的两阶段模型 M1 在不均匀退化数据下的剩余寿命结果。从图中，可以看到剩余寿命预测的 PDF 随着时间逐渐变窄，表明预测的不确定性越来越小。对于测量间隔不均匀的数据，所提模型的 PDF 曲线更加窄而尖锐，说明在寿命预测方面可以取得更好的预测结果。

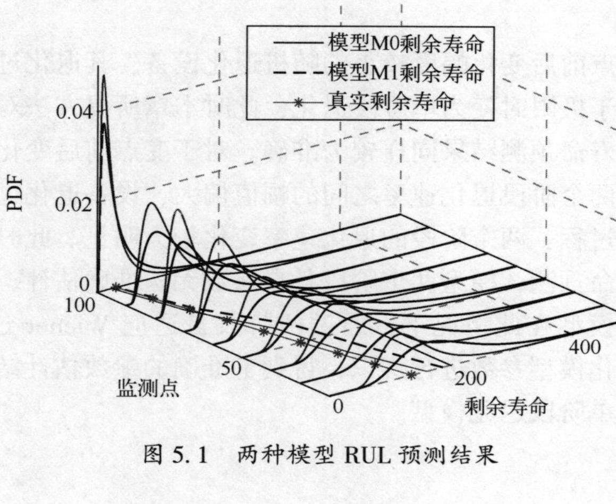

图 5.1　两种模型 RUL 预测结果

为了进一步量化测量间隔不均匀条件下两种模型的预测结果，本章采用可靠性领域常用的性能指标：绝对误差（Absolute Error，AE）和相对误差（Relative Error，RE）指标。

从图 5.2 和表 5.1 中可以看出，随着退化数据的逐渐累积，两种模型各自预测的误差值也在随之下降。总体上看，本章所提模型 M0 的预测准确度要优于模型 M1。当退化数据呈不均匀分布时，相比较模型 M1，本章所提模型 M0 能较好解决这种情况带来的影响，更为准确地估计参数，进而提高预测准确度。

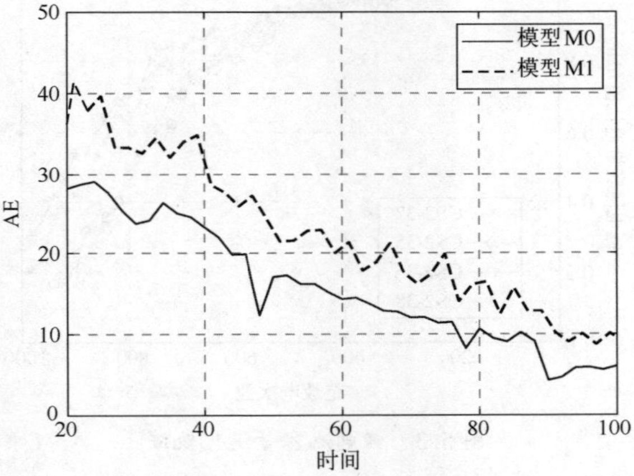

图 5.2　两种模型 RUL 预测绝对误差

表 5.1　不同监测点相对误差的比较结果

方　法	不同监测点相对误差			
	20	40	60	80
模型 M0	20.8%	19.6%	15.2%	12.3%
模型 M1	27.2%	25.3%	20.1%	17.6%

综上，本章基于自适应 Wiener 过程所建立的模型 M0 相比于模型 M1，可以克服测量间隔不均匀、测量频率不一致问题，较为准确预测设备剩余寿命。

5.5.2　实例研究

本节中，基于马里兰大学 Pecht[175] 课题组的锂电池容量退化数据进行实例验证。该数据是在室温条件下通过充放电实验得到的，记录了电池状态信息（包括容量）随充放电次数的变化。不同于 3.5.2 节中电池单阶段退化过程，该类型锂电池初始处于平稳退化状态，随着充放电的不断循环，由于存在化学反应导致电池材料发生损耗，造成锂电池的容量在后一阶段迅速下降[161]，该退化过程呈现出明显的两阶段特性。编号为 CS2-35、CS2-36、CS2-37、CS2-38 四组电池容量退化数据如图 5.3 所示，这里采用 CS2-37 锂电池数据进行 RUL 预测验证，其余三组（CS2-35、CS2-36 和 CS2-38）用作变点时间离线参数估计。

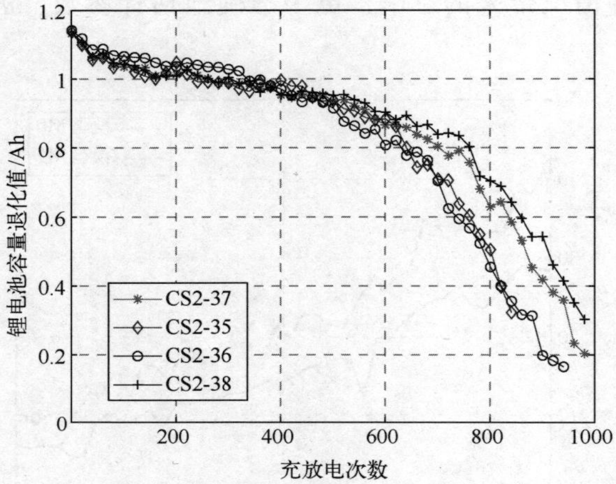

图 5.3　锂电池容量退化轨迹

首先，对 CS2-37 锂电池利用 SIC 进行变点检测，确定变点所在时刻。根据 SIC 准则，分别计算相应的 SIC 值，对应的 SIC 值变化趋势如图 5.4 所示。

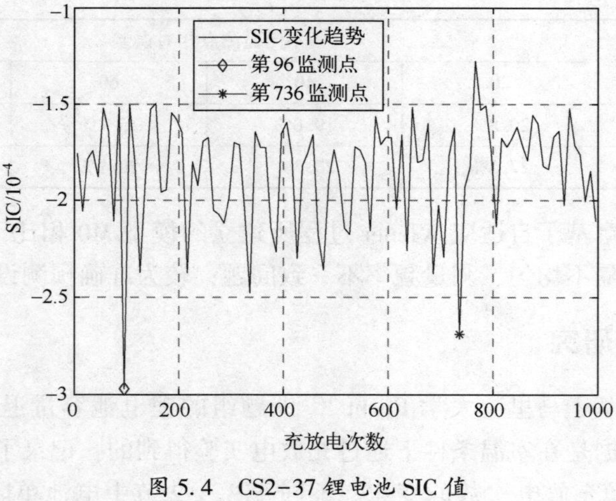

图 5.4　CS2-37 锂电池 SIC 值

从图 5.4 中可以观测到，第 96 监测点数值最小，由于本章采用两阶段随机退化建模，从起始退化到第 96 监测点，监测时间较短不适宜作为变点，因而，对于此情况忽略不计。此时，SIC(106)=-16735>SIC(736)，且 SIC(736)=-26891 最小，所以 CS2-37 锂电池退化中存在变点，且变点发生在第 736 监测点。同理，其余三组电池数据辨识到的变点分别为 623、681 和 753。由于变点时间 τ 服从 Gamma 分布，可利用辨识得到的数据进行拟合，因此可求得形状参数和尺度参数分别为 $\alpha=106$、$\beta=7.98$。将变点引入参数估计中，再结合退化数据，可得两个阶段漂移系数的均值和方差估计值分别为 $u_a=8.056\times10^{-4}$、$\sigma_a=2.94\times10^{-5}$、$u_b=0.00221$、$\sigma_b=7.41\times10^{-5}$。利用上述估计值，结合 CS2-37 锂电池数据和卡尔曼滤波技术实现漂移系数在线更新。图 5.5、图 5.6 展示了隐含状态即漂移系数的在线更新过程。结果表明，两个阶段容量的退化率相差较大，如果只用单一阶段的退化过程进行退化建模，误差将会比较大。由于变点发生时刻在第 736 监测点，因此第一阶段模型参数在变点出现后不再更新，第二阶段模型参数在变点之前不进行更新。

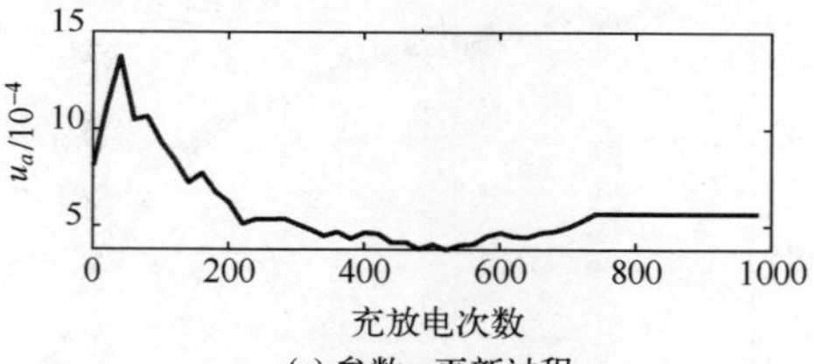

(a) 参数 u_a 更新过程

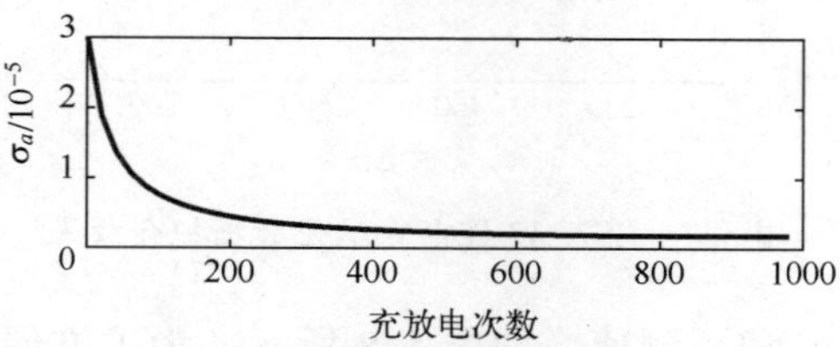

(b) 参数 σ_a 更新过程

图 5.5 第一阶段模型参数更新

为了验证所提模型的有效性，用建立模型对 CS2-37 锂电池退化数据进行拟合。图 5.7 为符合 Wiener 过程的锂电池容量退化预测情况，从图中可以看出所建立的模型能较好地反映锂电池退化过程。

由于变点在第 736 监测点，而一般电池容量的失效阈值定义为电容量损失到初始容量的百分比，在本章中设定失效阈值为初始电容量的 45%。为了说明本章方法的有效性和合理性，将估计的模型参数代入式（5.9）中，可得到

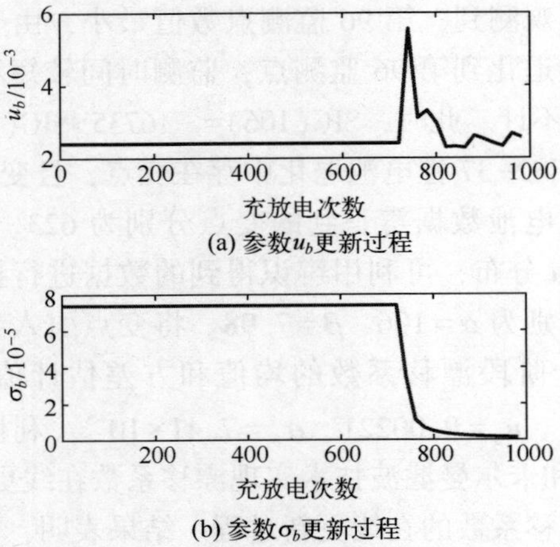

图 5.6 第二阶段模型参数更新

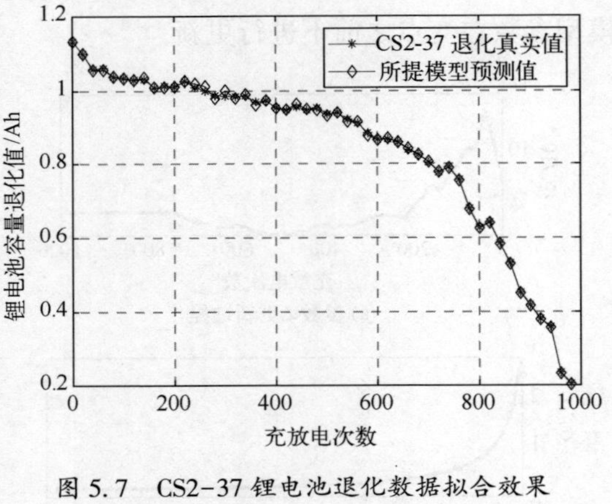

图 5.7 CS2-37 锂电池退化数据拟合效果

设备剩余寿命的 PDF 和预测值，如图 5.8 所示。为了方便表述，令本章所提方法和文献［171］所提方法分别记为模型 M0 和模型 M1，而单一阶段退化模型记为模型 M2。

从图 5.8 中可以看出，对于锂电池退化数据的剩余寿命预测，所提模型 M0 与单一阶段模型 M2 相比较，前者更为准确。与模型 M1 相比，本章所提模型 M0 能取得更好的结果，且随着监测数据的增加，剩余寿命预测结果不确定性越来越小，精度越来越高。为了更加直观说明本章所提方法的有效性，给出几种方法的剩余寿命预测绝对误差和 $\alpha-\beta$ 性能指标对预测结果进行验证。

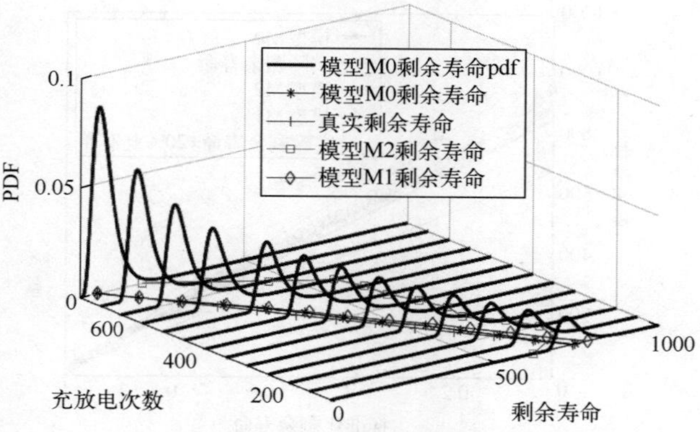

图5.8　CS2-37的RUL预测结果

从图5.9、图5.10中可以看出，与单一阶段模型M2相比，本章方法M0考虑变点前后呈现两阶段特征，即变点前后的退化速率存在明显差异进行建模，且考虑同批产品个体差异性的影响，其模型更符合实际退化情况。与模型M1相比，本章方法M0考虑Wiener过程模型存在测量间隔不均匀、测量频率不一致以及在RUL预测中忽略了自适应漂移的可变性等三点不足，结果表明在监测前期退化数据较少时，所提模型能取得较好的预测结果。其原因是本章所提模型M0与模型M1相比，噪声项增加了一个自适应漂移项 $k\int_0^{l_k} W(\tau)\,\mathrm{d}\tau$，它是一个随时间变化的过程。在设备监测初期，剩余寿命 l_k 值比较大，无法忽略自适应漂移可变性的影响，因此所提模型预测结果优于现有模型。随着电池充放电循环在寿命将尽时，自适应漂移项的影响降到最低，此时两种退化模型结构相似，进而提供近似的预测结果。

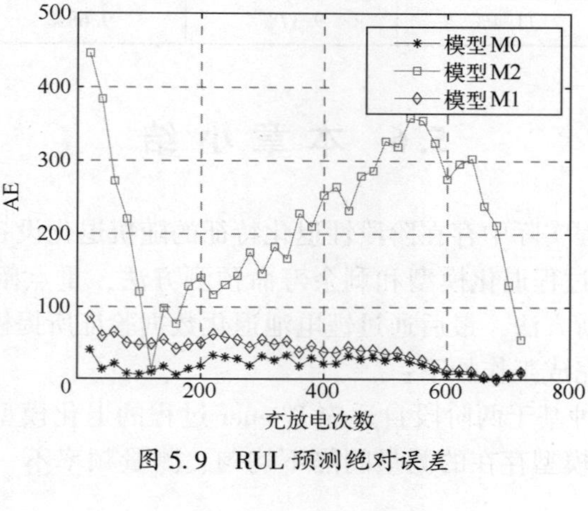

图5.9　RUL预测绝对误差

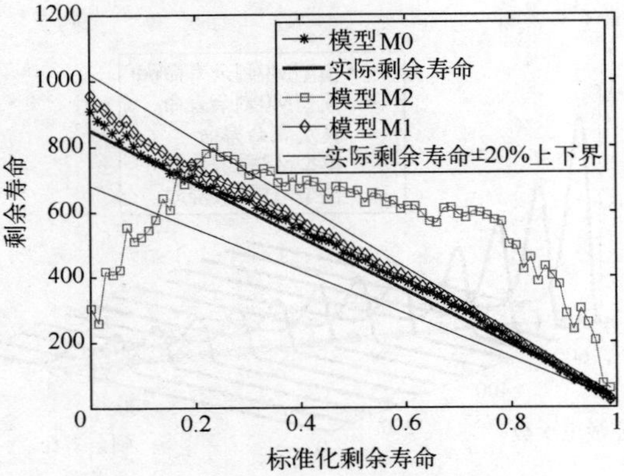

图 5.10 α-β 性能图（见彩图）

此外，通过引入相对误差指标进一步量化预测准确度，在寿命的35%、55%、75%和95%分位点给出两种方法相对误差的比较结果。

从表5.2可以看出，本章所提模型M0可以有效减小剩余寿命预测的相对误差，进而提高预测精度，尤其在95%分位点处，剩余寿命预测结果的相对误差仅为0.66%。综上，本章所提出的两阶段自适应 Wiener 过程设备退化模型和剩余寿命预测方法，预测精度高，并且具有一定的适用性，可为后续设备的备件订购、最优替换等维护决策提供依据。

表 5.2 不同寿命分位点相对误差的比较结果

方 法	寿命分位点			
	35%	55%	75%	95%
模型 M0	6.04%	7.65%	7.91%	0.66%
模型 M1	11.4%	9.37%	9.68%	1.46%

5.6 本章小结

本章针对工程实际中存在阶段性退化特征的随机退化设备，提出一种两阶段自适应 Wiener 过程退化模型和剩余寿命预测方法，重点阐述了模型参数估计和隐含状态更新方法，最后通过锂电池退化数据验证所提模型的可靠性和有效性。本章具体完成工作如下：

（1）建立一种基于两阶段自适应 Wiener 过程的退化模型，该模型能克服一般 Wiener 过程模型存在的测量间隔不均匀、测量频率不一致以及在剩余寿命预测时没有利用实时监测数据自适应更新漂移系数的三点不足；

（2）考虑同一批设备间的个体差异性，在首达时间意义下，推导出两阶段自适应 Wiener 过程模型寿命和剩余寿命分布的解析表达式，实现剩余寿命的实时预测；

（3）基于 Kalman 滤波算法和 EM 算法进行参数估计和自适应更新，为后续维护决策提供理论依据，同时借助于 SIC 准则探索了一种退化模型变点的辨识方法。

通过数值仿真和具有两阶段退化特征的锂电池退化数据验证了本章所提方法的有效性和优越性。实验结果表明，针对存在两阶段退化特征的随机退化设备，本章所提方法能够自适应预测退化设备的剩余寿命，提高剩余寿命的预测精度。

第6章　单维数据缺失下基于深度学习的剩余寿命预测方法

6.1　引　言

对于锂电池、轴承、航空发动机和陀螺仪等复杂关键设备，由于受到内部应力或外界环境的影响，设备的健康状态会不可避免地出现退化，最终引发设备及所在系统的失效，甚至导致人员和财产的损失。为切实掌握设备的健康性能，保障设备安全可靠运行，PHM技术近年来受到了广泛关注[73,176]。作为PHM技术的关键环节，RUL预测旨在通过分析状态监测收集的退化数据，来预测设备的剩余寿命。随着先进传感、物联网技术的进步和监测工艺的发展，当代设备复杂化、自动化以及智能化水平不断提升，推动数据驱动的剩余寿命预测技术进入了“大数据”时代。

在工程实际中，由于机器故障（如测量传感器故障）或人为因素（如未记录）不可避免地导致部分数据缺失。若利用这类不完整数据预测设备剩余寿命，将面临难以准确描述设备退化规律的现实问题，进而将影响设备的健康管理和维修决策。因此，针对缺失数据统计特性的多样性随机退化设备剩余寿命预测问题得到了大量学者的关注。现有缺失数据机制一般分为完全随机缺失（Missing Completely At Random，MCAR）、随机缺失（Missing At Random，MAR）、非随机缺失（Not Missing At Random，NMAR）三种情况[177,178]。其中MCAR最大的特点是缺失机制是完全随机的，不同于MAR（依赖不含缺失值的变量）和NMAR（依赖含缺失值的变量），这一缺失过程不会影响样本的无偏性。复杂系统数据由于现场结构老化、多场耦合等因素作用，复杂系统的传感装置出现异常状态等原因而出现缺失，更符合MCAR的缺失机制。

随着深度神经网络在图像重构、计算机视觉、密度估计、自然语言和语音识别等应用领域的兴起[179]，深度生成模型[180]开始应用于时间序列的生成。深度生成模型的优势在于可以使用缺失的不完整的数据成功进行填补，其基本思路是通过捕捉时间序列的分布特征，对时序数据进行再生成，从而填补缺失位置的数据。

最早出现的深度生成模型是以玻尔兹曼机（Boltzmann Machines，BM）为基础的变种，其中主要的衍生模型是采用抽样方式近似计算似然函数的受限玻尔兹曼机（Restricted Boltzmann Machines，RBM）、以 RBM 为基础模块的深度置信网络（Deep belief network，DBN）和深度玻尔兹曼机（Deep Boltzmann machines，DBM）等深度生成模型，这些模型能够挖掘监测数据的高维特征和高阶概率依赖关系并成功应用在降维、特征提取等领域[181]。

后来出现了以变分编码器（Variational Auto Encoder，VAE）[182]为代表的深度生成模型，以自编码器结构（Auto Encoder，AE）为基础，先通过编码（Encoder）过程将样本映射到低维空间的隐变量，然后通过解码（Decoder）过程将隐变量还原为重构样本。变分编码器的衍生模型层出不穷，包括弱化了变分下界中编码器的重要性的加权自编码（Importance Weighted Auto Encoders，IWAE）[183]、将标签信息融入模型中用于监督学习的条件变分自编码器（Conditional Variational Auto Encoder，CVAE）[184,185]、用于半监督学习的半监督变分自编码器[186,187]、将卷积层融入 VAE 的模型被称为深度卷积逆图形网络（Deep Convolutional Inverse Graphics Network，DC-IGN）[188]、融合对抗思想的对抗自编码器（Adversarial Auto Encoders，AAE）[189]、采用阶梯结构的阶梯变分自编码器（Ladder Variational Auto Encoders，LVAE）[190]和离散化隐藏变量的向量量化变分自编码器（Vector Quantised Variational Auto Encoders，VQ-VAE）[191,192]等等。然而，大部分方法都是对变分下界的改动，由于自身结构的固有缺点使模型生成的样本带有大量的噪声。

近十年来，以生成对抗网络（Generative Adversarial Nets，GAN）[193]为代表的深度生成模型受到国内外学者的广泛关注，其核心思想是通过生成器和判别器之间的对抗行为来优化模型参数，从而巧妙避开求解似然函数。据作者所知，深度卷积生成对抗网络（Deep Convolutional GAN，DCGAN）[194]是 GAN 的第一个重要改进，在多种结构中筛选出效果最好的一组生成器和判别器，使 GAN 训练时的稳定性明显提高。WGAN（Wasserstein GAN）提出用 Wasserstein 距离替代 KL 散度和 JS 散度解决了 GAN 不稳定的问题，基本消除了简单数据集上的模型崩溃问题[195]。基于残差结构框架的 BigGAN[196]是当前图像生成领域效果最好的模型。以及将样本与标签信息结合的条件生成对抗网络（Condition GAN，CGAN）[197]。然而，大部分对抗网络都面临训练不稳定等问题。

在深度生成模型磅礴发展的态势下，针对缺失数据填补的具体问题也得到了一些应用。尽作者所知，Yoon J 等人首次提出了一种基于 GAN 框架的缺失数据填补方法，获得了较好的填充效果[198]。张晟斐等人基于柯尔莫可洛夫-斯米洛夫（Kolmogorov-Smirnov，K-S）检验的思想，改进 DCGAN，获得了更高精度的生成结果，但是仍然存在生成器和判别器模式崩溃、难以训练的风险[199]。Nazabal 等人融合基本的 VAE 和高斯过程，利用变分推断在多维时间序列填充问题上得到了更理想效果[200]。在基于深度学习的框架下，现有研究集中在 GAN 和 VAE 的改进和优化方面。其中，GAN 采用网络对抗和训练交替的方式，避免优化似然函数，虽然生成精度高但是训练过程困难，VAE 采用似然函数的变分下界代替真实的数据分布，只能得到真实数据的近似分布。因此，亟须研究一种既能保证模型精度又容易训练的深度生成模型。

然而，具有精确的对数似然评估和精确的隐变量推断优势的流模型仍处于起步阶段[201,202]。自从 OpenAI 在 2018 年的 NeurIPS 上提出的基于流模型的 Glow（Generative Flow）成熟地应用在图像生成任务后，研究人员的视线再一次关注到流生成模型[203]。其中，NICE 作为首个基于流模型的变体，以其强大的数据生成能力受到了学者们的青睐。同样地，针对缺失数据填补的具体问题也拥有了初步发展。针对完整的一维时序数据生成问题，GE 等人提出了一种基于 NICE 框架的生成网络来模拟配电网络的一维日常负载曲线，研究表明该模型可较好地捕捉日常负载曲线的时空相关性[204]。Xue 等人提出了基于 NICE 框架的生成网络来增强分布式光伏窃电数据曲线。通过对比 GAN 与 VAE 的生成效果，NICE 具有更准确的似然估计，生成的样本更接近真实数据曲线[205]。尽管 NICE 面向完整时序数据时表现出良好的生成效果，但应用于缺失时序数据情形下的数据生成则鲜见报道。因此，如何利用 NICE 挖掘出缺失数据的演变规律，以克服传统 GAN 和 VAE 所面临的模型精度较低以及训练速度过慢的难题，是有待进一步研究的重要问题。同时，训练过程中如何优化 NICE 模型参数是影响生成效果的关键因素，需予以重点考虑。

本章凭借流模型的生成优势，提出了一种改进 NICE 网络的缺失数据生成方法。该方法充分利用 NICE 强大的分布学习能力，通过 PSO 算法，将生成序列与真实序列之间的分布偏差融入 NICE 采样生成样本的退火参数中，在提升训练速度的同时保证生成序列与真实序列的一致性[206]。在此基础上，本章利用 Bi-LSTM-Att，建立了设备退化趋势预测模型进行剩余寿命预测。最后，通过锂电池的退化数据，对所提方法生成数据和预测数据的可靠性进行实例验证。

6.2 基于 PSO-NICE 的数据生成

6.2.1 流模型

流模型的基本思路是：复杂数据分布一定可以由一系列的转换函数映射为

简单数据分布，如果这些转换函数是可逆的并且容易求得，那么简单分布和可逆转换函数的逆函数便构成一个深度生成模型。

具体地，流模型假设原始数据分布为 $P_X(\boldsymbol{x})$，先验隐变量分布为 $P_Z(z)$（一般为标准正态分布），可逆转换函数为 $f(\boldsymbol{x})$（$z=f(\boldsymbol{x})$），生成转换函数为 $g(\boldsymbol{x})$（$g(\boldsymbol{x})=f^{-1}(\boldsymbol{x})$），基于概率分布密度函数的变量代换法可得

$$\begin{aligned} P_X(\boldsymbol{x}) &= P_Z(f(\boldsymbol{x}))\left|\det\frac{\partial f(\boldsymbol{x})}{\partial \boldsymbol{x}}\right| \\ &= \frac{1}{(2\pi)^{D/2}}\exp\left(-\frac{1}{2}\|f(\boldsymbol{x})\|^2\right)\left|\det\frac{\partial f(\boldsymbol{x})}{\partial \boldsymbol{x}}\right| \end{aligned} \tag{6.1}$$

其中：D 是原始数据的维度；$\left|\det\frac{\partial f(\boldsymbol{x})}{\partial \boldsymbol{x}}\right|$ 是可逆转换函数 $f(\boldsymbol{x})$ 在 $\boldsymbol{x}$ 处的雅可比（Jacobian）行列式。更高维度的监测数据会增加雅可比的计算复杂度，导致模型拟合的负担多于求解可逆函数的反函数的过程。因此，流模型除了转换函数 $f(\boldsymbol{x})$ 可逆易求外，还需确保其雅可比易于计算。基于最大对数似然原理，流模型的训练优化目标为

$$\begin{aligned} &\log(P_X(\boldsymbol{x})) \\ &= \log(P_Z(f(\boldsymbol{x})))+\log\left(\left|\det\frac{\partial f(\boldsymbol{x})}{\partial \boldsymbol{x}}\right|\right) \\ &= -\frac{D}{2}\log(2\pi)-\frac{1}{2}\|f(\boldsymbol{x})\|^2+\log\left|\det\frac{\partial f(\boldsymbol{x})}{\partial \boldsymbol{x}}\right| \end{aligned} \tag{6.2}$$

当流模型训练过程结束时，通过采样概率分布 $Z\sim P_Z(z)$ 得到随机数，其中采样分布一般为标准正态分布，然后通过可逆转换函数的反函数 $g(z)=f^{-1}(z)$ 生成新的数据分布。从生成模型的出发点来看，流模型可以提供精确的估计，能够生成高质量的样本。

NICE 是首个基于流模型的无监督深度神经网络生成模型。其优势在于能够得到精确的对数似然估计，易于训练，且基于可逆操作无须单独构建生成网络，它与训练网络共享同一套参数，最后从标准正态分布中采样随机数来生成样本。然而，实际上对于训练好的 NICE 模型，采样标准差并不一定是 1，因为更小的方差可以通过牺牲样本多样性增加样本真实性，所以理想的采样标准差一般比 1 稍小。最终采样的正态分布标准差，被称为退火参数[206]。因此，当 NICE 深度生成模型处理时间序列样本时，选择合适的退火参数是决定生成样本精度高的关键性因素。

6.2.2　PSO-NICE 模型

为了降低 NICE 模型生成分布与原始分布的偏差，利用 PSO 算法快速迭代

找到退火参数全局最优解，从而改进 NICE 反向生成模型。

具体地，PSO-NICE 网络结构如图 6.1 所示。NICE 由多个分块加性耦合层（交错混合方式）和一个尺度压缩层组成，每一个分块加性耦合层模拟一个可逆变换函数 $f(\boldsymbol{x})$，通过交错混合来连接两个相邻的分块加性耦合层。如图 6.1 所示，按照向右箭头的方向为正向训练过程，向左箭头的方向为反向生成过程。NICE 作为一类无监督向量变换模型，能够确保将输入数据的分布转化为标准正态分布，在反向生成时，从标准正态分布中采样随机数来生成样本。采用 PSO 来对退火参数进行优化，提升了 NICE 模型的反向生成能力。

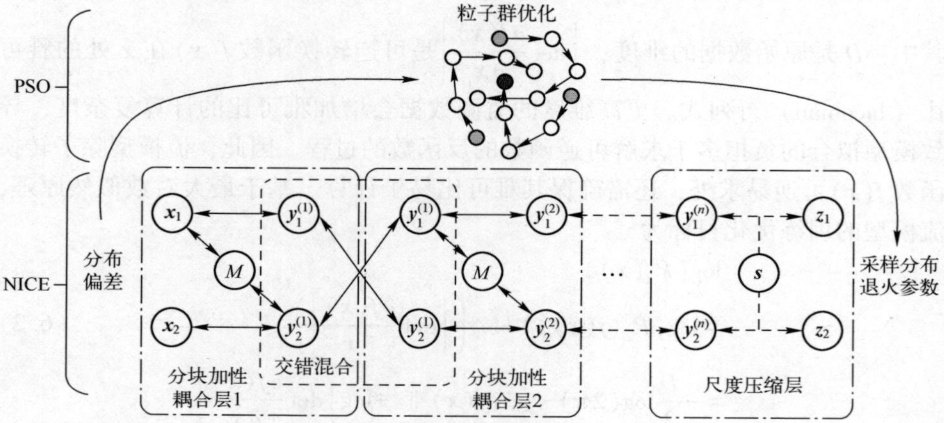

图 6.1 PSO-NICE 网络框架图

NICE 通过分块加性耦合层来拟合可逆变换函数 $f(\boldsymbol{x})$。具体地，将维度为 D 的原始数据输入样本划分为两部分 $\boldsymbol{x}_1$ 和 $\boldsymbol{x}_2$，不失一般性，将 $\boldsymbol{x}$ 的各个维度打乱后重新排列，选取 $\boldsymbol{x}_1=\boldsymbol{x}_{1:d}$ 为前 d 维元素组成的向量，$\boldsymbol{x}_2=\boldsymbol{x}_{d+1:D}$ 为后 $(D-d)$ 维元素组成的向量，并作如下变换

$$f(\boldsymbol{x})=\begin{cases}\boldsymbol{y}_1^{(1)}=\boldsymbol{x}_1\\ \boldsymbol{y}_2^{(1)}=\boldsymbol{x}_2+M(\boldsymbol{x}_1)\end{cases}\tag{6.3}$$

其中：$\boldsymbol{y}_1^{(1)}$ 和 $\boldsymbol{y}_2^{(2)}$ 为分块加性耦合层生成的新向量；$M(\boldsymbol{x}_1)$ 是关于 $\boldsymbol{x}_1$ 的任意复杂函数。

通过式（6.3）的变换，向量 $(\boldsymbol{x}_1,\boldsymbol{x}_2)$ 转换为新向量 $(\boldsymbol{y}_1^{(1)},\boldsymbol{y}_2^{(1)})$，可求得 $f(\boldsymbol{x})$ 的逆函数 $g(\boldsymbol{y}^{(1)})$ 和雅可比矩阵 $J(f(\boldsymbol{x}))$ 分别为：

$$g(\boldsymbol{y}^{(1)})=\begin{cases}\boldsymbol{x}_1=\boldsymbol{y}_1^{(1)}\\ \boldsymbol{x}_2=\boldsymbol{y}_2^{(1)}-M(\boldsymbol{y}_1^{(1)})\end{cases}\tag{6.4}$$

$$J(f(\boldsymbol{x}))=\frac{\partial \boldsymbol{y}^{(1)}}{\partial \boldsymbol{x}}=\begin{bmatrix}\dfrac{\partial \boldsymbol{y}_1^{(1)}}{\partial \boldsymbol{x}_1} & \dfrac{\partial \boldsymbol{y}_1^{(1)}}{\partial \boldsymbol{x}_2}\\ \dfrac{\partial \boldsymbol{y}_2^{(1)}}{\partial \boldsymbol{x}_1} & \dfrac{\partial \boldsymbol{y}_2^{(1)}}{\partial \boldsymbol{x}_2}\end{bmatrix}=\begin{bmatrix}\boldsymbol{I}_{1:d} & \boldsymbol{0}\\ \dfrac{\partial M(\boldsymbol{x}_1)}{\partial \boldsymbol{x}_1} & \boldsymbol{I}_{d+1:D}\end{bmatrix}=1 \tag{6.5}$$

其中，$\boldsymbol{I}_d$ 和 $\boldsymbol{I}_{d+1:D}$ 分别表示 d 维单位矩阵和 $(D-d)$ 维单位矩阵。根据分块矩阵的结构，由式（6.5）可以得到 $J(f(\boldsymbol{x}))$ 是一个下三角矩阵形式，并且对角线元素全部为1。分块加性耦合层巧妙的设计不仅使得变换函数的逆函数易于求解，而且它的Jacobian结果固定为1。

NICE通过交叉耦合来连接两个相邻的分块加性耦合层，将分块加性耦合层1输出的两部分直接交换作为分块加性耦合层2的输入。

$$\begin{aligned}\boldsymbol{y}_1^{(1)}&=\boldsymbol{y}_2^{(1)}\\ \boldsymbol{y}_2^{(1)}&=\boldsymbol{y}_1^{(1)}\end{aligned} \tag{6.6}$$

由式（6.6）知，分块加性耦合层的耦合操作只作用在第二部分，第一部分是恒等的变换。交错混合的操作简单，即前一个分块加性耦合层等价变换的向量可以在下一个分块加性耦合层进行非等价变换，可使信息充分融合。

NICE中的尺度压缩层作为网络最后一层，将尺度压缩向量 $\boldsymbol{s}=(\boldsymbol{s}_1,\boldsymbol{s}_2,\cdots,\boldsymbol{s}_D)$ 与最后一个分块加性耦合层的输出向量 $\boldsymbol{y}^{(n)}=(\boldsymbol{y}_1^{(n)},\boldsymbol{y}_2^{(n)})$ 做叉乘 $\boldsymbol{z}=\boldsymbol{s}\otimes\boldsymbol{y}^{(n)}$，计算最后一层变换的雅克比矩阵为

$$\left|\frac{\partial \boldsymbol{z}}{\partial \boldsymbol{y}^{(n)}}\right|=|\operatorname{diag}(\boldsymbol{s})|=\prod_{i=1}^{D}\boldsymbol{s}_i \tag{6.7}$$

式中，$\boldsymbol{s}$ 各元素是要训练优化的非负参数向量，可识别维度的重要程度（其大小决定了维度的重要程度），起到压缩流形的作用。代入上一节流模型的优化目标式（6.2），NICE模型的训练优化目标为

$$\begin{aligned}\log(P_X(\boldsymbol{x}))&=\log(P_Z(z))+\log\left(\left|\det\frac{\partial z}{\partial \boldsymbol{x}}\right|\right)\\ &=-\frac{D}{2}\log(2\pi)-\frac{1}{2}\|f(\boldsymbol{x})\|^2+\log\left(\left|\det\frac{\partial z}{\partial \boldsymbol{y}^{(n)}}\right|\left|\det\frac{\partial \boldsymbol{y}^{(n)}}{\partial \boldsymbol{y}^{(n-1)}}\right|\cdots\left|\det\frac{\partial \boldsymbol{y}^{(1)}}{\partial \boldsymbol{x}}\right|\right)\\ &\propto-\frac{1}{2}\|\boldsymbol{s}\otimes\boldsymbol{y}^{(n)}\|^2+\log\left(\left|\det\frac{\partial z}{\partial \boldsymbol{y}^{(n)}}\right|\right)\\ &\propto-\frac{1}{2}\|\boldsymbol{s}\otimes\boldsymbol{y}^{(n)}\|^2+\sum_{i=1}^{D}\log\boldsymbol{s}_i\end{aligned} \tag{6.8}$$

上述优化目标即为NICE模型训练的损失函数，经过堆叠多个分块加性耦合层和一个尺度压缩层，在流模型的框架下，降低了可逆函数的反函数和雅可

比的计算复杂度，NICE 完成了网络构建。

在 NICE 网络基础上，PSO 首先初始化一群随机粒子（随机解），每个粒子的维度与原始样本保持一致，退火参数初始化为 1，然后通过迭代找到最优解。在每一次的迭代中，粒子通过跟踪两个“极值”（个体最优值 pbest，群体最优值 gbest）实现更新。PSO 的标准形式为

$$\begin{cases} v_{i+1}=v_i+c_1\times\text{rand}(\ )\times(\text{pbest}_i-x_i)+c_2\times\text{rand}(\ )\times(\text{gbest}_i-x_i) \\ x_{i+1}=x_i+v_{i+1} \end{cases} \tag{6.9}$$

其中：$i=1,2,\cdots,N$；N 是粒子群中粒子的总数；v_i 是粒子的速度；rand( )是介于(0,1)之间的随机数。v_i 是粒子当前的速度，x_i 是粒子当前的位置，c_1 和 c_2 是学习因子，一般 $c_1=c_2$。v_i 的最大值为 $v_{\max}$（通常大于 0），如果 v_i 大于 $v_{\max}$，则 $v_i=v_{\max}$。

PSO 的优化目标选择生成分布与原始分布的推土机（Earth-Mover，EM）距离，又称 Wasserstein 距离。EM 距离相对 KL 散度与 JS 散度的优势在于平滑性更好，即使对两个分布很远几乎无重叠的情况，仍能反映两个分布的远近。该优点可保证 PSO 迭代过程的初始阶段能够快速收敛。EM 距离越小，表明生成分布与原始分布越接近。EM 距离可表示为

$$W(P_1,P_2)=\inf_{\gamma\sim\Pi(P_1,P_2)}E_{(x,y)\sim\gamma}[\|x-y\|] \tag{6.10}$$

其中，$\Pi(P_1,P_2)$是 P_1 和 P_2 分布组合起来的所有可能的联合分布的集合。对于每一种可能的联合分布 γ，可从中采样$(x,y)\sim\gamma$ 得到一个样本 x 和 y，并计算出该对样本的距离 $\|x-y\|$，进而可计算该联合分布 γ 下，样本对距离的期望值 $E_{(x,y)\sim\gamma}[\|x-y\|]$。在所有可能的联合分布中能够对这个期望值取到的下界即为 EM 距离。

综上，在 NICE 反向生成过程引入 PSO，优化采样分布的退火参数，可以充分利用流模型的可逆生成模型，增加对生成结果的反馈，提升网络模型的生成效果。

6.3 基于 Attention 的 Bi-LSTM 的 RUL 预测

双向长短期记忆网络（Bi-LSTM）通过堆叠前向 LSTM 层和后向 LSTM 层，来提取序列的深度特征。与单个 LSTM 层相比，能够充分利用监测数据过去与未来的潜在信息。反映设备退化信息的长时间序列在输入 Bi-LSTM 网络时会通过滑动时间窗处理划分为时间步 i 对应的短序列 X^i，而不同时间步的短序列所蕴含的设备退化特征往往不同。

为了捕捉对预测结果贡献度较高的特征，引入注意力机制（Attention）层，将对预测结果贡献度高的特征赋予更高的权重，贡献度低的特征赋予较低的权重，对 Bi-LSTM 的提取后的特征进行再次融合。

融合注意力机制的双向长短期记忆网络（Bi-LSTM-Att）结构如图 6.2 所示。X_1，X_2，X_3，…，X_n 为一组输入随机退化的监测数据经过滑动时间窗处理后的短时间序列，前向 LSTM 层和后向 LSTM 层对输入的短时间序列进行前向和后向的特征提取得到隐藏状态 $\boldsymbol{y}_i=[y_1,y_2,y_3,\cdots,y_n]$，Attention 层对提取的特征分配不同的权重 $\boldsymbol{a}_i=[a_1,a_2,a_3,\cdots,a_n]$，最后连接一个全连接层，得到预测结果 y。Attention 层的计算过程如下

$$\boldsymbol{e}_i=\tanh(\boldsymbol{W}_i y_i+\boldsymbol{b}_i) \tag{6.11}$$

$$\boldsymbol{a}_i=\frac{\exp(\boldsymbol{e}_i)}{\sum_i \exp(\boldsymbol{e}_i)} \tag{6.12}$$

$$y=\sum_i \boldsymbol{a}_i \boldsymbol{y}_i \tag{6.13}$$

其中：tanh(·)为非线性激活函数，其范围为(-1,1)；$\boldsymbol{W}_i$ 和 $\boldsymbol{b}_i$ 分别为隐藏状态 $\boldsymbol{y}_i=[y_1,y_2,y_3,\cdots,y_n]$的权值矩阵和偏置矩阵；$\boldsymbol{a}_i$ 为 Attention 层分给不同隐藏状态的权重；y 为对所有隐藏状态加权求和后得到的综合特征。

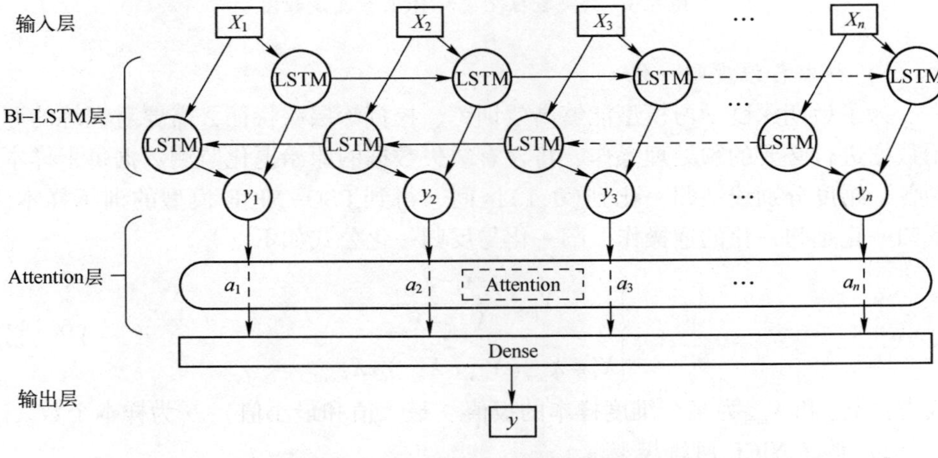

图 6.2　Bi-LSTM-Att 网络框架图

综上，在 Bi-LSTM 层后引入 Attention 层，对不同的退化特征有不同的侧重，可以充分利用每个时间步的隐藏状态，提取有用信息，提升网络模型的预测效果。

6.4 基于 PSO-NICE 缺失数据生成的 RUL 预测

基于 PSO-NICE 和 Bi-LSTM-Att 的监测缺失数据生成及 RUL 预测方法的流程，如图 6.3 所示，具体的步骤如下。

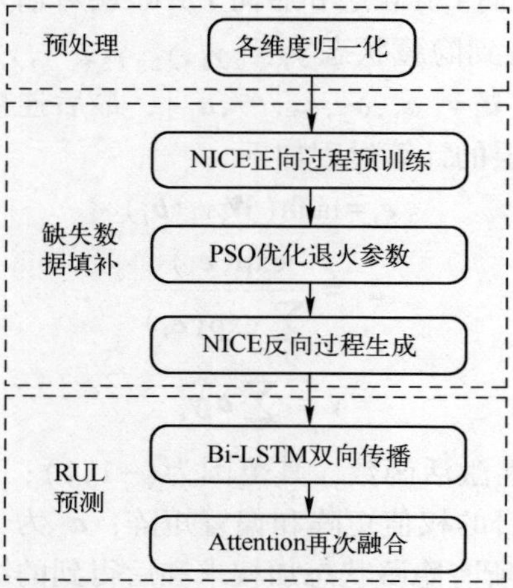

图 6.3　缺失数据生成和 RUL 预测流程图

1）样本各维度归一化

为了后期深度学习模型能够高效训练、挖掘深层次特征，需要对训练的原始数据进行必要的预处理操作，将含有缺失数据的原始退化监测数据每个样本的各个维度分别线性归一化到(0,1)区间，得到 PSO-NICE 模型的训练样本。反归一化是归一化的逆操作，归一化与反归一化公式如下

$$\begin{cases} X_{new}=\dfrac{X_i-X_{\min}}{X_{\max}-X_{\min}} \\ X'_i=X_{new}(X_{\max}-X_{\min})+X_{\min} \end{cases} \tag{6.14}$$

其中：$X_{\max}$ 和 $X_{\min}$ 为某个维度样本的极值（最大值和最小值）；i 为样本个数。

2）搭建 NICE 网络模型

根据样本量的大小，配置 NICE 正向训练过程参数。将归一化后的训练样本作为模型的输入，进行深度无监督学习。

NICE 网络结构模型参数主要是对分块加性耦合层的处理，包括分块加性耦合层的层数，耦合层的数量及其每一层的神经元数量。一般地，以 4 个分块加性耦合层为基础建立模型，耦合层一般选择全连接层。随着输入数据分布的复杂度提高，由于交叉耦合的处理方式，分块加性耦合层的数量需要以偶数倍增加。同时，也可以加深耦合层的数量和增加每层神经元的数量来拟合复杂数据的分布。

3）搭建 PSO 迭代模型

引入一群与训练样本维度相同的粒子群，对 NICE 反向生成过程模型的生成分布效果进行迭代优化，得到 NICE 反向生成过程模型最优的退火参数。

粒子的维度即为样本维度，粒子群的大小应不少于 2，初始化的位置和最大速度可以根据优化目标的经验值设置参数，否则需要更多的迭代次数。最后，通过实验观察迭代效果，优化目标趋于稳定时停止训练，选择保证训练效果的最低迭代次数。

4）缺失数据填补

选择最优退火参数下正态分布的随机数，作为 NICE 反向生成过程模型的输入，将模型生成的全部样本反归一化到原始样本的变化区间，将与缺失数据的时间维度最接近的样本数据作为填补值，与原始数据一起组成完整的退化时间序列样本。

5）构建 Bi-LSTM-Att 预测模型

将填补后的数据与历史数据再次线性归一化，按照 Bi-LSTM 的输入格式，进行时间滑动窗口处理，作为 Bi-LSTM-Att 的输入。训练调整 Bi-LSTM-Att 预测模型的结构参数和训练参数，最后通过迭代预测得到 RUL 预测值。

6.5 实验与分析

6.5.1 数据集描述

为了验证本章提出的基于 PSO 改进 NICE 的缺失数据生成方法和基于 Attention 改进 Bi-LSTM 的 RUL 预测方法，本章采用美国马里兰大学先进寿命周期工程中心（Center for Advanced Life Cycle Engineering，CALCE）提供的 CS2 类型电池容量退化数据集[148]，共包含四组电池退化数据：CS2-35，CS2-36，CS2-37，CS2-38。这四组电池容量退化的完整曲线如图 6.4 所示。

图 6.4 中，电池容量可以有效反映电池健康状况，实际应用中通常采用在一定充放电条件下电池容量衰减到失效阈值时所经历的充放电周期次数来描述电池的 RUL，因此选择该指标进行锂电池 RUL 预测。其中，失效阈值选择 0.5Ah。锂离子电池的 RUL 指从当前时刻开始至锂离子电池容量不能维持设备正常工作所经历的充放电周期次数。

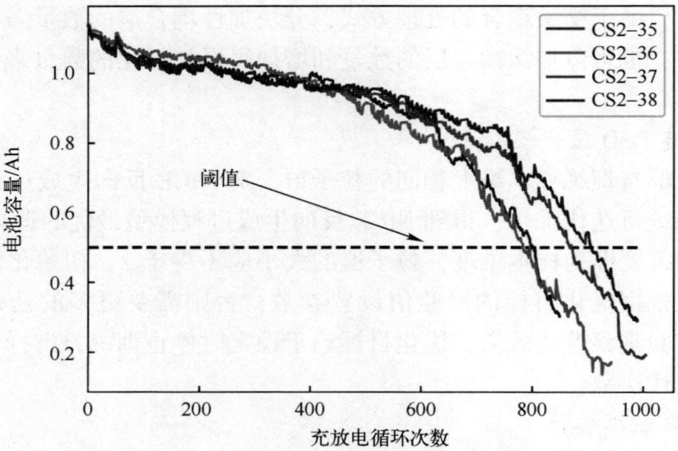

图 6.4 CS2 电池组容量退化轨迹（见彩图）

6.5.2 实验过程及结果分析

为确保对比的公正性，本章采用文献［199］中 DCGAN-KS 模型的缺失数据设置模式。主要体现在缺失机制与缺失率两个方面，缺失机制设定为 MCAR，即数据的缺失概率与缺失变量以及非缺失变量均不相关[177]。在实际生产过程中，由于设备复杂和环境恶劣，大多缺失类型属于 MCAR。不失个体差异性，生成数据实验以 CS-37 电池为例。缺失率是在 CS2-37 数据的前 850 个充放电循环基础上，分别选择 10%、30%、50%和 70%四种模式。本章通过调用 python 的 random 库，选择缺失率分别为 10%，30%，50%和 70%的 sample 函数，用于产生生成模型的训练数据。由 CS2-37 构造的原始数据和训练数据见表 6.1。

表 6.1 CS2-37 构造的原始数据和不同缺失率下的训练数据

数据类型	缺失率	样本数量
原始数据	0	850
缺失数据	10%	771
	30%	643
	50%	513
	70%	438

进一步，根据生成数据设置预测所需的数据集模式，将编号为 CS2-35、CS2-36、CS2-38 电池的完整数据和 CS2-37 截至 600 个循环周期的容量数据

作为训练样本，将 CS2-37 的 600 个循环周期之后的 406 个循环周期作为验证样本来评估预测性能。由 CS2 电池构造 RUL 预测的训练样本和验证样本见表 6.2。

表 6.2　CS2 数据集构造 RUL 预测的训练样本和验证样本

样本类型	样本组成	样本量
训练样本	CS2-35	851
	CS2-36	944
	CS2-38	991
	CS2-37(0~600)	600
验证样本	CS2-37(601~1006)	406

根据本章 6.4 节所提方法步骤进行数据生成。将训练数据归一化处理后，依次搭建 NICE 网络模型和 PSO 迭代模型。随着缺失率的提高，可以适当减少（偶数个）分块加性耦合层的数量和降低 NICE 模型的训练批处理量。粒子的维度为 2（充放电循环维度和容量维度），粒子群大小可以设置为 2，通过多次生成实验选择保证训练效果的最低迭代次数为 15。表 6.3 给出了不同缺失率下的 PSO-NICE 模型参数。其中，第 2、第 3、第 4 列为 NICE 模型的结构参数，第 5、第 6 列为 NICE 模型的训练参数，第 7、第 8 列为 PSO 的训练参数。

表 6.3　不同缺失率下的 PSO-NICE 模型参数

训练数据缺失率	样本剩余量	分块加性耦合层数	耦合层数	每层神经元	批处理量	NICE 迭代次数	粒子维度大小	粒子群大小	PSO 迭代次数
10%	771	16	5	1000	128	1000	2	2	15
30%	643	14	5	1000	64	1000	2	2	15
50%	513	12	5	1000	64	1000	2	2	15
70%	438	10	5	1000	64	1000	2	2	15

图 6.5 展示了 70% 缺失率下 VAE 模型、GAN 模型、NICE 模型和 PSO-NICE 模型的数据生成效果图。通过对比不难发现，VAE 和 PSO-NICE 模型生成数据相较于 GAN 和 NICE 模型更平滑，而在数据分布上，NICE 和 PSO-NICE 模型对原始数据的拟合度更高。总体上，NICE 和 PSO-NICE 模型两种方法都可以很好地覆盖锂电池容量整个数据的退化趋势和分布特性，且 PSO-NICE 模型生成的数据更接近真实分布。

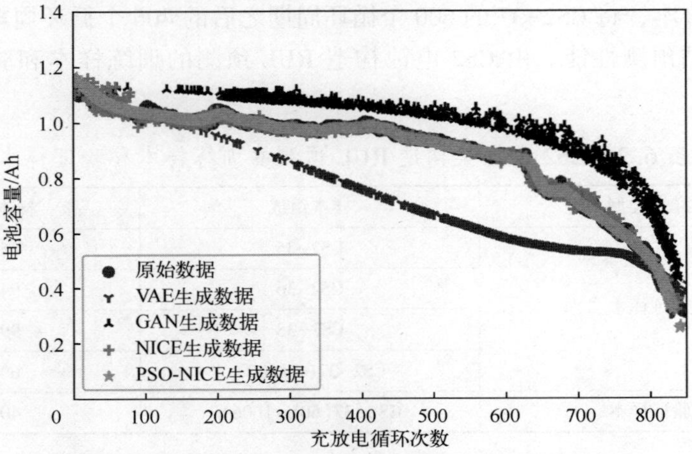

图 6.5　70%缺失率下不同方法的数据生成效果（见彩图）

为研究 PSO 算法随机性优化的效果，图 6.6 绘制了不同缺失率下 PSO 迭代次数的变化。从图 6.6 中可以看出，70%和 10%缺失率下的 PSO 迭代的优化目标较快稳定，表明缺失率较小或者较大时数据的分布属性较简单，PSO 的优化目标更容易收敛。最终，根据缺失率的大小，PSO-NICE 模型生成的数据分布与原始数据的分布误差（EM 距离）均不同程度稳定在 0.02 以下。

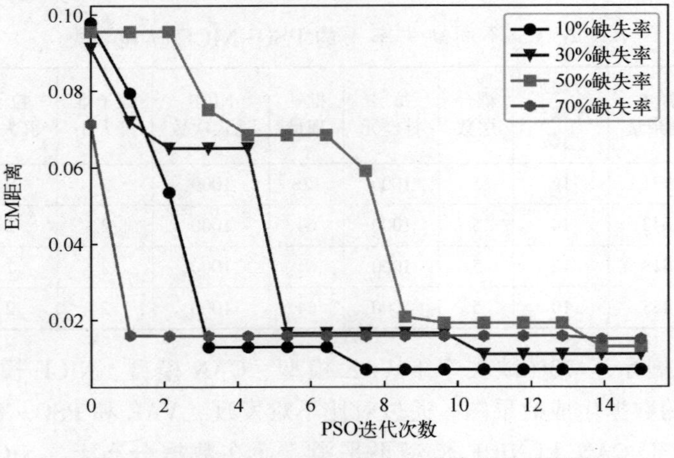

图 6.6　不同缺失率下 PSO 迭代优化过程（见彩图）

进一步，为了与 VAE、GAN 及 DCGAN 的生成效果对比，表 6.4 通过 EM 距离量化不同缺失率下各方法生成样本与完整样本的误差。由表 6.4 可见，在不同缺失率下，本章所提方法得到的 EM 距离均小于其他方法。并且随着缺失率的增大，PSO-NICE 模型 EM 距离的增幅相对较小，表明其生成分布更接近原始分布。

表 6.4　不同缺失率下各方法生成样本与完整样本的 EM 距离

缺失率	不处理	VAE	GAN	NICE	PSO-NICE	DCGAN-KS
10%	0.081	0.064	0.056	0.012	0.007	0.024
30%	0.218	0.175	0.159	0.014	0.011	0.049
50%	0.357	0.282	0.207	0.024	0.013	0.072
70%	0.431	0.397	0.284	0.028	0.015	0.122

根据 PSO-NICE 模型生成的样本数据，选择与缺失值的时间维度最接近的值作为填充值对缺失数据填补，图 6.7 分别绘制不同缺失率下的填补效果。

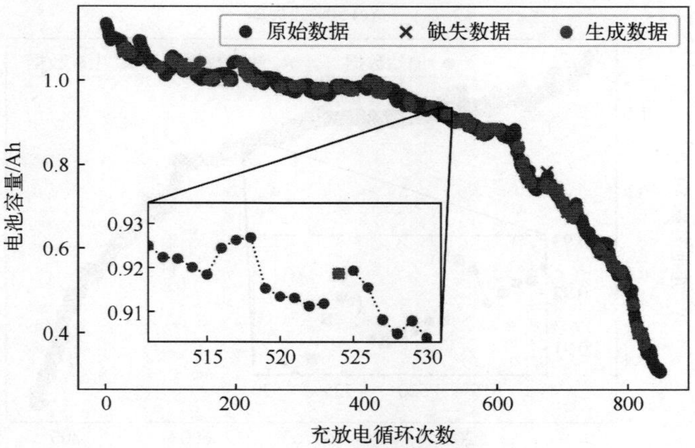

(a) 10%缺失率

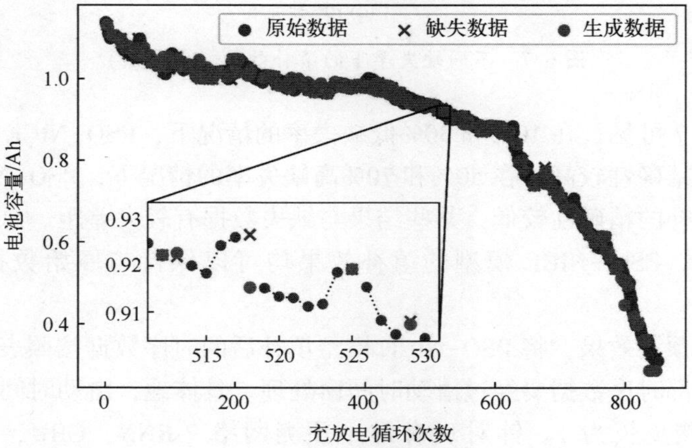

(b) 30%缺失率

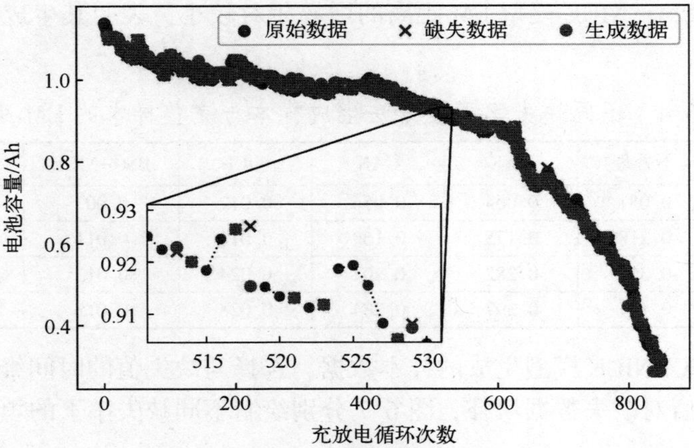

(c) 50%缺失率

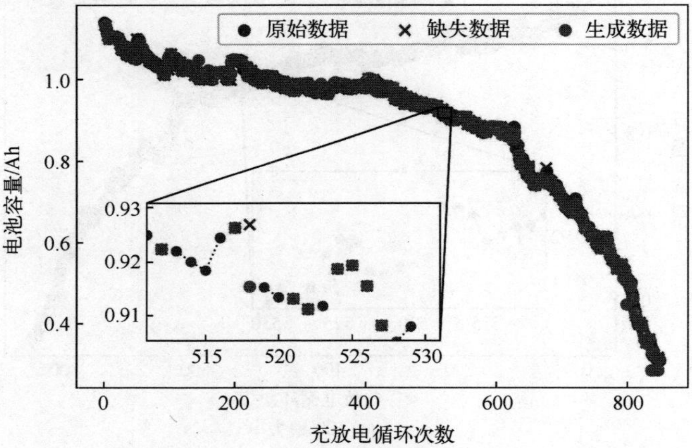

(d) 70%缺失率

图 6.7　不同缺失率下的填补效果（见彩图）

由图 6.7 可见，在 10%和 30%低缺失率的情况下，PSO-NICE 模型对缺失数据填补的精确性较高。在 50%和 70%高缺失率的情况下，PSO-NICE 模型对缺失数据填补的精确性较低，某些结果与缺失数据有较大差距。总体上，不论缺失率高低，PSO-NICE 模型的填补效果均可以保持与原始数据分布的一致性。

为验证预测效果，将 PSO-NICE 模型填补后的时序数据按照表 6.2 构造样本，并且全部时序数据要经过滑动时间窗处理。具体地，滑动时间窗统一设置为 200，预测步长为 1。针对现有常用预测网络（RNN、GRU、LSTM、Bi-LSTM 和 Bi-LSTM-Att 等），损失函数选择均方误差（Mean Squared Error,

MSE)，优化器选择 Adam，调整网络结构和训练参数使各个方法达到最优。

表 6.5　现有常用预测网络的参数

预测网络	网络层数	每层单元数	Attention 单元数	全连接层数	每层神经元个数	随机种子	批处理量	迭代次数
RNN	1	64	0	1	1	3	16	4
GRU	1	64	0	1	1	0	16	5
LSTM	1	64	0	1	1	0	16	5
Bi-LSTM	2	64	0	1	1	0	16	5
Bi-LSTM-Att	2	64	1	1	1	0	16	5

表 6.5 展示了 RNN、GRU、LSTM、Bi-LSTM 和 Bi-LSTM-Att 等现有常用预测网络的参数。需要注意地是，每次预测实验均设置了随机种子，固定预测结果。训练好各类网络后，首先在 0%缺失率（即不缺失）情况下，从预测起始点迭代预测 406 次。预测效果如图 6.8 所示。

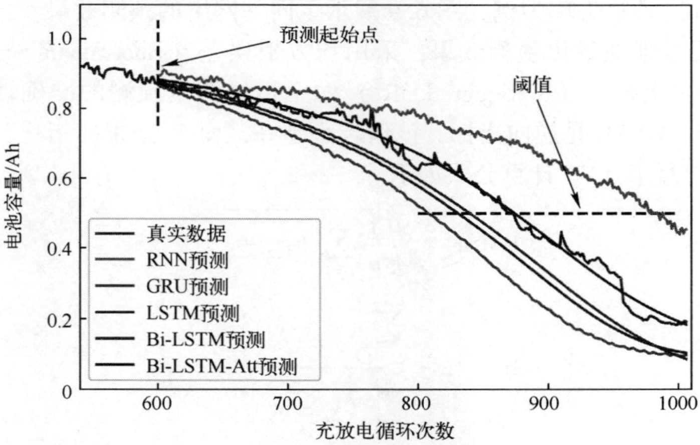

图 6.8　0%缺失率下现有常用方法的预测效果（见彩图）

由图 6.8 可见，在 0%缺失率下，对比真实数据，RNN 网络的退化趋势差距较大，并且预测结果滞后，GRU、LSTM 和 Bi-LSTM 网络的预测退化趋势较好，但预测结果均提前，Bi-LSTM-Att 的预测结果最接近原始数据，且预测趋势更吻合。预测对比实验说明 RNN 网络无法捕获长距离的信息，而 LSTM 方法具有长记忆性，能够获得比 GRU 更好的预测效果，增添 Attention 层后使得整个预测网络关注影响退化趋势的部分重要数据，增加了预测网络可解释性。因此，选择 Bi-LSTM-Att 网络来进行剩余寿命预测。

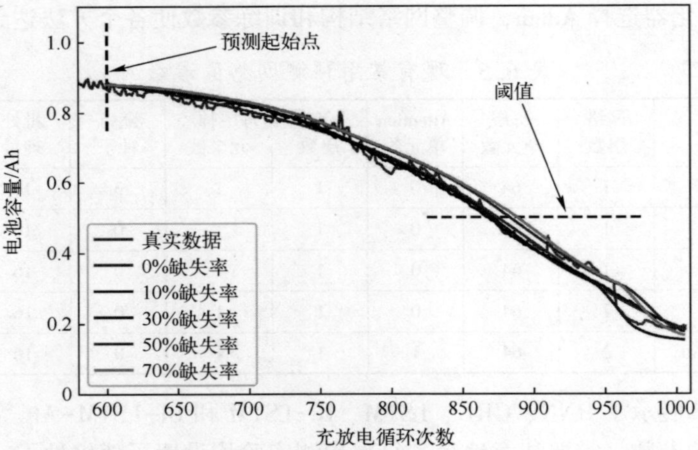

图 6.9　不同缺失率填补后 Bi-LSTM-Att 的预测效果（见彩图）

为研究不同缺失率下的填补效果对剩余寿命预测的影响，以 10%、30%、50%和 70%四种缺失率为例，图 6.9 展示了同一网络的预测效果。

为了更清晰地量化预测效果，采用均方根误差（Root Mean Square Error，RMSE）和决定系数（R-Squared，R^2）两个指标衡量预测的准确性，数据结果见表 6.6。RMSE 是逆向指标，该值越小越好，而 R^2 是正向指标，该值越大越好，范围为(0,1)。计算公式如下

$$
\mathrm{RMSE}=\sqrt{\frac{1}{n}\sum_{i=1}^{n}(y_i-\hat{y}_i)^2}
$$

$$
R^2 = 1-\frac{\sum_{i=1}^{n}(y_i-\hat{y}_i)^2}{\sum_{i=1}^{n}(y_i-\bar{y}_i)^2} \tag{6.15}
$$

其中：y_i 是各个时刻的真实值；$\hat{y}_i$ 是各个时刻的预测值；$\bar{y}_i$ 是各个时刻的均值。

表 6.6　不同预测方法的效果评估

预测方法	缺失率	RMSE	R^2	运行时间/秒
RNN	0%	0.1679	−0.77041	14
GRU		0.1376	0.72191	15
LSTM		0.0902	0.8713	15
Bi-LSTM		0.0746	0.9114	17

（续）

预测方法	缺失率	RMSE	R^2	运行时间/秒
Bi-LSTM-Att	0%	0.0213	0.9907	26
	10%	0.0220	0.9900	
	30%	0.0224	0.9898	
	50%	0.0328	0.9780	
	70%	0.0424	0.9632	

由表 6.6 不难看出，Bi-LSTM-Att 模型的 RMSE 和 R^2 均优于其他方法，但是运行时间较长。此外，随着缺失率的增加，Bi-LSTM-Att 预测精度增大幅度较小，再一次表明所提缺失数据生成方法能够高效捕捉时间序列的退化信息的优越性。

进一步，考虑到样本的完全随机缺失机制，需要讨论其对预测结果影响的稳定性分析，检验模型的鲁棒性。仍然以 10%、30%、50%和 70%四种缺失率为例，改变真实数据的缺失位置，再通过 PSO-NICE 网络和 Bi-LSTM-Att 网络进行缺失数据生成填补及剩余寿命预测任务。重复试验，得到预测效果如图 6.10 所示。

表 6.7　不同缺失率填补后 Bi-LSTM-Att 重复预测量化结果

缺失率	预测均值	95%置信区间
0%	0.0213	[0.0379，0.0468]
10%	0.0215	[0.0460，0.0493]
30%	0.0294	[0.0526，0.0657]
50%	0.0300	[0.0428，0.1024]
70%	0.0468	[0.0560，0.1054]

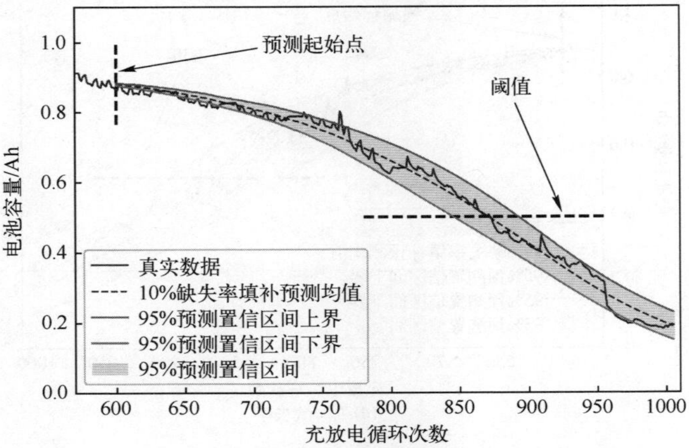

(a) 10%缺失率

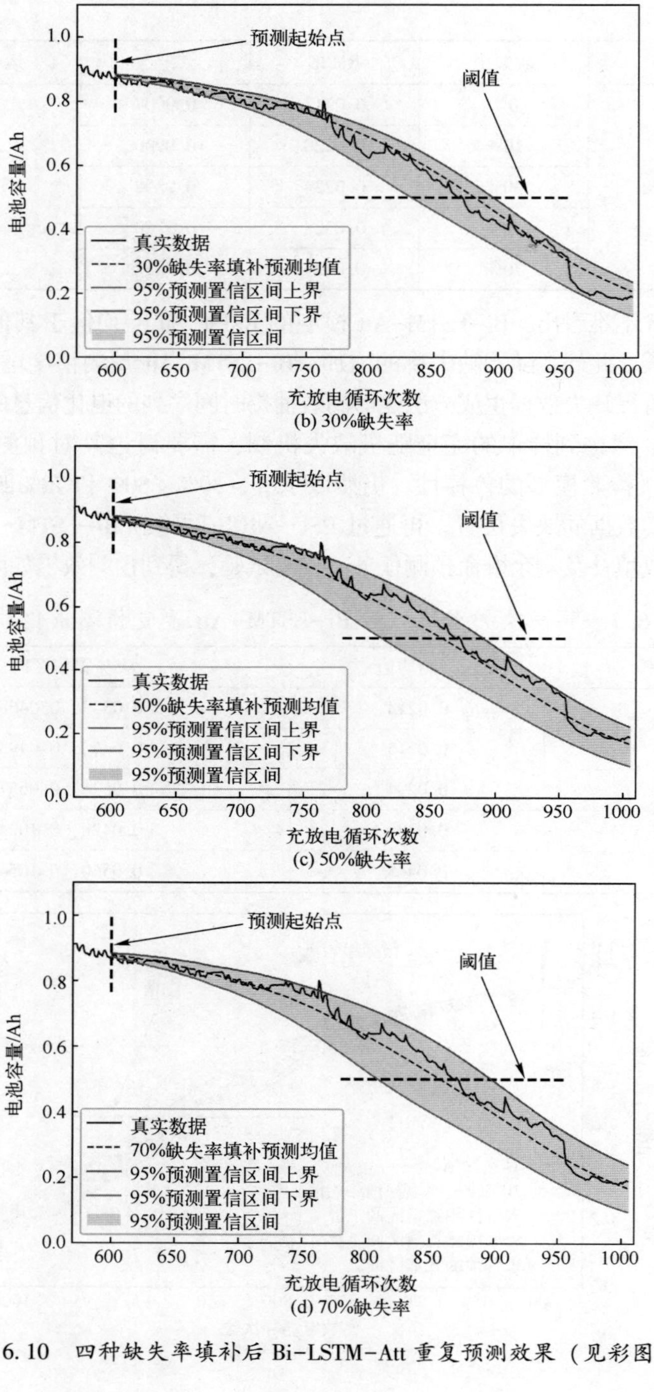

图 6.10 四种缺失率填补后 Bi-LSTM-Att 重复预测效果（见彩图）

通过对比观察图 6.10 不难看出，四种缺失率下，Bi-LSTM-Att 模型重复实验 95%的预测置信区间均能够很好地覆盖真实数据，且预测均值与真实数据拟合程度较高，表明 PSO-NICE 模型对缺失数据生成的稳定性和鲁棒性较好。同时，为了量化预测效果，采用 RMSE 衡量预测的准确性，相关量化结果见表 6.7。

6.6　本章小结

针对缺失数据生成模型精度低和训练速度慢的问题，提出一种基于流模型框架的缺失数据生成方法，可以获得较好的生成效果，最后通过锂电池实例进行验证。主要工作包括：

（1）基于流模型框架，将一维时序缺失数据输入 NICE 深度生成模型，通过无监督方式学习缺失数据背后的真实分布，进而对缺失数据进行充分填补，得到完整意义下的时间序列数据；

（2）基于 NICE 深度生成模型，在 NICE 反向生成阶段，通过引入 PSO 算法，迭代优化其退火参数，将深度生成模型由无监督变成有监督，能够更精准地学习缺失数据背后的真实分布，提升对缺失数据填补的精度，得到更完整意义下的时间序列数据。

本章基于流模型框架，通过建立 NICE 模型和 PSO-NICE 模型，实现了对一维时间监测序列完全随机缺失下系统缺失数据的生成及剩余寿命预测的应用。在未来的研究中，将进一步考虑现场实际环境的复杂关系，对不同缺失机制、多维度时间监测序列的缺失数据生成和 RUL 预测问题进行更深层次的探索和研究。

第 7 章　多维数据缺失下基于深度学习的剩余寿命预测方法

7.1　引　言

随着多学科技术方法在交叉领域的集成运用，为多元复杂退化设备的 PHM 提供了技术途径，逐渐成为可靠性工作者与维修技术人员领域的热点研究问题[207-213]。集机、电、液等多种技术于一体的多元退化设备往往具有高可靠性、长寿命、高价值的特点，其性能退化、故障状态与系统多个特征变量密切相关。因此，如何从上述特征变量挖掘出蕴含的演变机制，逐步成为当前设备状态评估、故障诊断和剩余寿命预测等领域关注的焦点[214-222]。

对于多元退化设备而言，在工程实际中可能由于机器故障（如测量传感器故障）或人为因素（如记录失误）不可避免地导致部分数据缺失。第 2 章的方法仅适用于单维退化信息的设备，对于包含多维退化信息的设备已经不能适用。若利用这类不完整数据预测设备剩余寿命，将面临难以准确描述设备退化规律的现实问题，进而影响设备的健康管理和维修决策。因此，生成或填充高精度、高可靠性的多维数据对开展多元退化设备预测与健康管理工作具有至关重要的意义。

关于基于神经网络在缺失数据生成中的应用已在 6.1 节详述，此处不作展开。NICE 具有更准确的似然估计，生成的样本更接近真实数据曲线，但是多维数据生成的研究仅停留在图像处理领域，还未应用于多维时序数据的生成。为解决多元退化设备数据生成与剩余寿命预测方面的现实问题，本章提出了一种缺失数据下基于 NICE 和 TCN-BiLSTM 的预测模型。具体来说，该方法主要由两级架构组成：第一级架构，使用基于 NICE 模型的深度神经网络对多源退化数据的分布进行建模，使之可以重建出多维退化数据；第二级架构，结合 TCN 并行计算和 Bi-LSTM 长期记忆性的优势，提出一种 TCN-BiLSTM 模型实现设备的剩余寿命预测。其中，TCN 主要承担特征提取工作，捕捉短期局部依赖关系，Bi-LSTM 主要承担长期记忆性工作，捕捉长期宏观依赖关系。通过 TCN-BiLSTM 模型对填补后的多维退化数据进行剩余寿命预测。本章的贡献可概括为两个方面：一方面，引入 NICE 技术，能够充分挖掘缺失数据背后的真实分布规律，将训练数据映射为标准正态分布，通过可逆采样生成逼真数据，进而填充缺失值得到完整时间意义下的多元退化数据；另一方面，能够同时捕捉长期与短期依赖关系，有效确保了提取特征充分反映设备的健康状态。

7.2　问题描述

对于存在缺失的多源传感器监测的复杂退化系统，即存在缺失的多元退化数据，假设共有 N 个同型号部件，$x_i^j(t)$ 标记为第 $i(1\leqslant i\leqslant N)$ 个部件的第 $j(1\leqslant j\leqslant N)$ 个传感器在 $t(t>0)$ 时刻的监测数据，相应的监测时刻记为 $\boldsymbol{t}_i^j=[t_i^{j,0},t_i^{j,1},\cdots,t_i^{j,K_{i,j}}]$，其中 $K_{i,j}$ 为第 i 个部件第 j 个传感器的监测样本总数。假设同一部件的 S 组传感器的采样个数相同，则第 i 个部件第 j 个传感器取的监测数据集可记为 $\boldsymbol{x}_i^j=[x_i^{j,0},x_i^{j,1},\cdots,x_i^{j,K_{i,j}}]$，第 i 个部件的多源传感器监测数据可记为

$$\boldsymbol{X}_i=\begin{bmatrix}\boldsymbol{x}_i^1\\ \boldsymbol{x}_i^2\\ \vdots\\ \boldsymbol{x}_i^S\end{bmatrix}=\begin{bmatrix}x_i^{1,0} & x_i^{1,1} & \cdots & x_i^{1,K_{i,j}}\\ x_i^{2,0} & x_i^{2,1} & \cdots & x_i^{1,K_{i,j}}\\ \vdots & \vdots & & \vdots\\ x_i^{S,0} & x_i^{S,1} & \cdots & x_i^{S,K_{i,j}}\end{bmatrix}\tag{7.1}$$

其中，$x_i^{j,k}=x_i^j(t_i^{j,k})(k=0,1,\cdots,K_{i,j})$ 表示第 i 个部件第 j 个传感器在 $t_i^{j,k}(k=0,1,\cdots,K_{i,j})$ 时刻的监测数据。

存在缺失的多元退化数据的填充本质上是学习多维数据退化分布的问题。其中，考虑多元退化部件监测数据的复杂性和耦合性，数据缺失模式为 MCAR，即每个维度缺失的数据与维度本身和其他任何变量都没有关系，每个维度的缺失率相同。当数据缺失时，$x_i^{j,k}=\text{NAN}$。将 $\boldsymbol{X}_i$ 送入深度生成网络模型，期望得到足够真实的生成数据记为 $\widetilde{\boldsymbol{X}}_i$，从而对缺失值进行填充。

填充后的多元退化数据的预测本质上是学习多维数据退化趋势的问题。假设监测采样间隔相同，每次采样记一次单位时间，待部件失效，全部监测时刻 $\boldsymbol{t}_i^j$ 的长度记为寿命 $L=K_i^j$，因此，每次采样的剩余使用寿命为 $\text{RUL}=L-k(k=0,1,\cdots,K_{i,j})$。具体地，在深度学习预测框架中，输入的训练数据为多元退化数据，神经网络模型将退化趋势映射为剩余使用寿命，即预测标签为剩余使用寿命，在验证集合中输入部分退化数据，输出对应的剩余使用寿命。

根据上述分析，本章重点研究以下问题：①如何设计数据生成模型以实现对数据缺失部分的最优填充；②如何搭建剩余寿命预测网络模型，实现部件剩

余使用寿命的准确预测。

7.3 基于 NICE 模型的多元退化数据填充模型

本节的主要工作是通过理论分析介绍流模型的核心思想以及它作为一种深度生成模型是如何对深度神经网络进行训练，如何从先验分布推断出新的数据从而生成新样本。

流模型的基本思路是：复杂数据分布一定可以由一系列的转换函数映射为简单数据分布，如果这些转换函数是可逆的并且容易求得，那么简单分布和可逆转换函数的逆函数便构成一个深度生成模型。流模型的结构如图 7.1 所示。

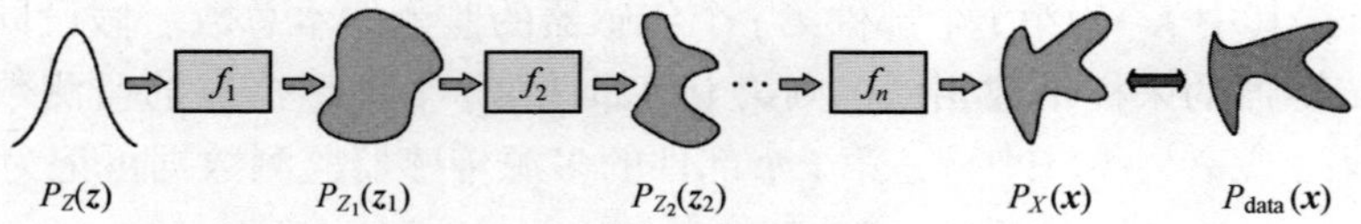

图 7.1　流模型的结构

具体地，假设原始数据分布为 $P_X(\boldsymbol{x})$，先验隐变量分布为 $P_Z(z)$（一般为标准高斯分布），可逆转换函数为 $f(\boldsymbol{x})(z=f(\boldsymbol{x}))$，生成转换函数为 $g(\boldsymbol{x})(g(\boldsymbol{x})=f^{-1}(\boldsymbol{x}))$，基于概率分布密度函数的变量代换为

$$\begin{aligned}P_X(\boldsymbol{x})&=P_Z(f(\boldsymbol{x}))\left|\det\frac{\partial f(\boldsymbol{x})}{\partial \boldsymbol{x}}\right|\\&=\frac{1}{(2\pi)^{D/2}}\exp\left(-\frac{1}{2}\|f(\boldsymbol{x})\|^2\right)\left|\det\frac{\partial f(\boldsymbol{x})}{\partial \boldsymbol{x}}\right|\end{aligned}\tag{7.2}$$

其中：D 是原始数据的维度；$\left|\det\frac{\partial f(\boldsymbol{x})}{\partial \boldsymbol{x}}\right|$是可逆转换函数 $f(\boldsymbol{x})$ 在 $\boldsymbol{x}$ 处的雅可比行列式。更高维度的监测数据会增加雅可比的计算复杂度，导致模型拟合的负担多于求解可逆函数的反函数的过程。因此，流模型除了转换函数 $f(\boldsymbol{x})$ 可逆易求外，还需确保其雅可比易于计算。基于最大对数似然原理，流模型的训练优化目标为

$$\begin{aligned}&\log(P_X(\boldsymbol{x}))\\&=\log(P_Z(f(\boldsymbol{x})))+\log\left(\left|\det\frac{\partial f(\boldsymbol{x})}{\partial \boldsymbol{x}}\right|\right)\\&=-\frac{D}{2}\log(2\pi)-\frac{1}{2}\|f(\boldsymbol{x})\|^2+\log\left|\det\frac{\partial f(\boldsymbol{x})}{\partial \boldsymbol{x}}\right|\end{aligned}\tag{7.3}$$

NICE 模型是一种基于流模型框架的深度神经网络，主要包括加性耦合层（Additive Coupling Layer）、维度混合（Dimensional Blending）和尺度变换层（Scale Layer）等基本结构。类似变分自动编码器，NICE 模型的训练过程可以分为编码阶段和解码阶段。在编码阶段，NICE 将输入样本经过加性耦合层、维度混合和尺度变换层等一系列可逆变换映射为高斯分布；而在解码阶段，建立编码阶段的逆过程，并直接利用编码阶段的权值，从正态分布中重采样得到生成数据。其中，编码阶段决定了生成模型的质量，理论上是没有误差的。需要注意地是，NICE 模型的损失函数为模型优化目标的相反数，即

$$\mathrm{loss}_{\mathrm{NICE}}=-\log(P_X(\boldsymbol{x}))=\frac{D}{2}\log(2\pi)+\frac{1}{2}\|f(\boldsymbol{x})\|^2-\log\left|\det\frac{\partial f(\boldsymbol{x})}{\partial \boldsymbol{x}}\right| \tag{7.4}$$

具体地，NICE 模型的结构如图 7.2 所示。首先将输入的 $\boldsymbol{X}_i$ 按照维度随机平分为 $\boldsymbol{X}_{i,1}^{(0)}$ 和 $\boldsymbol{X}_{i,2}^{(0)}$ 两部分，进入第一个加性耦合层，其中，$\boldsymbol{X}_{i,1}^{(0)}$ 直接得到 $\boldsymbol{h}_1^{(1)}$，$\boldsymbol{X}_{i,1}^{(0)}$ 经过 m_1 耦合后与 $\boldsymbol{X}_{i,2}^{(0)}$ 相加再得到 $\boldsymbol{h}_2^{(1)}$，即加性耦合层不对第一部分进行耦合操作。然后，对调 $\boldsymbol{h}_1^{(1)}$ 与 $\boldsymbol{h}_2^{(1)}$，再进入下一个加性耦合层，$\boldsymbol{h}_2^{(1)}$ 直接得到 $\boldsymbol{h}_2^{(2)}$，$\boldsymbol{h}_2^{(1)}$ 经过 m_2 耦合后与 $\boldsymbol{h}_1^{(1)}$ 相加再得到 $\boldsymbol{h}_1^{(2)}$。依次类推，以四个加性耦合层结构为例。最后，将 $\boldsymbol{h}_1^{(4)}$ 和 $\boldsymbol{h}_2^{(4)}$ 共同输入尺度压缩层 S，输出 $\boldsymbol{z}_{i,1}$ 和 $\boldsymbol{z}_{i,2}$ 并拼接为 $\boldsymbol{z}_i$。

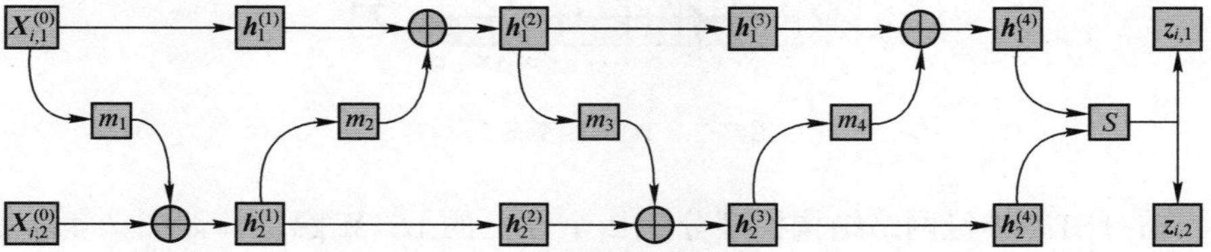

图 7.2　NICE 模型的结构

通过 NICE 模型训练，将 $\boldsymbol{X}_i$ 送入 NICE 模型进行编码，然后采样标准正态分布，得到足够真实的生成数据 $\boldsymbol{X}_i'$，从而对相应的缺失值进行填充，记填补后的数据为 $\widetilde{\boldsymbol{X}}_i$。

7.4　基于 TCN-BiLSTM 模型的多元退化数据预测模型

本节的主要工作是通过理论分析介绍 TCN-BiLSTM 模型的核心思想以及作为一种预测模型是如何对多维数据进行特征提取，如何从训练特征映射到剩余寿命，从而实现剩余寿命预测的。

Bai 等人提出的 TCN 网络是一种具有特殊结构的卷积神经网络模型，是以

传统一维卷积神经网络 1D-FCN 为基础，同时结合因果卷积（Causal Convolutions）、膨胀因果卷积（Dilated Causal Convolutions）与残差块（Residual Block）组合得到的新型网络模型[223]。TCN 架构为了像 RNN 那样，输入多长的时间步，输出时间步也是同样长度，即每个时间的输入都有对应的输出。利用了 1D-FCN 的结构，每一个隐层（Hidden）的输入输出的时间长度都相同，维持相同的时间步。为了保证历史数据不漏接（No Leakage），不使用传统卷积，而是选择因果卷积，对于输出 t 时刻的数据 $\boldsymbol{y}_t$，其输入只可能是 t 以及 t 以前的时刻，即$(\boldsymbol{x}_0,\boldsymbol{x}_{t-1})$。为了有效地应对长历史信息这一问题，引入膨胀因果卷积，仍然具有因果性，引入膨胀因子 d（Dilation Factor），一般膨胀系数是 2 的指数次方。为了解决较深的网络结构可能会引起的梯度消失等问题，引入残差块，来提高 TCN 结构的泛化能力。如图 7.3 所示，模拟了一个卷积内核大小为 3，最大膨胀因子为 4 的 TCN 结构。

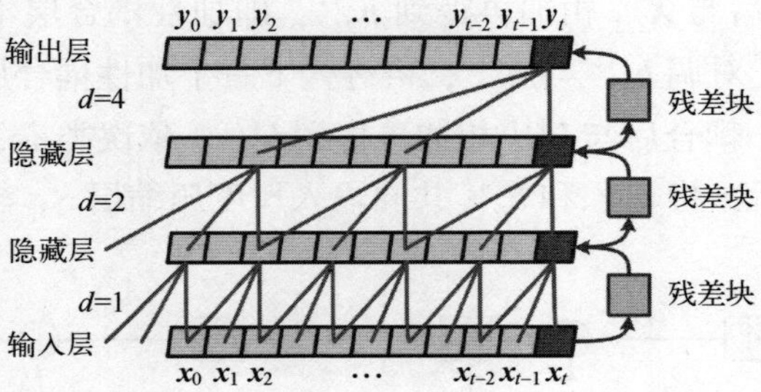

图 7.3 TCN 模型的结构

Bi-LSTM 神经网络结构模型分为 2 个独立的 LSTM 隐层，如图 7.4 所示。输入序列分别以正序和逆序输入至 2 个 LSTM 神经网络进行特征提取，将 2 个输出向量（即提取后的特征向量）进行拼接后形成的向量作为最终特征表达。Bi-LSTM 的模型设计理念是使 t 时刻所获得特征数据同时拥有过去和将来之间的信息。实验证明，这种神经网络结构模型对文本特征提取效率和性能要优于单个 LSTM 结构模型。此外，Bi-LSTM 中的 2 个 LSTM 神经网络参数是相互独立的，它们只共享多元退化数据向量列表。

为了融合 TCN 并行计算和 Bi-LSTM 长期记忆性的优势，TCN-BiLSTM 模型的结构如图 7.5 所示。首先，将 7.3 节得到的$\widetilde{\boldsymbol{X}}_i$ 进行窗口长度为 N 的滑动时间窗处理，得到多个维度为 $N\times S$ 的矩阵及其对应的剩余使用寿命序列 RUL$=L-k(k=0,1,\cdots,K_{i,j})$组成时间序列和 RUL 序列数据对。将处理后的数据对作为训练数据，送入 TCN-BiLSTM 网络模型。然后，经过 n 个膨胀因果卷积以及残差操作并行提取多元退化数据局部特征，而后将提取的特征序列输入 Bi-

LSTM 网络，通过正向 LSTM1 和反向 LSTM2 来挖掘深层次的序列信息，最终得到准确的剩余寿命。

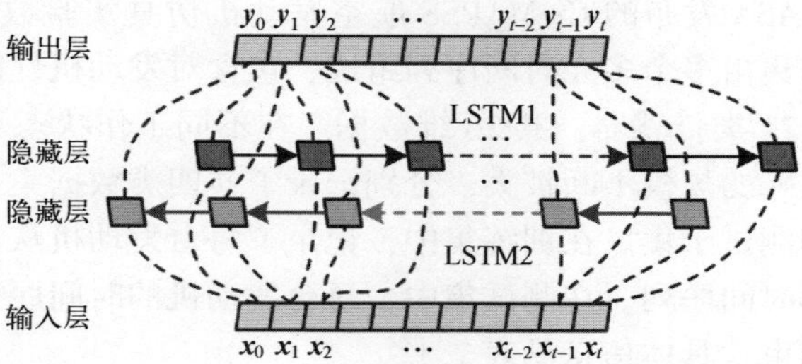

图 7.4　Bi-LSTM 模型的结构

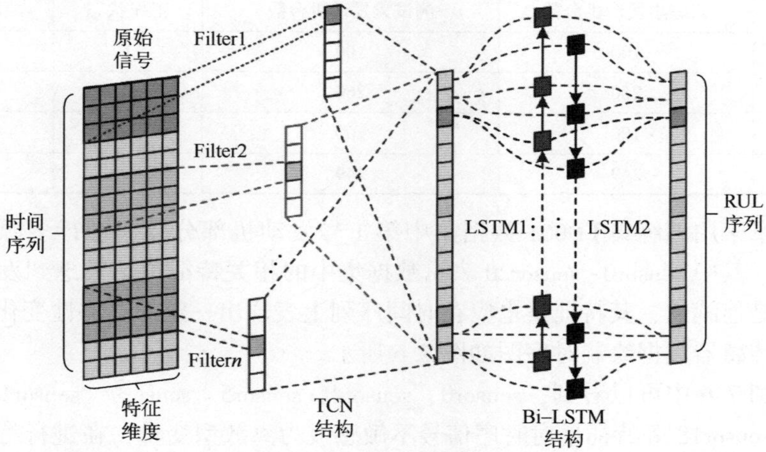

图 7.5　TCN-BiLSTM 模型的结构

7.5　实例验证

航空发动机是为航空器提供飞行动力的关键部件，更是一种结构精密、多学科集成的复杂多元退化部件，其各部件、分系统的异常会造成发动机推力下降，甚至导致空中停车等严重事故，直接影响飞行安全和任务可靠性水平。目前对航空发动机的性能监测与健康状态评估面临故障数据不平衡、测试成本高和个体装备真实数据匮乏等问题。本章以航空发动机为例进行多元退化数据填充和预测任务，验证所提方法的有效性。

7.5.1 数据集介绍与预处理

本节选取 NASA 发布的 C-MAPSS 航空发动机仿真实验数据集[224]进行方法验证。该数据集由多个多元时间序列组成，包含对发动机性能有重大影响的 3 种操作设置和 21 类传感器，共 26 维数据。在不同工作状态和故障模式组合条件下，随着故障的规模不断扩大，分别记录了共四类数据集。每个数据集进一步分为训练和测试子集。在训练集中，记录了每台发动机从正常运行，直到系统故障的全部时间序列。在测试集中，每台发动机的时间序列在系统故障之前的某个时间结束。具体信息见表 7.1。

表 7.1 C-MAPSS 数据集

编号	训练集发动机台数	测试集发动机台数	工作状态	故障模式
FD001	100	100	1	1
FD002	260	260	6	1
FD003	100	100	1	2
FD004	249	249	6	2

本章采用训练集 FD001 数据集中第 1 号发动机部分数据进行多源退化数据生成，其中 sensor0~sensor20 表示数据集中的相关特征量。考虑到发动机性能退化是连续的，其特征量也应在时间序列上表现出一定的趋势性变化，首先对所有传感器数据绘制时序图如图 7.6 所示。

从图 7.6 中可以看到，sensor0、sensor4、sensor5、sensor9、sensor15、sensor17、sensor18 等特征量对时序信号不敏感或为离散型变量，在进行特征工程如综合健康指标构建时作用较小，对其进行数据生成意义不大，因此进行筛除，最终选择剩余变化较大的 14 维度数据（sensor1、sensor2、sensor3、sensor6、sensor7、sensor8、sensor10、sensor11、sensor12、sensor13、sensor14、sensor16、sensor19 和 sensor20）。

为了后期深度学习模型能够高效训练、挖掘深层次特征，需要对训练的原始数据进行必要的预处理操作。首先，按照完全随机丢失（Missing Completely at Random，MCAR）的缺失机制对该 14 维度退化监测完整数据进行处理。进一步，将缺失处理后的数据的每个样本的各个维度分别线性归一化到(-1,1)区间，得到 NICE 模型的训练样本，归一化公式为

$$\boldsymbol{X}_{\text{new}}=2\times\left(\frac{\boldsymbol{X}_i-\boldsymbol{X}_{\min}}{\boldsymbol{X}_{\max}-\boldsymbol{X}_{\min}}\right)-1 \tag{7.5}$$

其中：$\boldsymbol{X}_{\max}$ 和 $\boldsymbol{X}_{\min}$ 为某个维度样本的极值（最大值和最小值）；i 为当前维度。

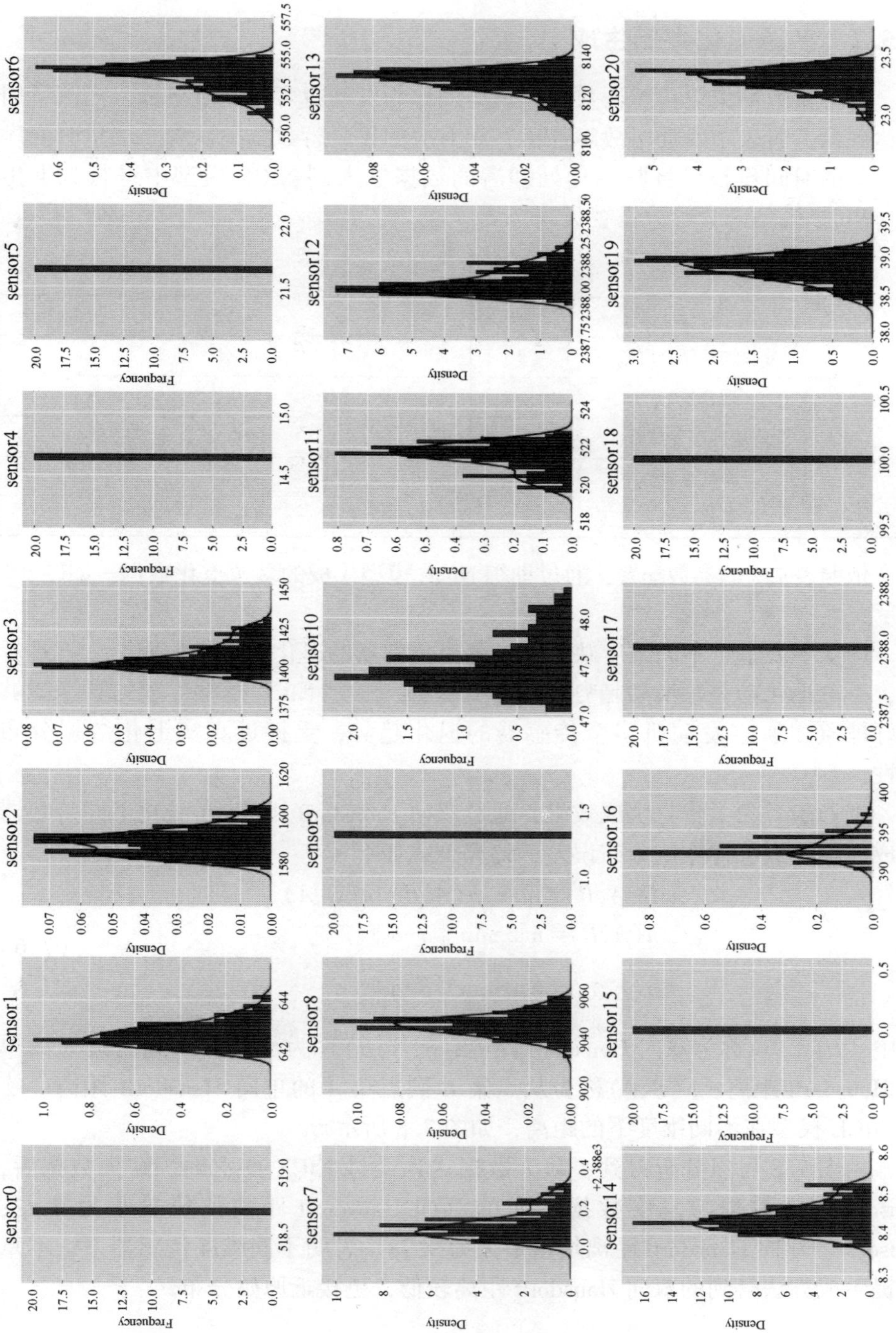

图 7.6　航空发动机 21 个传感器数据时序分布图

7.5.2 多源退化数据生成

发动机数据集以传感器数据测量周期作为发动机寿命度量指标，当测量周期达到最大时表示发动机故障停机，相对应的每一行数据默认表示测量时间序列中新的时间步长。将归一化处理后的数据输入到 NICE 模型中进行数据生成。NICE 模型部分参数设置见表 7.2。

表 7.2 NICE 模型参数

NICE	参数
分块加性耦合层数	8 层
耦合层数	5 层
每层神经元数量	1000 个
批处理量	64 个
迭代次数	1000 次

依照表 7.2 的参数配置，通过训练 NICE 模型生成的多源退化数据，如图 7.7 所示。

图 7.7 展示了不同维度缺失下，各个传感器的退化数据的生成图，不难看出，不论退化趋势是增加趋势还是降低趋势，通过 NICE 模型生成的数据能够很好地覆盖航空发动机多个传感器的退化趋势，更接近真实退化数据分布特性。

进一步，为了量化生成效果，通过双向 Hausdorff 距离[225]量化不同传感器生成样本与训练样本的分布误差，计算公式如下

$$\begin{aligned} H(A,B) &= \max[h(A,B),h(B,A)] \\ h(A,B) &= \max_{a\in A}\min_{b\in B}\|a-b\| \\ h(B,A) &= \max_{a\in B}\min_{b\in A}\|b-a\| \end{aligned} \tag{7.6}$$

其中：$H(A,B)$称为双向 Hausdorff 距离；$h(A,B)$称为从点集 A 到点集 B 的单向 Hausdorff 距离；$h(B,A)$称为从点集 B 到点集 A 的单向 Hausdorff 距离。绘制 NICE 模型在不同维度下的距离，如图 7.8 所示。

由图 7.8 可以分析得到，缺失数据送入经过 NICE 技术训练缺失数据后，sensor8 生成数据与真实数据分布的双向 Hausdorff 距离均值最小为 2.83，sensor3 的双向 Hausdorff 距离均值最大为 9.78。表明不同维度传感器下，本章所提生成方法得到的双向 Hausdorff 距离较低，更接近原始分布。

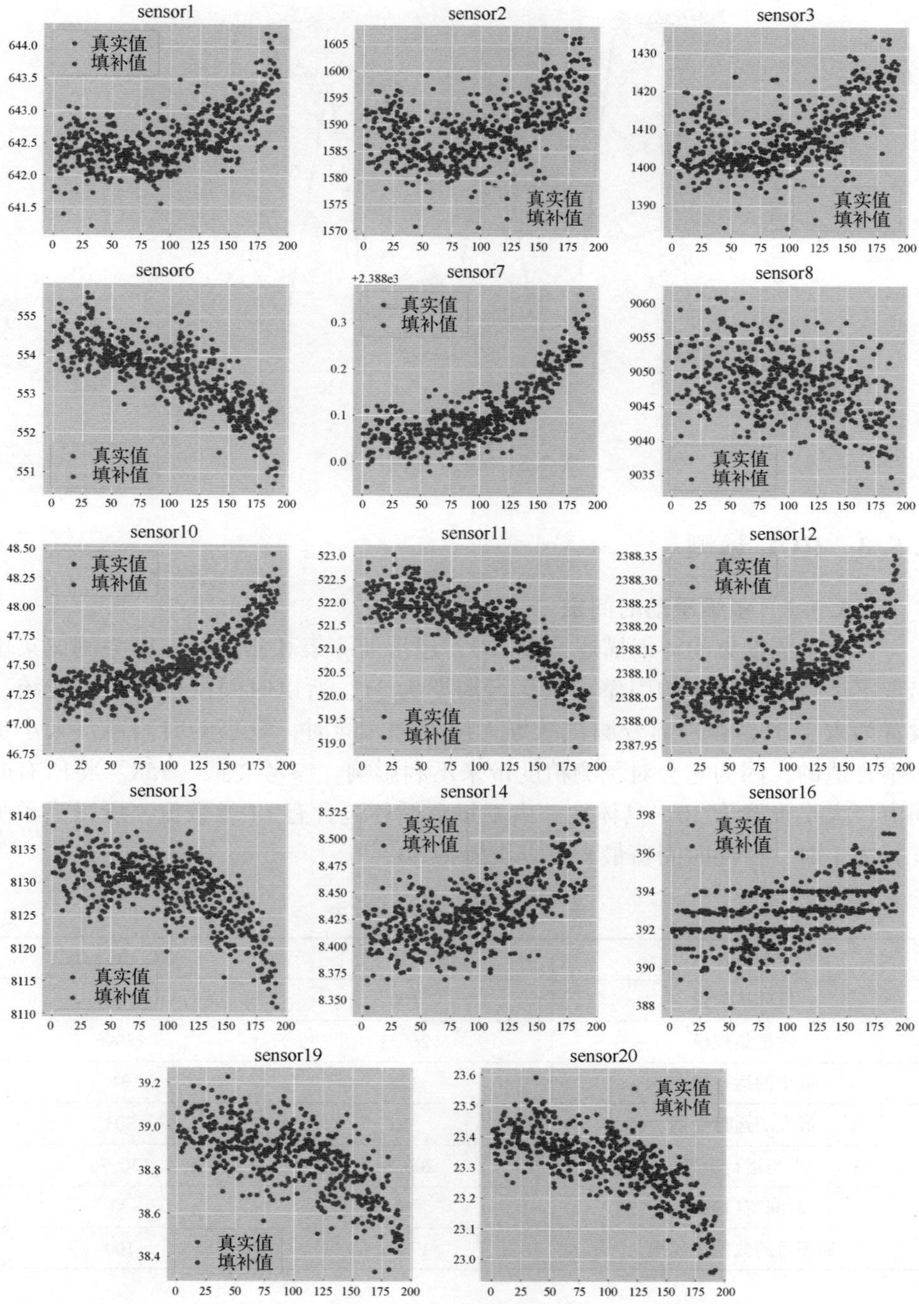

图 7.7　航空发动机 14 个传感器退化数据生成图

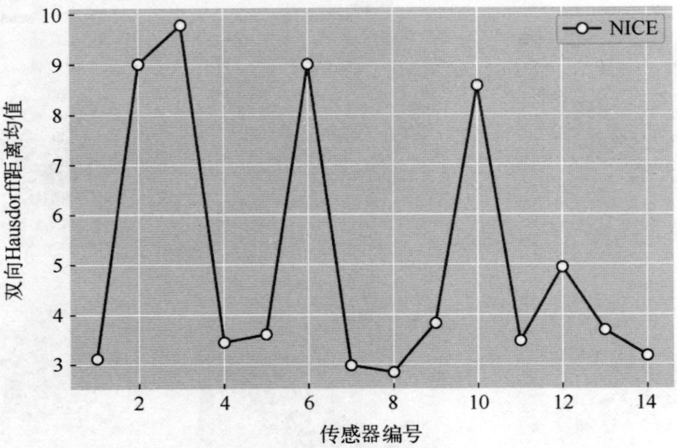

图 7.8 NICE 生成结果

7.5.3 RUL 预测

7.5.3.1 多维滑动时间窗

FD001 数据集的详细描述见表 7.3，包括训练集和测试集。因为测试集中出现了运行周期最小的引擎，其运行周期为 31，所以时间窗口大小不能统一设置为大于 31，否则部分测试数据无法处理。同时，较小的时间窗口太小也是不合适的，因为它会对预测精度带来不利影响。参考文献［158］将所有时间窗口大小设置为 30。具体地，由于每个循环包含有 14 维数据，所以当预测步长为 1 时，滑动时间窗最大可以设置为 30。

表 7.3 FD001 数据集

FD001	训 练 集	测 试 集
发动机数量	100	100
数据集规模	26631	13096
最小的运行周期	128	31
最大的运行周期	362	303
平均运行周期	206.31	130.96
时间窗口数量	30	30
处理后的数据集规模	17731	100

按照表 7.3 的设置，训练数据集为同型号 100 台发动机全寿命周期的失效退化数据及其对应的真实剩余寿命标签。测试数据集为同型号另外 100 台发动

机分别在某一时间停止后的退化数据及其对应的真实剩余寿命标签。训练数据集中，输入数据由包含 14 个传感器的同型号 100 台发动机分别经过滑动时间窗处理构成，其张量维度（batch_size，timesteps，input_dim）为（17731,30,14），输出数据由各自发动机每个循环对应的剩余寿命分别经过滑动时间窗处理构成，其张量维度（batch_size，output_dim）为（17731,1）。如图 7.9 所示，测试数据集中输入数据由包含 14 个传感器的同型号另外 100 台发动机分别经过滑动时间窗处理构成，其张量维度（batch_size，timesteps，input_dim）为（100,30,14），输出数据由各自发动机每个循环对应的剩余寿命分别经过滑动时间窗处理构成，其张量维度（batch_size，output_dim）为（100,1）。

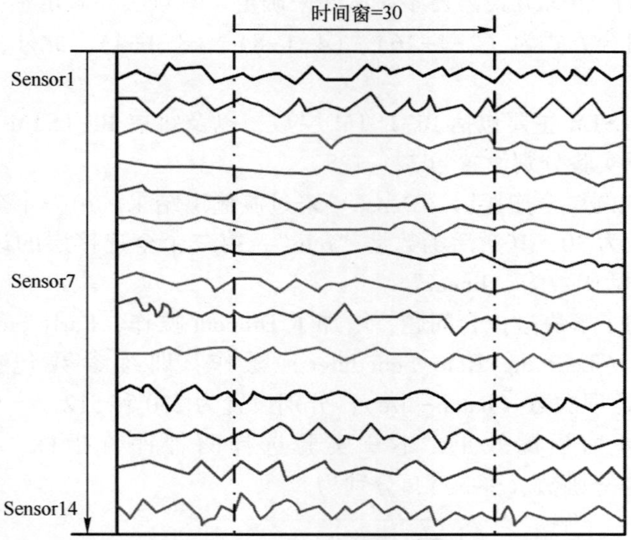

图 7.9　滑动时间窗为 30 的 14 个传感器测试数据样本示意图

7.5.3.2　预测模型配置与评估指标

搭建 TCN-BiLSTM 模型，主要是确立模型结构和超参数。

（1）TCN 的卷积层中使用的过滤器数量（nb_filters）是重要的参数，它与模型的预测能力相关联，并影响网络的大小。本章实验设置为 30。

（2）TCN 感受野（Receptive Field）的大小由每个卷积层中使用的内核大小（kernel_size）、残差块的堆栈数（nb_stacks）和膨胀卷积的扩张列表（dilations）等三项共同决定。kernel_size 控制卷积操作中考虑的空间面积/体积。良好的值通常介于 2 和 8 之间。如果序列在很大程度上依赖于 $t-1$ 和 $t-2$，对其余序列的依赖较少，则选择 2/3 的内核大小。在 NLP 任务中，一般内核越大效果越显著，但较大的内核大小将使网络更大；nb_stacks 表示需要使用的残差块的堆栈数。不是很有用，除非序列很长（只有当训练数据高达数十万个时间步长的级别时候才使用）；dilations 为扩张列表，通常考虑一个具有 2 的倍数的列表，例如，[1(0)、2(1)、4(2)、8(3)、16(4)]。dilations 被用于控制 TCN 层的深度。可以通过将感受野与序列中特征的长度相匹配来猜测需要多少次扩张。例如，如果输入序列是周期性的，则可能需要将该时间段的倍数作为膨胀。总的来说，dilations 在数值上必须满足两个条件，即 2 的整数次方且不小于滑动时间窗口数。本章实验将其设置为 32 即可满足要求。TCN 感受野的大小在数值上等于以上三项的乘积，因为组合方式不同，结果也不尽相同，最有效的组合方式需要多次试验来确定。本章实验假定感受野为 32 时，可以选择的组合方式为（2-1-16）、(4-1-8)、(8-1-4)。此外，激活函数设置为“relu”。

（3）Bi-LSTM 主要包括 Bi-LSTM 层数，以及每层 Bi-LSTM 包含的 LSTM 单元数。本章实验分别设置为 32、128。

（4）增加两层全连接层（Dense）来过渡输出结果。第一个全连接层的过滤器数量定义为 30，其激活函数是“relu”；第二个全连接层的过滤器数量设置为 1，其激活函数为“linear”。

此外，为了解决过拟合问题，增加了 Dropout 操作，Early Stopping 操作和分段学习率（Learning Rate Scheduler）操作。训练参数包括迭代次数（epoch）、批处理次数（batch-size），分别设置为 250 和 512。

为定量评估预测效果，本章实验选择两种评价指标，均方根误差（RMSE）和得分函数（Score），分别为

$$\mathrm{RMSE} = \sqrt{\frac{1}{n}\sum_{i=1}^{n}(\overline{\mathrm{RUL}_i} - \mathrm{RUL}_i)^2}$$

$$\mathrm{Score} = \begin{cases} \sum_{i=1}^{n} \mathrm{e}^{-\left(\frac{\overline{\mathrm{RUL}_i}-\mathrm{RUL}_i}{13}\right)} - 1 & \overline{\mathrm{RUL}_i} - \mathrm{RUL}_i < 0 \\ \sum_{i=1}^{n} \mathrm{e}^{\left(\frac{\overline{\mathrm{RUL}_i}-\mathrm{RUL}_i}{10}\right)} - 1 & \overline{\mathrm{RUL}_i} - \mathrm{RUL}_i \geqslant 0 \end{cases} \tag{7.7}$$

其中：$\overline{\mathrm{RUL}_i}$ 表示第 i 时刻真实的 RUL；RUL_i 表示第 i 时刻预测得到的 RUL；n 为预测样本总量。Score 设计的惩罚为，当预测的 RUL_i 大于实际的 $\overline{\mathrm{RUL}_i}$ 时，Score 函数得分越高，视为预测结果越差。从实际意义而言，如果 RUL_i 滞后于 $\overline{\mathrm{RUL}_i}$，则采取相应措施的时间也会滞后，便会导致严重的后果，故该评估函数对滞后预测给予了较高的惩罚。

7.5.4　实验结果及性能分析

7.5.4.1　RUL 预测结果

FD001 中测试发动机单元关于 100 台发动机最后时刻的 RUL 预测结果与实际记录值的对比，如图 7.10。其中，发动机各性能监测变量在退化初期均变化较小，因此提取的特征在退化初期变化也比较缓慢。为了提高模型预测的准确性，假定部件在运行初期无退化，将部件 RUL 标签设为分段线性，最大值设为发动机的平均寿命 125。测试发动机单元按从大到小的标签进行排序，以便进行更好的观察和分析。可以看出，TCN-BiLSTM 模型预测的 RUL 值接近实际值。特别是在 RUL 值较小的区域，预测精度往往较高。这是因为当发动机单元工作接近故障时，故障特征得到增强，可以被捕捉获得更好的预测。

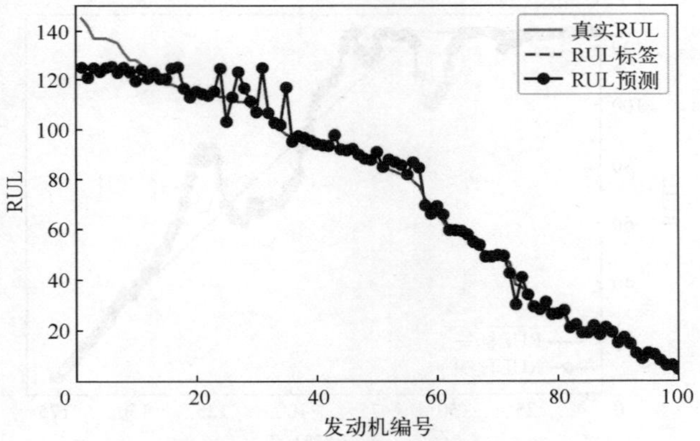

图 7.10　100 台发动机的 RUL 预测结果

为进一步观察本章所提方法的预测结果，图 7.11 给出了部分测试发动机

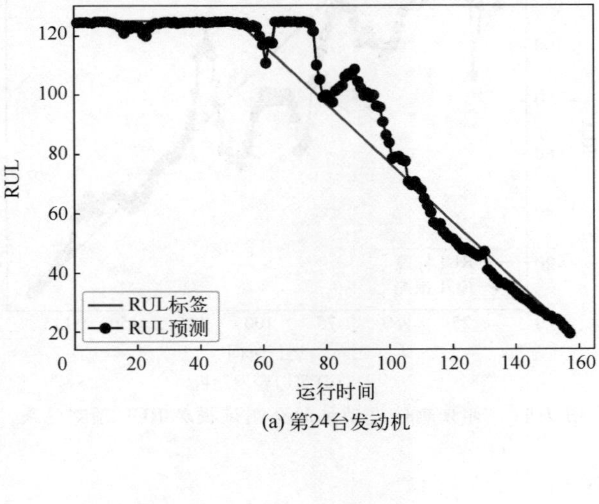

(a) 第24台发动机

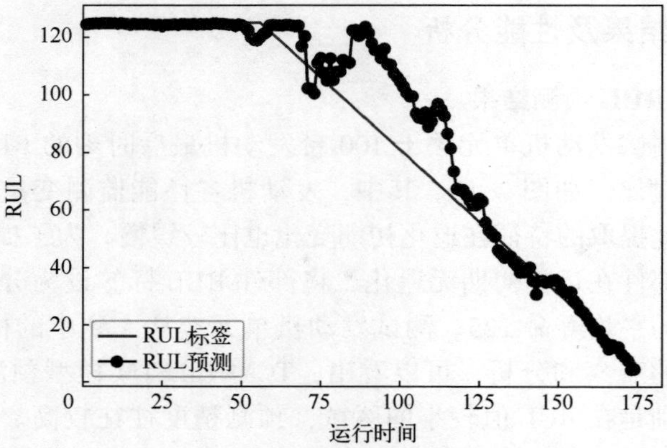

(b) 第34台发动机

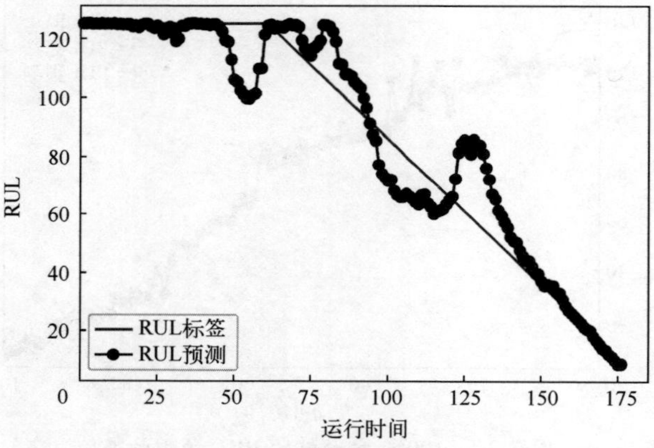

(c) 第76台发动机

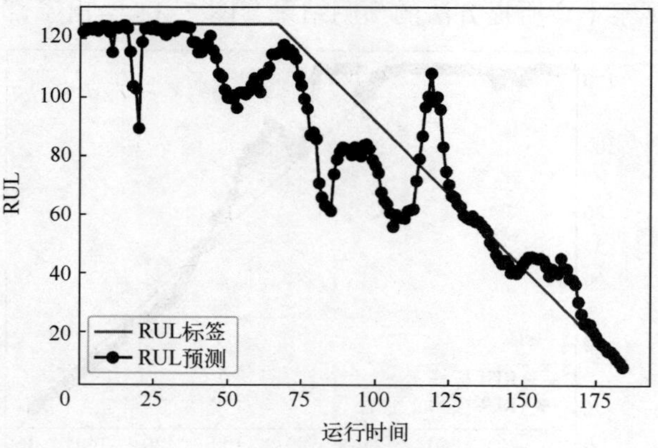

(d) 第81台发动机

图 7.11　部分测试发动机的全测试循环 RUL 预测结果

的全测试循环 RUL 预测结果。由于发动机的性能退化状态与实时有效的监测数据有关，监测数据越全，预测效果越好。这里选取测试循环比较多的 4 台发动机实例，分别为第 24 台、第 34 台、第 76 台和第 81 台，给出其一次全测试循环的 RUL 预测结果。

此外，为了研究 TCN 感受野组合方式的影响，图 7.12 给出了独立采用 TCN 感受野三种不同组合方式以及独立采用 Bi-LSTM(32-128)的预测结果。通过对比发现，四种方式下，尤其是 RUL 值较大的区域，均没有图 7.10 中 TCN-BiLSTM 模型的预测效果好，其中，TCN(8-1-4)组合方式的预测效果最差。而在 RUL 值较小的区域，TCN(2-1-16)和 TCN(8-1-4)组合方式的预测结果相对较好。综合考虑，选择 TCN(2-1-16)组合方式。表 7.4 列出了这些实验的数值结果。

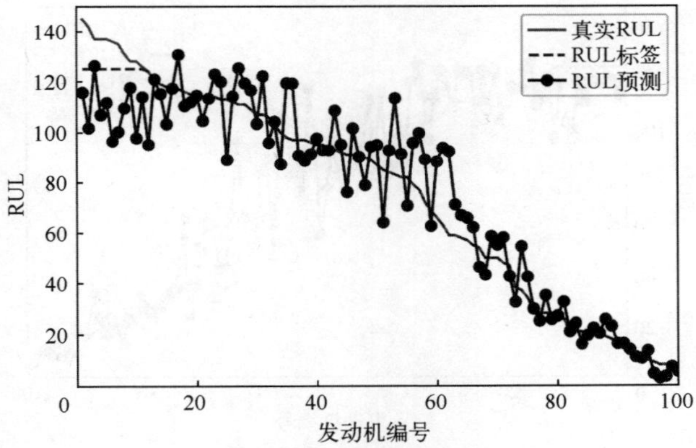

(a) TCN(2-1-16)

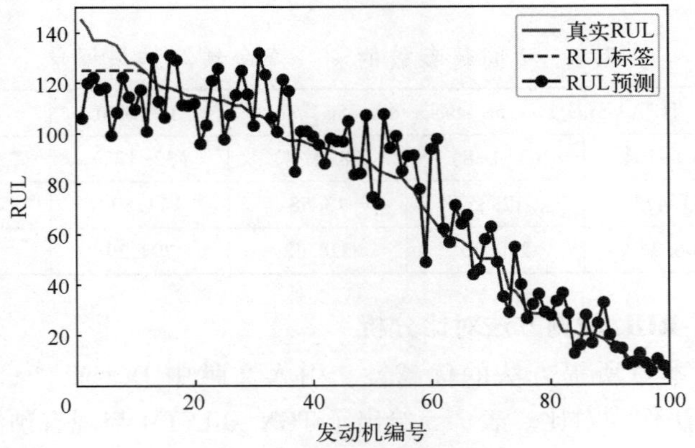

(b) TCN(4-1-8)

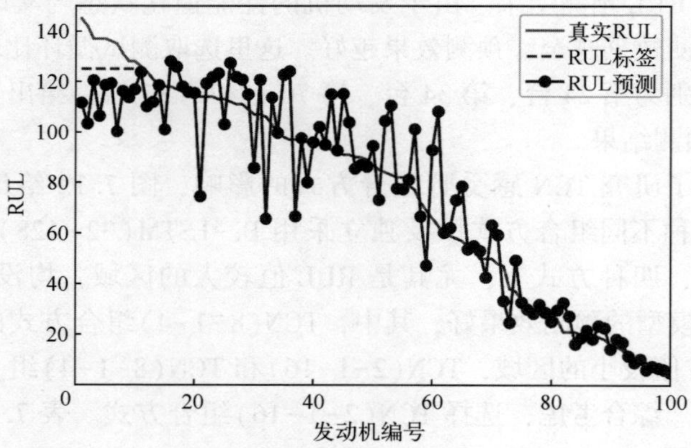

(c) TCN(8-1-4)

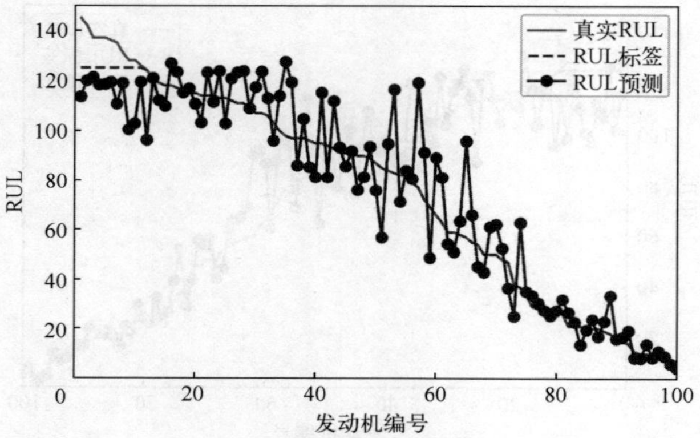

(d) Bi-LSTM(32-128)

图 7.12　不同组合方式下 100 台发动机的 RUL 预测结果

表 7.4　不同超参数的剩余寿命预测结果评估

模　型	TCN(kernel_size-nb_stacks-dilations)			Bi-LSTM	TCN-BiLSTM
	(2-1-16)	(4-1-8)	(8-1-4)	(32-128)	(2-1-16-32-128)
RMSE	11.47	12.35	13.58	11.89	4.13
Score	206.26	230.30	328.42	294.29	74.26

7.5.4.2　RUL 预测方法对比分析

为了体现本章所提方法的优越性，引入文献中 DCNN[158]、MDBNE[226]、LSTM[227] 等方法作为对比。表 7.5 给出了 TCN-BiLSTM 与现有预测方法的预测结果对比。

表 7.5　各种方法的 RMSE 和 Score 结果

模　型	FD001	
	RMSE	Score
DCNN	13.32	—
MDBNE	17.96	640.27
LSTM	12.81	—
TCN	11.47	206.26
Bi-LSTM	11.89	294.29
TCN-BiLSTM	4.13	74.26

表 7.5 中的数据表明，相较于其他模型，TCN 和 Bi-LSTM 已经取得了不错的效果，而 TCN-Bi-LSTM 模型的 RMSE 和 Score 均优于其他模型。因此，验证了所提的 TCN-Bi-LSTM 模型的有效性，该模型更适合多维退化数据预测问题。

7.6　本章小结

本章针对多元退化部件数据缺失情形下生成样本精度低和剩余寿命预测精度低的问题，提出一种基于 NICE 模型的数据生成方法，可以获得较好的生成效果，最后通过 TCN-BiLSTM 模型对航空发动机的多元退化数据进行实验验证。本章主要工作如下：

(1) 提出了基于 NICE 模型的多源退化数据生成方法，可以快速精准地学习多源数据背后的真实分布；

(2) 提出了基于融合 TCN 和 Bi-LSTM 模型的多元退化部件剩余寿命预测方法，提取多维局部特征，进行深度信息的预测。尤其是在多元退化部件接近故障的后期，预测 RUL 值与实际值的误差更小；

(3) 与其他模型相比，本章提出的 TCN-BiLSTM 模型有很好的表现，同时研究了不同感受野组合对预测性能的影响。

在未来的研究中，将进一步考虑现场实际环境的复杂关系对不平衡、不完整的数据生成的影响。虽然已得到了良好的实验结果，但进一步的架构优化仍然是必要的，因为目前的训练时间比文献中的大多数浅层网络都要长。

第 8 章　基于混合深度神经网络的多元退化装备剩余寿命预测方法

8.1 引　言

随着传感器技术与通信水平的不断发展，设备运行过程中监测获取的数据规模越来越大。工作在复杂环境下的多元退化设备，其退化过程往往可以由多个性能参量表征，因此需要综合考虑多个传感器的监测数据，更全面地评估其健康状态，以免由于设备的潜在故障或安全隐患造成较大的生命财产损失。

深度学习具有强大的数据分析和学习能力，能更好地对多元退化设备监测获取的大规模运行数据进行深度特征提取，因而在 PHM 领域得到了快速发展[158,228]。基于深度学习的 RUL 预测方法无须设备退化的先验知识即可进行预测，但是得到的结果通常仅为点估计而非区间估计，预测结果的不确定性无法衡量，因此无法直接应用于后续的维修决策。鉴于此，融合深度学习和统计数据驱动的 RUL 预测方法得到了广泛关注。Hu 等人提出在使用深度置信网络 DBN 提取反映轴承退化的健康指标（Health Index，HI）后，进一步选用扩散过程进行分析，得到了轴承 RUL 的概率密度函数[96]。彭开香等人提出了一种融合 DBN 和隐马尔可夫模型的混合模型来计算设备 RUL，实现了设备健康状态的自动识别[229]。上述方法通过深度学习提取高维非线性监测数据中隐含的退化特征作为 HI，进而利用传统的退化建模方法来刻画设备的退化趋势，但其得到的 HI 没有实际物理意义，对应的失效阈值难以确定，并且退化建模和参数估计的相关计算和推导也较为烦琐。

融合无监督和有监督的深度学习模型能更好地挖掘多元退化设备性能监测数据之间的时序关联信息，从而提高 RUL 预测精度[160]。连续深度置信网络是一种典型的无监督学习模型，其在 DBN 基础上引入了独立的高斯噪声，可以更好地处理连续型输入数据，减小重构误差，并且能够实现数据降维，适用于时间序列的深度特征提取阶段。Xu 等人使用卷积深度置信网络 CDBN 预测城市用水需求，相较于支持向量机 SVM 等方法预测精度明显提升[230]。乔俊飞等人提出一种双隐层 CDBN，并应用于大气二氧化碳预测问题，初步验证了该网络在工业应用中的可行性[231]。尽管 CDBN 在连续型数据预测中展现了一定的优势，但其长期预测性能较差，因此常与其他模型混合使用。

设备退化过程是一个在时间上具有前后依赖关系的连续变化过程，处理当前信息时也有必要整合未来的信息。Bi-LSTM 网络能够通过前向和后向两种方式学习数据间的动态依赖性，适用于时间序列的预测阶段。Zhang 等人基于 Bi-LSTM 网络处理由操作条件变化和环境干扰引起的不确定性，有效平滑了退化轨迹和预测结果[232]。康守强等提出一种基于改进稀疏自编码器和 Bi-LSTM 的滚动轴承剩余寿命预测方法，提高了模型的收敛速度，并且降低了预测误差[233]。虽然 Bi-LSTM 具有强大的时序信息处理能力，但对多维数据的非线性拟合能力不足。

针对上述不足，本章研究了一种融合无监督和有监督的深度学习框架，提出基于 CDBN 与 Bi-LSTM 的剩余寿命预测方法。引入无监督的 CDBN 能够充分利用获得的连续性监测数据，对设备的多元退化状态进行自动有效地深度特征提取，实现高维监测数据到低维退化特征的抽象表示。通过提取的退化特征构造反映设备偏离初始健康程度的 HI，进而输入到有监督的 Bi-LSTM 网络进行预测，能够从前向和后向两个方向捕获 HI 序列间的动态依赖关系，从而提高 RUL 预测精度。这种组合方法无需推导构造的 HI 对应的失效阈值，并且能够大幅提升计算和预测效率。在此基础上，通过蒙特卡罗（Monte Carlo，MC）仿真技术对预测的 RUL 分布进行拟合，能有效解决常见深度学习模型中预测结果不确定性难以度量的问题，为后续健康管理提供可靠依据。

8.2　基于 CDBN 构建健康指标

卷积深度置信网络（Convolutional Deep Belief Network，CDBN）是一个多隐藏层的混合概率图模型，由多个连续受限玻尔兹曼机（Continuous Restricted Boltzman Machine，CRBM）堆叠而成，在 RBM 的基础上引入了一个连续随机单元，因此能够更好地提取连续型输入数据的深层特征[234-236]。CRBM 主要包括可视层、隐藏层以及层间连接，其层内无连接，具体结构如图 8.1 所示。

CRBM 的可视层用于接收输入数据，隐藏层用于提取特征，在训练过程中采用最小化对比散度（Minimizing Contrastive Divergence，MCD）算法将隐藏层数据重构回可视层。计算输入数据与重构数据之间的误差，根据误差值调整网络参数，通过逐层训练实现对原始数据的深度特征挖掘。以下用符号 s 表示可视层和隐藏层神经元的状态，令 s_j 表示神经元 j 的输出，s_i 表示其他神经元对

神经元 j 的输入，则 s_j 可表示为

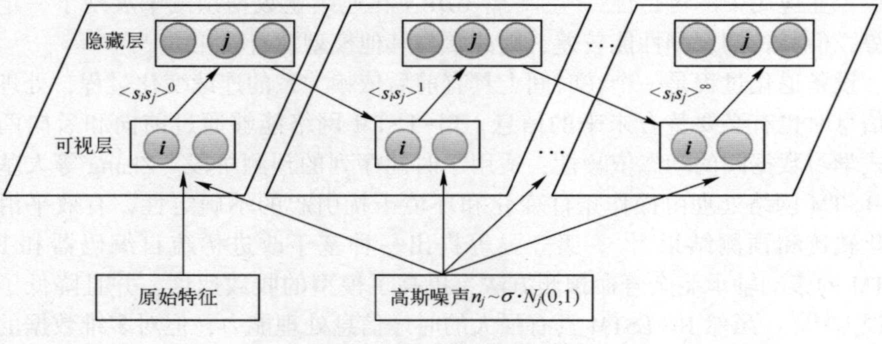

图 8.1 CRBM 结构示意图

$$s_j = \varphi_j\left(\sum_i w_{ij}s_i + \sigma \cdot N_j(0,1)\right) \tag{8.1}$$

函数 φ_j 的表达式为

$$\varphi_j(x_j) = \theta_L + (\theta_H - \theta_L) \cdot \frac{1}{1+\exp(-a_j x_j)} \tag{8.2}$$

该函数表示渐近线在 θ_L 和 θ_H 处的 sigmoid 函数，参数 a_j 决定 sigmoid 曲线的斜率，即噪声控制项[237]。x_j 为神经元 j 的所有输入，表达式为

$$x_j = \sum_i w_{ij}s_i + \sigma \cdot N_j(0,1) \tag{8.3}$$

其中：w_{ij} 为 CRBM 的连接权重；σ 为常数项；$N_j(0,1)$ 表示均值为 0，方差为 1 的高斯噪声，其概率分布为

$$p(n_j) = \frac{1}{\sqrt{2\pi\sigma^2}}\exp\left(-\frac{n_j^2}{2\sigma^2}\right) \tag{8.4}$$

CRBM 采用 MCD 算法进行连接权重 w_{ij} 和噪声控制项参数 a_j 的迭代更新，见式（8.5）和式（8.6）

$$\Delta w_{ij} = \eta_w(\langle s_i s_j\rangle - \langle \hat{s}_i \hat{s}_j\rangle) \tag{8.5}$$

$$\Delta a_j = \frac{\eta_a}{a_j^2}(\langle s_j^2\rangle - \langle \hat{s}_j^2\rangle) \tag{8.6}$$

其中：η_w 和 η_a 分别为连接权重和噪声控制项参数的学习率；$\hat{s}_j$ 表示神经元 j 一步重构后的状态；$\langle\cdot\rangle$ 为数据期望。

本章以含有 2 个 CRBM 的 CDBN 为例，其结构如图 8.2 所示。对于单个 CRBM，当隐藏层神经元个数小于可视层神经元个数时，可以实现数据降维。将多元退化设备的性能监测数据经预处理后输入 CDBN，通过 MCD 算法逐层

确定每个 CRBM 的连接权重和噪声控制参数，进而基于式（8.1）计算各层神经元的状态，能够充分挖掘设备运行期间的退化状态信息。

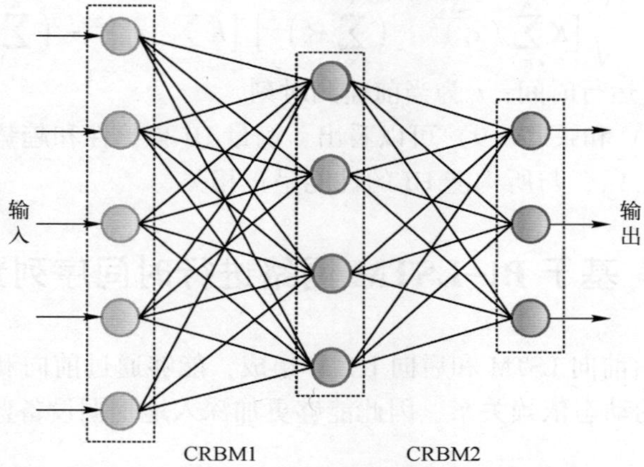

图 8.2　2 个 CRBM 的 CDBN 结构示意图

本章将多元退化设备的监测数据输入 CDBN 网络进行训练，提取设备初始健康特征和退化特征，构造出衡量设备退化偏离初始健康状态程度的 HI 如下

$$\mathrm{HI}=\sqrt{\sum_{t=1}^{K}\left(f_t-f_{\mathrm{health}}\right)^2} \tag{8.7}$$

其中：f_t为实时退化特征；f_{health}为初始健康特征；K为 HI 序列长度。

为了有效评价多种方法构造的 HI 性能，采用文献［238］所提的鲁棒性和趋势性对 HI 进行度量。

1）鲁棒性

由于测量的不确定性、退化过程的随机性以及设备运行状态受环境影响产生的变化，HI 曲线通常包含随机波动[239,240]。性能较好的 HI 应该对这些干扰具有较强的鲁棒性，记为

$$\mathrm{Rob}(X)=\frac{1}{K}\sum_{k=1}^{K}\exp\left(-\left|\frac{x_k-x_k^T}{x_k}\right|\right) \tag{8.8}$$

其中：X为 HI 序列；K为 HI 序列长度；x_k^T是 HI 的趋势部分，通常通过平滑方法获得。本章采用最小二乘估计拟合，得到 HI 的趋势部分x_k^T和残差部分$x_k-x_k^T$。

2）趋势性

设备随运行时间累积而逐渐退化，因此，设备的退化特征与运行时间相关。本章用 HI 和时间之间的相关系数衡量其趋势性[241]，记为

$$\mathrm{Corr}(X,T)=\frac{\left|K\sum_{k=1}^{K}x_k^T t_k-\sum_{k=1}^{K}x_k^T\sum_{k=1}^{K}t_k\right|}{\sqrt{\left[K\sum_{k=1}^{K}(x_k^T)^2-\left(\sum_{k=1}^{K}x_k^T\right)^2\right]\left[K\sum_{k=1}^{K}(t_k)^2-\left(\sum_{k=1}^{K}t_k\right)^2\right]}} \tag{8.9}$$

其中：T 为设备运行时间；t_k为当前监测时刻。

由式（8.8）和式（8.9）可以看出，衡量 HI 鲁棒性和趋势性的评价指标取值范围为［0,1］，与所构造 HI 的性能呈正相关。

8.3 基于 Bi-LSTM 网络进行时间序列预测

Bi-LSTM 由前向 LSTM 和后向 LSTM 组成，能够通过前向和后向两种方式学习输入数据的动态依赖关系，因此能够更加深入地挖掘设备监测数据所包含的时序信息[241]。

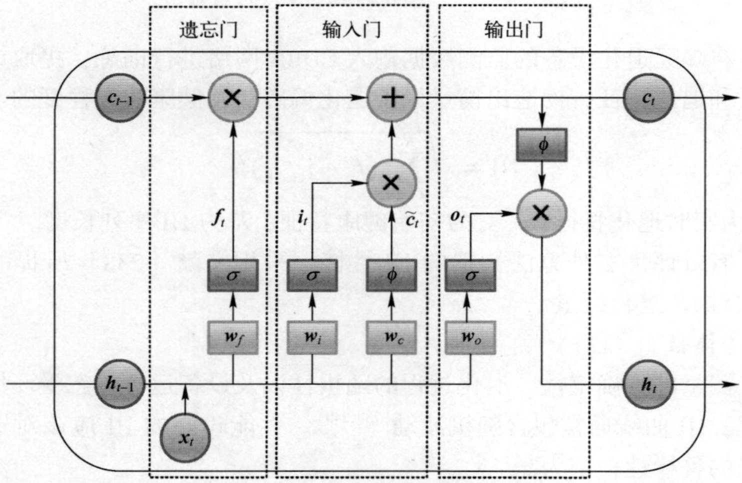

图 8.3　LSTM 结构示意图

图 8.3 给出了一个典型的 LSTM 结构示意图[242]，其中，$\boldsymbol{f}_t$、$\boldsymbol{i}_t$和 $\boldsymbol{o}_t$分别表示遗忘门、输入门和输出门，能够控制信息流动。$\boldsymbol{c}_t$为记忆单元，$\tilde{\boldsymbol{c}}_t$为候选状态，能够存储信息。$\boldsymbol{x}_t$为当前时刻的输入，$\boldsymbol{h}_t$为输出状态，具体计算过程可以表达如下

$$\boldsymbol{f}_t=\sigma(\boldsymbol{w}_f\cdot[\boldsymbol{h}_{t-1},\boldsymbol{x}_t]+\boldsymbol{b}_f) \tag{8.10}$$

$$\boldsymbol{i}_t=\sigma(\boldsymbol{w}_i\cdot[\boldsymbol{h}_{t-1},\boldsymbol{x}_t]+\boldsymbol{b}_i) \tag{8.11}$$

$$\widetilde{\boldsymbol{c}}_t=\phi(\boldsymbol{w}_c\cdot[\boldsymbol{h}_{t-1},\boldsymbol{x}_t]+\boldsymbol{b}_c) \tag{8.12}$$

$$\boldsymbol{c}_t=\boldsymbol{f}_t\otimes\boldsymbol{c}_{t-1}+\boldsymbol{i}_t\otimes\widetilde{\boldsymbol{c}}_t \tag{8.13}$$

$$\boldsymbol{o}_t=\sigma(\boldsymbol{w}_o\cdot[\boldsymbol{h}_{t-1},\boldsymbol{x}_t]+\boldsymbol{b}_o) \tag{8.14}$$

$$\boldsymbol{h}_t=\boldsymbol{o}_t\otimes\phi(\boldsymbol{c}_t) \tag{8.15}$$

其中：$\boldsymbol{w}$ 表示权重矩阵；$\boldsymbol{b}$ 表示偏置项；σ 和 ϕ 分别表示 sigmoid 激活函数和 tanh 激活函数。

Bi-LSTM 结构如图 8.4 所示，在每个时间步 t，分别计算前向 LSTM 层输出 $\overrightarrow{\boldsymbol{h}}_t$ 和后向 LSTM 层输出 $\overleftarrow{\boldsymbol{h}}_t$，然后将 $\overrightarrow{\boldsymbol{h}}_t$ 和 $\overleftarrow{\boldsymbol{h}}_t$ 连接起来，得到 Bi-LSTM 的输出 $\boldsymbol{y}_t$[243,244]。Bi-LSTM 的更新方程为

$$\overrightarrow{\boldsymbol{h}}_t=\mathrm{LSTM}(\boldsymbol{x}_t,\overrightarrow{\boldsymbol{h}}_{t-1}) \tag{8.16}$$

$$\overleftarrow{\boldsymbol{h}}_t=\mathrm{LSTM}(\boldsymbol{x}_t,\overleftarrow{\boldsymbol{h}}_{t+1}) \tag{8.17}$$

$$\boldsymbol{y}_t=\boldsymbol{w}_{\overrightarrow{hy}}\overrightarrow{\boldsymbol{h}}_t+\boldsymbol{w}_{\overleftarrow{hy}}\overleftarrow{\boldsymbol{h}}_t+\boldsymbol{b}_y \tag{8.18}$$

其中：$\boldsymbol{w}_{\overrightarrow{hy}}$ 表示前向 LSTM 层到输出层的连接权重；$\boldsymbol{w}_{\overleftarrow{hy}}$ 表示后向 LSTM 层到输出层的连接权重；$\boldsymbol{b}_y$ 为输出层的偏置。

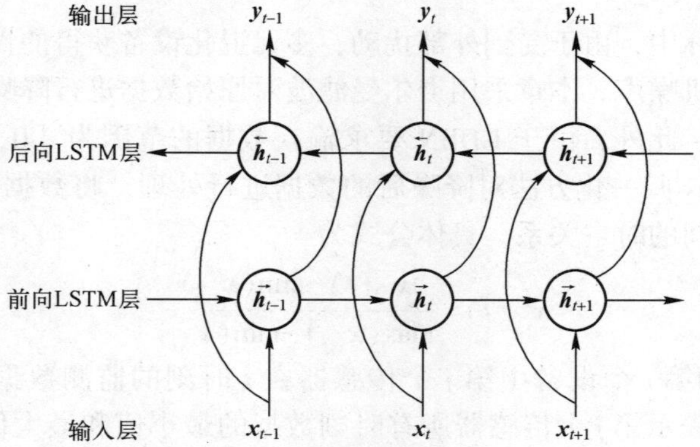

图 8.4　Bi-LSTM 结构示意图

8.4　构建 CDBN-BiLSTM 网络模型框架

考虑到一类监测数据呈现大规模、非线性、高维化等特点的多元退化设备，本章提出一种基于 CDBN 与 Bi-LSTM 网络的剩余寿命预测方法，主要分为两部分：第一部分是利用 CDBN 对监测到的退化数据进行无监督深层特征提取，构造出反映设备退化的 HI；第二部分是根据构造的 HI，利用 Bi-LSTM 网

络挖掘其时序信息和退化趋势，预测多元退化设备的 RUL。本章所提多元退化设备 RUL 预测模型如图 8.5 所示。

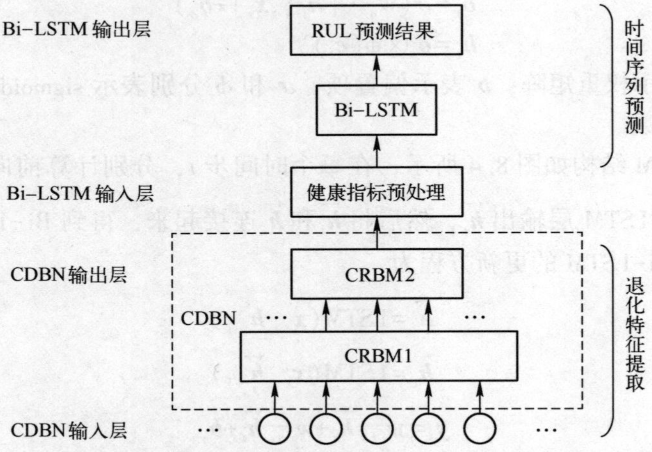

图 8.5　CDBN-BiLSTM 预测模型

1）数据预处理

在工程实际中，由于受到外部扰动，多元退化设备获得的性能监测数据往往包含大量随机噪声。本章采用卡尔曼滤波对原始数据进行降噪处理，以提高数据的平滑度。此外，由于 CDBN 要求输入数据的范围为［0,1］，因此，本章采用 min-max 归一化方法对降噪后的数据进行处理，将数据缩放至 0~1 之间，保留数据间的时空关系，具体公式为

$$x'_{i,j}(t)=\frac{x_{i,j}(t)-\min(x_{:,j})}{\max(x_{:,j})-\min(x_{:,j})} \tag{8.19}$$

其中：$x_{i,j}(t)$为第 i 个设备中第 j 个传感器在 t 时刻的监测数据；$\min(x_{:,j})$和$\max(x_{:,j})$分别表示第 j 个传感器所有时刻数据的最小值和最大值；$x'_{i,j}(t)$为归一化后的值。

2）健康指标构建

将经过预处理的数据集输入 CDBN 网络进行无监督特征提取，通过调整超参数使重构误差最小，得到初始健康特征和退化特征，利用式（8.7）构造反映设备退化偏离初始健康状态程度的 HI。

3）滑动时间窗处理

滑动时间窗处理技术能够将长时间序列划分为所需的短时间序列，并且能够保留原始数据的局部依赖性。为满足 Bi-LSTM 网络对输入数据的要求，利用滑动时间窗处理 HI，得到反映设备退化趋势的时间序列训练集和测试集。

4）RUL 预测

将训练集输入 Bi-LSTM 网络进行训练，其输出与样本标签进行对比，将每次迭代得到的输出误差进行反向传播从而更新 Bi-LSTM 门控节点的权重矩阵，得到训练好的网络模型。将测试集输入训练好的 Bi-LSTM 网络，得到 RUL 预测结果。

5）RUL 区间估计

RUL 的不确定性度量对于保障设备安全有效运行至关重要，贝叶斯神经网络方法假设神经网络模型内部连接权重为服从某一分布的随机变量，利用贝叶斯理论确定权重后验分布，通过权重的随机性刻画出预测结果的不确定性[245]。文献［246］已经证明，使用 dropout 的传统深度学习模型等价于对应的基于变分推断的贝叶斯深度学习模型。

令 $\boldsymbol{y}_n$ 表示 $n(1\leqslant n\leqslant N)$ 个数据点对应于输入 $\boldsymbol{x}_n$ 的观测输出，$\boldsymbol{X}$ 和 $\boldsymbol{Y}$ 分别对应输入和输出集合。令 $\hat{\boldsymbol{y}}$ 表示具有 L 层的神经网络模型的输出，其损失函数为 $E(\cdot,\cdot)$，$\boldsymbol{W}_i$ 表示维数为 $K_i\times K_{i-1}$ 的权重矩阵，$\boldsymbol{b}_i$ 表示维数为 K_i 的偏置向量，其中 $i=1,2,\cdots,L$。使用 L_2 正则化 $\|\cdot\|_2^2$，令 λ 表示权重衰减参数，得到使用 dropout 的神经网络模型的目标函数为[247]

$$\mathcal{L}_{\text{dropout}}=\frac{1}{N}\sum_{n=1}^{N}E(\boldsymbol{y}_n,\hat{\boldsymbol{y}}_n)+\lambda\sum_{i=1}^{L}(\|\boldsymbol{W}_i\|_2^2+\|\boldsymbol{b}_i\|_2^2)\tag{8.20}$$

贝叶斯神经网络通过随机化权重系数来刻画预测结果的不确定性，然而在实际中，由于神经网络结构通常比较复杂，权重系数的后验分布 $p(w\mid\boldsymbol{X},\boldsymbol{Y})$ 难以直接求得，需要根据变分推断思想构造一个近似分布 $q(w)$ 来逼近该后验分布，并通过最小化 KL 散度来确定最优的近似变分分布，基于此得到的目标函数为

$$\mathcal{L}_{\text{GP-MC}}\propto\frac{1}{N}\sum_{n=1}^{N}\frac{-\log p(\boldsymbol{y}_n\mid\boldsymbol{x}_n,\hat{w}_n)}{\mathcal{T}}+\sum_{i=1}^{L}\left(\frac{p_i l^2}{2\mathcal{T}N}\|\boldsymbol{M}_i\|_2^2+\frac{l^2}{2\mathcal{T}N}\|\boldsymbol{m}_i\|_2^2\right)\tag{8.21}$$

其中，$\hat{w}_n\sim q(w)$，$\mathcal{T}$ 表示模型精度，$p_i\in[0,1]$ 表示一定概率，l 表示长度尺度，$\boldsymbol{M}_i$ 和 $\boldsymbol{m}_i$ 分别为权重矩阵 $\boldsymbol{W}_i$ 和偏置向量 $\boldsymbol{b}_i$ 的变分参数。权重衰减参数 λ、模型精度 $\mathcal{T}$ 和长度尺度 l 满足 $\lambda=\dfrac{l^2(1-p)}{2\mathcal{T}N}$。令 $E(\boldsymbol{y}_n,\hat{\boldsymbol{y}}_n)=-\dfrac{\log p(\boldsymbol{y}_n\mid\boldsymbol{x}_n,\hat{w}_n)}{\mathcal{T}}$，则有 $\mathcal{L}_{\text{GP-MC}}$ 等价于 $\mathcal{L}_{\text{dropout}}$。

综上，本章基于文献［246］的结论，在所提网络模型中引入 dropout，等价实现模型随机权重系数变分推理过程，并通过 MC 仿真技术得到由随机权重

系数引入的 RUL 预测结果不确定性。

6）性能度量

为了衡量所提预测模型的优劣，选取评分函数（Scoring Function，Score）和均方根误差（Root Mean Square Error，RMSE）两个性能度量指标对预测效果进行评价，Score 和 RMSE 的数值越小意味着预测效果越好。具体表达式为

$$\text{Score} = \begin{cases} \sum_{i=1}^{N} (e^{-\frac{h_i}{13}} - 1), h_i < 0 \\ \sum_{i=1}^{N} (e^{\frac{h_i}{10}} - 1), h_i \geqslant 0 \end{cases} \tag{8.22}$$

$$\text{RMSE} = \sqrt{\frac{1}{N}\sum_{i=1}^{N} h_i^2} \tag{8.23}$$

其中：$h_i = \text{RUL}_i' - \text{RUL}_i$；$\text{RUL}_i'$ 为 RUL 预测值；RUL_i 为 RUL 真实值。

8.5 实例验证

航空发动机是飞机的心脏，为飞机的正常飞行和运转提供动力，相关事故调查统计结果表明，发动机故障是导致飞机飞行事故的主要原因之一[248]。因此，对发动机的健康状态进行监测与评估，并对其进行准确的 RUL 预测，能有效降低飞机失事的风险，保障飞行安全。航空发动机内部结构复杂，状态监测变量类型较多，属于一种典型的多元退化设备，并且其在运行过程中获取的监测数据规模较大，采用深度学习方法能更好地从监测数据中提取设备深层退化特征，并将提取的退化特征映射到 RUL。本章以航空发动机数据集为例，对所提方法进行验证。

8.5.1 数据集描述

CMAPSS 数据集是由 NASA 经过仿真实验获取的发动机从正常运行至失效的性能退化数据集，共有四组发动机在不同工况和不同故障模式下的监测数据，其中包含了 21 个能够表征航空发动机工作状态的典型指标。每组数据包括训练集、测试集以及 RUL 标签三部分，训练集为发动机的失效数据，测试集为测试发动机的退化数据，RUL 标签与测试集相对应，为每个测试发动机最后监测时刻的 RUL，具体信息见表 8.1。

表 8.1　航空发动机数据集

	训练集发动机台数	测试集发动机台数	工作状态	故障模式
FD001	100	100	1	1
FD002	260	259	6	1
FD003	100	100	1	2
FD004	249	248	6	2

8.5.2　实验过程及结果分析

本章选取 FD001 数据集进行实验，训练集和测试集分别包含 100 台发动机的状态监测数据，筛选出 14 个变化较明显的变量数据作为输入，进行滤波及归一化处理，输入 CDBN 网络提取发动机的退化特征，并通过式（8.7）计算得到 HI，进而输入 Bi-LSTM 网络进行 RUL 预测。通过设置 dropout，得到由随机权重系数引入的预测不确定性，最后通过 MC 仿真得到区间估计结果。CDBN 与 Bi-LSTM 网络的主要参数设置见表 8.2。

表 8.2　CDBN 与 Bi-LSTM 网络参数

CDBN	参　数	Bi-LSTM	参　数
CRBM 层数	2	隐含层层数	3
网络结构	14-7-1	网络结构	50-50-50
权重学习率	0.0005	时间窗	30
噪声项学习率	0.0001	优化器	Adam
标准差	0.005	dropout	0.2
训练次数	200	训练次数	100

本章采用 CDBN 来融合多传感器的监测数据，实现设备的深层退化特征提取，具体过程如下。

将航空发动机的原始监测数据经滤波以及归一化后表示为 $\boldsymbol{X}=[\boldsymbol{x}_1,\boldsymbol{x}_2,\cdots,\boldsymbol{x}_n]$，选择其中有变化的 14 个特征参量输入 CDBN，采用 MCD 算法逐层确定每个 CRBM 的参数，然后基于式（8.1）可以计算出 CDBN 各层神经元的状态。CDBN 的输出即为输入数据的深层特征，可表示为 $\boldsymbol{Y}=[\boldsymbol{y}_1,\boldsymbol{y}_2,\cdots,\boldsymbol{y}_m]$，$m$ 为 CDBN 输出神经元总数。本章设置的 CDBN 网络结构为 14-7-1，通过堆叠两个 CRBM 进行自动特征提取，可以将输入的 14 维数据映射到 1 维的深层退化特征，实现对多传感器数据的融合。

在构造的 CDBN 中，按照表 8.2 中的参数设置，重构误差最小。通过无监督训练，将输出的退化特征与初始健康特征按式（8.7）处理得到发动机 HI。图 8.6 为 100 台发动机训练集和测试集数据构建出的 HI，刻画发动机随着运行周期的增加偏离初始健康状态的程度。从图中可以看出，在性能退化前期，HI 变化较慢，而随着运行时间的累积，HI 偏离初始健康状态的速率逐渐加快，与实际设备的运行退化趋势相符。

选用鲁棒性和趋势性两种指标来评价所构造 HI 的优劣，对比了 PCA、DBN 和本章所提方法，测试集平均评价指标结果对比见表 8.3。可以看出，通过 CDBN 提取的 HI，鲁棒性和趋势性均优于其他常用的降维方法，因此能更好地挖掘性能监测数据中隐含的设备退化深层特征。

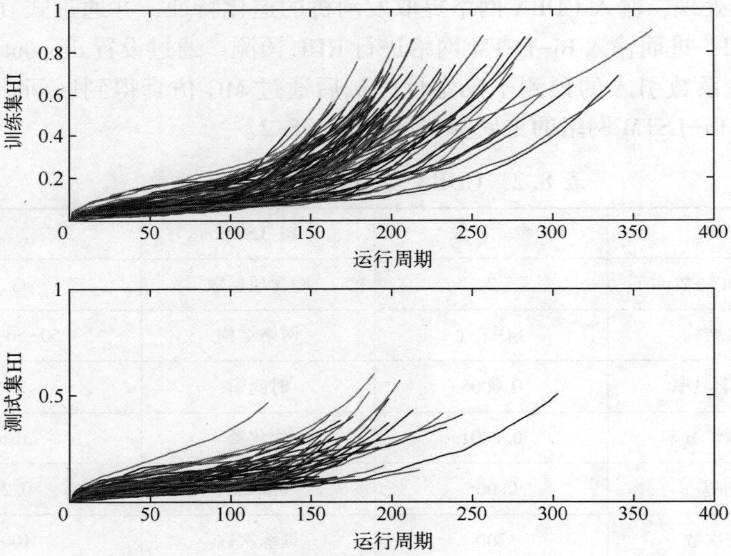

图 8.6　CDBN 提取的健康指标

表 8.3　HI 评价指标对比

健康指标构建方法	鲁棒性	趋势性
PCA	0.8485	0.8670
DBN	0.9046	0.9453
CDBN	0.9428	0.9527

发动机各性能监测变量在退化初期均变化较小，因此提取的 HI 在退化初期变化也比较缓慢。为了提高模型预测的准确性，假定设备在运行初期无退化，将设备 RUL 标签设为分段线性，最大值设为 125。由于 1 号发动机仅有 31 个测试循环，将滑动时间窗设置为 30。为防止过拟合，同时，得到由随机权重系数引入的 RUL 预测不确定性，将 dropout 设置为 0.2，MC 仿真的采样次数设置为 1000 次，具体网络结构参数设置见表 8.2。此时得到的 Score 和 RMSE 最小，因此基于以上网络参数得到测试集 RUL 预测结果。为便于观察，根据测试数据集中各发动机最后监测点处 RUL 标签值，按照从大到小顺序排列，如图 8.7 所示。

图 8.7 中，虚线代表 100 台发动机的真实 RUL，实线代表经过分段线性处理后的 RUL 标签，通过 MC 仿真技术对预测结果进行区间估计，得到预测 RUL 的均值用带圆圈的线表示，并给出了预测结果 95%的置信区间。可以看出，本章所提方法的 RUL 预测均值与真实 RUL 基本吻合，预测结果的 95%置信区间基本能覆盖真实 RUL，并且置信区间的宽度随着发动机真实 RUL 变小而有逐渐变窄的趋势。这是因为发动机随着运行时间的累积，故障特征逐渐增强，其退化特征和趋势能更好地被所提网络模型捕获，因此预测结果更好。

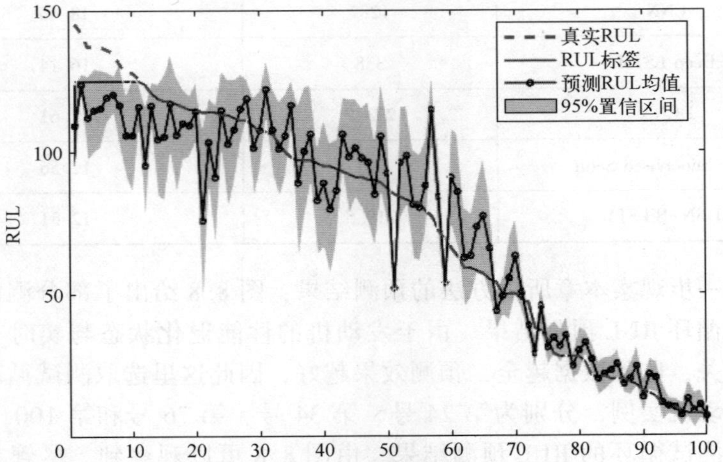

图 8.7　100 台发动机 RUL 预测结果

在设备退化初期，由于性能监测数据较少，预测的 RUL 均值与真实 RUL 之间存在一定偏差。表 8.4 给出了测试集中不同监测数据量下 4 台发动机的 RUL 预测结果。结果表明，获得的监测数据越充分，退化趋势越明显，所提方法的预测效果越好。此外，本章通过 MC 仿真技术给出预测 RUL 的 95%置信区间，可以帮助运维人员对预测结果的可信度进行衡量。

表 8.4　不同运行周期 RUL 预测结果对比

发动机	运行周期	真实 RUL	预测 RUL 均值	95%置信区间
1号	31	112	107.67	[89.6, 125.7]
11号	83	97	88.99	[61.2, 116.8]
17号	165	50	49.21	[42.3, 56.1]
34号	203	7	6.98	[3.7, 10.3]

本章所提方法与其他方法的预测结果对比见表 8.5，相较于浅层机器学习方法和单一深度学习模型，所提方法考虑到融合无监督与有监督学习模型的优越性，结合 CDBN 和 Bi-LSTM 网络的优势，预测结果得到了进一步改善。

表 8.5　不同方法 RUL 预测结果对比

剩余寿命预测方法	Score	RMSE
SVR	1382	20.96
CNN	1287	18.45
Deep LSTM	338	16.14
DCNN	273.7	12.61
Semi-Supervised Setup	231	12.56
CDBN-BiLSTM	219.5	12.51

为进一步观察本章所提方法的预测结果，图 8.8 给出了部分测试发动机的全测试循环 RUL 预测结果。由于发动机的性能退化状态与实时有效的监测数据有关，监测数据越全，预测效果越好，因此这里选取测试循环比较多的 4 台发动机实例，分别为第 24 号、第 34 号、第 76 号和第 100 号，给出其一次全测试循环的 RUL 预测结果。由图 8.8 可以观察到，尽管在测试循环前期预测值与实际 RUL 之间存在一定误差，但随着发动机单元运行时间的累积，所提方法的预测结果较准确，具有一定的工业参考价值。对发动机的后期状态进行准确评估，可以有效保障飞机的飞行安全，降低运行维护成本。

图 8.9 和图 8.10 分别给出了第 76 号发动机和第 100 号发动机通过 MC 仿

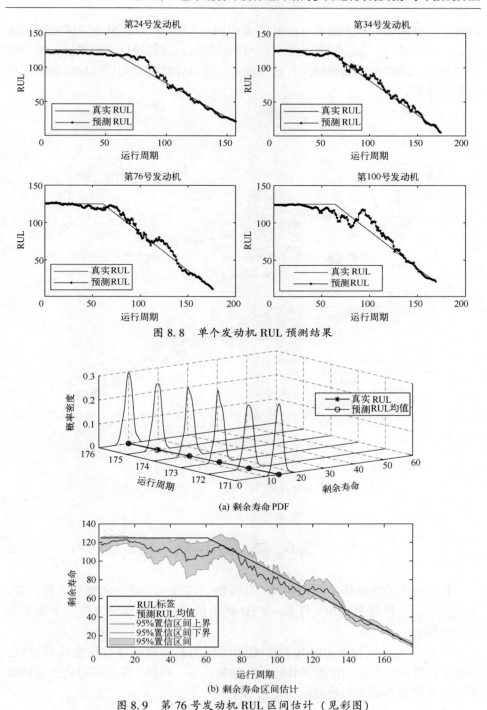

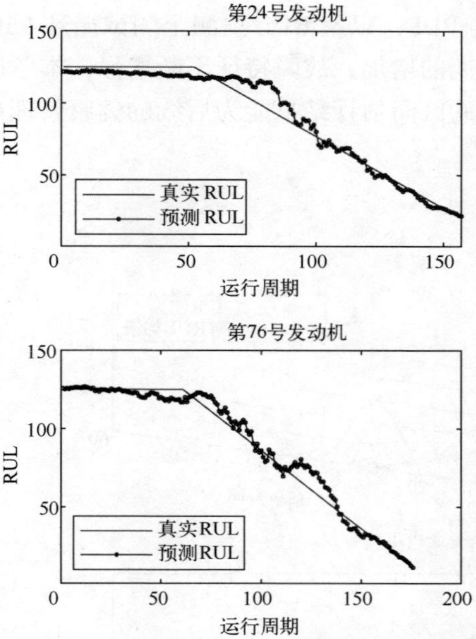

图 8.8　单个发动机 RUL 预测结果

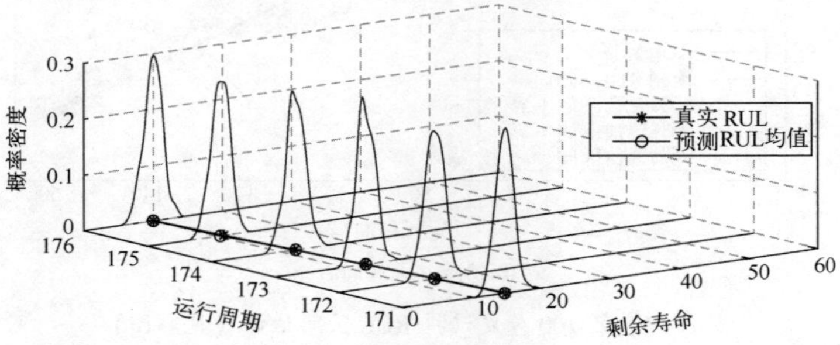

(a) 剩余寿命PDF

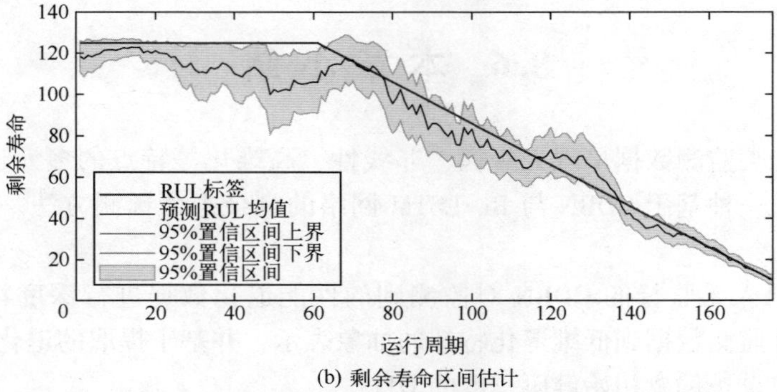

(b) 剩余寿命区间估计

图 8.9　第 76 号发动机 RUL 区间估计（见彩图）

真技术得到的最后 6 个监测点处 RUL 的 PDF，以及 RUL 预测全测试循环 95% 置信区间。可以看出，随着设备运行周期的增加，故障特征不断增强，本章所提预测方法的预测效果较好，并且得到的区间估计结果能为后续的健康管理环节提供依据。

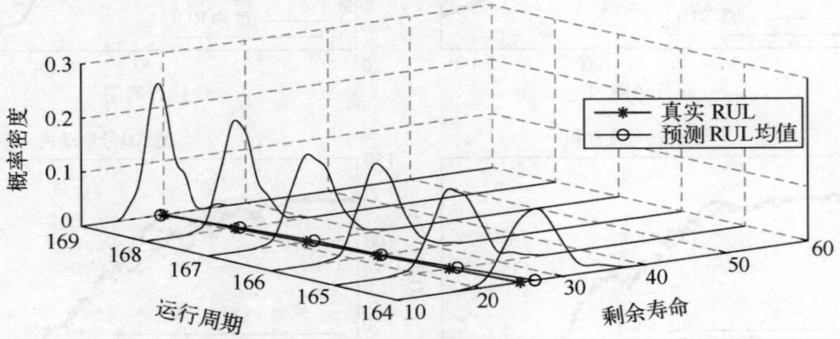

(a) 剩余寿命PDF

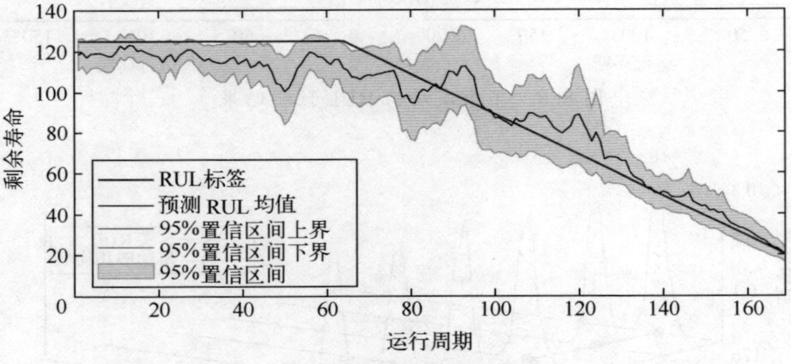

(b) 剩余寿命区间估计

图 8.10　第 100 号发动机 RUL 区间估计（见彩图）

8.6　本章小结

针对一类监测数据呈现大规模、非线性、高维化等特点的多元退化设备，本章提出了一种基于 CDBN 与 Bi-LSTM 网络的剩余寿命预测方法。本章主要工作包括：

（1）引入无监督的 CDBN 对监测到的性能退化数据进行深度特征提取，实现了高维监测数据到低维退化特征的抽象表示，并基于提取的退化特征构造了一个反映设备偏离初始健康程度的 HI；

（2）在 RUL 预测阶段，利用 Bi-LSTM 网络挖掘所构造 HI 的时序信息，从前向和后向两个方向捕获 HI 序列间的动态依赖关系，并结合 MC 仿真技术获得了更精确的 RUL 预测结果及分布形式，解决了常见深度学习模型中预测结果不确定性难以度量的问题。

利用航空发动机数据集，对本章所提方法进行了验证。本章所提网络模型融合了 CDBN 强大的深层特征提取能力和 Bi-LSTM 在时序数据预测上的优势，提高了 RUL 预测精度。此外，通过 MC 仿真技术拟合了预测的 RUL 分布，该结果可以直接用于发动机后续的运行规划、维修决策等健康管理活动中。

第9章 考虑多性能指标相关性的退化装备剩余寿命预测方法

9.1 引 言

随着工业设备自动化、集成化、精密化水平的不断提升，设备运行过程中监测获取的数据规模不断增大，数据结构也日益复杂[249]。多元退化设备往往由多个部件组成，其不同的特征参量表征的设备退化过程间往往具有相关关系[250]。

近年来，针对多元退化设备的多元退化建模以及数据融合领域研究逐年增多。Pan 等针对具有两个特征参量的退化设备，假设其退化过程服从 Gamma 分布，推导了二元退化设备的可靠性模型[251]。Mercier 等考虑随机冲击对两部件设备退化的影响，并推导了双变量设备寿命的联合分布[252]。然而，此类方法大多假设多个性能退化过程服从同一分布。此外，对于具有两个特征参量以上的退化设备，往往需要采用多维分布对退化过程进行建模，模型推导和参数更新难度较大，相比之下，将多维监测数据进行融合的方法更为简单可行。董庆来等人以二元随机退化系统为例，通过蒙特卡罗方法模拟了按照任意形式融合特征参量情形下系统的可靠度[253]。刘琦基于主成分分析方法，将多变量转换成了低维且互不相关的综合指标，预测卫星关键部件的 RUL[254]。尽管以上方法取得了不错的结果，但其对于多个特征参量只进行了简单的线性组合，提取的特征不能充分反映特征参量间的复杂耦合关系，进而难以准确描述设备的退化演进规律。

Copula 函数是一种研究相依性测度的方法，能够较好地描述二元随机变量的非线性相关关系[255]，并且已经广泛应用于气象[256,257]、水文[258,259]、电力[260,261]等领域的研究。在多元退化设备的可靠性分析以及 RUL 预测等领域，也有不少学者基于 Copula 理论开展了相关研究。张建勋等人对不同的退化变量建立了不同的退化过程，并通过 Copula 函数对 RUL 边缘分布进行拟合，得到了陀螺仪 RUL 的联合分布函数[262]。Xu 等人基于 VineCopula 提出了一种多元退化建模方法，相较于忽略退化变量耦合关系的退化模型，可靠性评估的准确性有了明显提升[263]。然而此类方法都是先对单一特征参量建立退化模型进行 RUL 预测或可靠性评估，再利用 Copula 函数对预测评估结果进行融合，不能充分利用原始多维监测数据中隐藏的设备健康状态变化信息。此外，随着传感器与计算机水平的发展，监测数据的规模不断增大，数据维度不断增多，也给传统退化建模的方法带来了一定挑战。

Bi-LSTM 网络具有强大的时序信息处理能力，逐渐成为设备 RUL 预测领域的热门方法。Bi-LSTM 网络由前向 LSTM 和后向 LSTM 网络组成，能有效挖掘时序数据的前后依赖关系。在设备 RUL 预测问题中，不同时刻的时序信息重要度可能不同，对最终预测结果的影响程度也不同。Bi-LSTM 网络在进行时间序列预测时，通常只使用最后一个时间步的隐藏状态，随着输入序列长度的增加，可能造成对有效信息的忽视和丢失。注意力（Attention）机制模拟人类视觉，将注意力集中在重要的信息部分并忽略一些无关信息，因此能更好地聚焦于对模型输出更为重要的信息[264,265]。将注意力机制引入 Bi-LSTM 网络，能深入挖掘输入数据的时序关联信息，并在不同时刻根据对 RUL 的重要程度为所有隐藏状态分配不同权重，进一步增强网络捕获远程依赖信息的能力，从而提升预测模型的效率和预测结果的准确性[266]。

综上分析，本章研究了一种基于 Copula 函数与 Attention-BiLSTM 网络的多元退化设备剩余寿命预测方法。基于数据融合的思想，通过 Copula 函数构造考虑特征参量相关性的健康指标，进而输入到 Attention-BiLSTM 网络，从前向和后向两个方向捕获健康指标中隐含的设备退化特征，并通过 Attention 机制自动调节不同时刻隐藏状态的权重，从而更好地描述设备的退化规律，提高 RUL 预测结果的准确性。

9.2　特征选择

监测获得的原始数据往往存在大量不相关或冗余信息，如果直接用来预测 RUL 可能会影响预测精度。在监测信息的表征方面，信息熵可以描述各特征参量包含信息量的多少，互信息能够衡量各特征参量与设备 RUL 之间的相关程度。因此，本章首先基于信息理论，从监测数据所含信息量以及与设备 RUL 变化相关程度的角度进行特征选择。

1）信息熵

信息熵采用数值形式衡量随机变量取值的不确定性，信息熵越大，描述该变量所需的信息越多[267]，具体形式为

$$H(X) = -\int_x p(x)\log p(x)\,\mathrm{d}x \tag{9.1}$$

其中：X 为随机变量；$p(x)$ 表示变量 X 取值为 x 的概率，可以通过以下核密度估计方法得到

$$p(x) = \frac{1}{nh}\sum_{i=1}^{n} K\left(\frac{x - x_i}{h}\right) \tag{9.2}$$

其中：n 为样本个数；h 为窗口宽度；$K(\cdot)$ 表示核函数，本章选择高斯核函数，计算公式为

$$h = \left(\frac{4}{d+2}\right)^{1/(d+4)} n^{-1/(d+4)} \tag{9.3}$$

$$K(x) = \frac{1}{\sqrt{2\pi}}\exp\left(-\frac{1}{2}x^2\right) \tag{9.4}$$

其中，d 为变量 X 的维数，对于一维随机变量取 $d=1$。

2）*互信息*

互信息是两个变量相互依赖关系的一种度量，可以看成是一个随机变量中包含的关于另一个随机变量的信息量[268]。变量之间的互信息越大，表示其相关性越强，计算公式为

$$I(X;Y) = \int_y\int_x p(x,y)\log\frac{p(x,y)}{p(x)p(y)}\mathrm{d}x\mathrm{d}y \tag{9.5}$$

其中：$p(x,y)$ 为随机变量 X 和 Y 的联合分布；$p(x)$ 和 $p(y)$ 分别为两个随机变量的边缘分布。

9.3 基于 Copula 函数构建健康指标

9.3.1 Copula 函数简介

Copula 函数是一类将变量的联合分布与各自边缘分布连接在一起的函数。记 F 是边缘分布为 $F_1, F_2, \cdots, F_n$ 的随机变量 $X=[x_1, x_2, \cdots, x_n]$ 的联合概率分布函数。Sklar 定理指出，存在一个 Copula 概率分布函数 $C(\cdot)$，对任意 $X \in R^n$ 有

$$F(x_1, x_2, \cdots, x_n) = C(F_1(x_1), F_2(x_2), \cdots, F_n(x_n)) \tag{9.6}$$

常用的 Copula 函数包括 Gumbel-Copula，Clayton-Copula 和 Frank-Copula，具体信息见表 9.1。

表 9.1 常用 Copula 函数

函数名	生成元	$C_\theta(u,v)$	参数区间
Gumbel-Copula	$(-\ln u)^\theta$	$\exp\{-[(-\ln u)^\theta+(-\ln v)^\theta]^{\frac{1}{\theta}}\}$	$[1,+\infty)$
Clayton-Copula	$u^{-\theta}-1$	$(u^{-\theta}+v^{-\theta}-1)^{\frac{1}{\theta}-1}$	$[-1,+\infty)$
Frank-Copula	$\ln\left(\frac{e^{-\theta u}-1}{e^{-\theta}-1}\right)$	$-\frac{1}{\theta}\ln\left[1+\frac{(e^{-\theta u}-1)(e^{-\theta v}-1)}{e^{-\theta}-1}\right]$	$(-\infty,0)\cup(0,+\infty)$

Gumbel-Copula 可以用来描述上尾相关性较强的数据，Clayton-Copula 可以用来描述下尾相关性较强的数据，Frank-Copula 可以用来描述具有尾部对称且尾部相关性较强的数据。

Copula 函数中的相关参数采用极大似然法进行估计，令 $L(\theta)=\ln c(\theta)$，其中 $c(\cdot)$ 表示 Copula 概率密度函数，则 Copula 函数的相关参数 θ 的估计值为

$$\hat{\theta}=\operatorname{argmax}L(\theta)=\operatorname{argmax}[\ln c(F_1(x_1),F_2(x_2),\cdots,F_n(x_n);\theta)] \tag{9.7}$$

9.3.2 Copula 函数模型选择

本章选取平方欧式距离 d^2、均方误差 MSE 和 AIC 信息准则对表 9.1 中的 3 种 Copula 函数模型进行选择，三种指标数值越小，所选 Copula 函数对原始数据的拟合效果越好。以二元相关变量为例，对于随机变量 X 和 Y，根据核密度估计方法得到其边缘分布 $u=F(x)$ 和 $v=F(y)$，根据样条插值法得到经验边缘分布 $H(x)$ 和 $G(y)$。

1) 平方欧式距离 d^2

将 Copula 联合分布函数表示为 $C(u,v)$，经验 Copula 函数表示为 $\hat{C}(u,v)$，不同形式的 Copula 函数与经验 Copula 函数的平方欧氏距离计算如下

$$d^2=\sum_{i=1}^{n}|\hat{C}(u,v)-C(u,v)|^2 \tag{9.8}$$

$$\hat{C}(u,v)=\frac{1}{n}\sum_{i=1}^{n}I[H(x)\leqslant u]\cdot I[G(y)\leqslant v] \tag{9.9}$$

其中：n 表示样本数量；$I[\cdot]$ 为示性函数；当 $H(x)\leqslant u$ 时，$I=1$，否则等于 0。

2) 均方误差 MSE

均方误差是通过计算 Copula 理论分布与经验分布之间的差异程度评估 Copula 函数的拟合情况，其计算公式为

$$\mathrm{MSE}=\frac{1}{n}\sum_{i=1}^{n}\left[\hat{C}(u,v)-C(u,v)\right]^{2} \tag{9.10}$$

3）AIC 信息准则

AIC 信息准则，也称为赤池信息准则，可以衡量模型的复杂度以及该模型对数据拟合的优良程度，计算公式为

$$\mathrm{AIC}=-2L(\hat{\theta})+2k \tag{9.11}$$

其中：$L(\hat{\theta})$ 为所建模型的极大似然函数值；k 为该模型的参数个数。

9.3.3 基于条件抽样方法构建健康指标

Copula 函数能够较好地描述两个变量之间的非线性相关关系，同时反映随机变量本身的统计特性。本章采用条件抽样方法对 Copula 联合分布进行随机模拟，得到能够反映变量本身统计特性以及变量间相关关系的健康指标。

对于表 9.1 中三种 Copula 函数的二维联合分布求条件分布，以给定 v 的条件下求 u 发生的条件概率为例，表达式分别为

① Gumbel-Copula：

$$L(u\mid v)=\frac{\partial C(u,v)}{\partial v}=\frac{(-\ln v)^{\theta-1}\cdot\left[(-\ln u)^{\theta}+(-\ln v)^{\theta}\right]^{\frac{1}{\theta}-1}}{v\cdot\exp\left\{\left[(-\ln u)^{\theta}+(-\ln v)^{\theta}\right]^{\frac{1}{\theta}}\right\}} \tag{9.12}$$

② Clayton-Copula：

$$L(u\mid v)=\frac{\partial C(u,v)}{\partial v}=v^{-\theta-1}\cdot(u^{-\theta}+v^{-\theta}-1)^{-\frac{1}{\theta}-1} \tag{9.13}$$

③ Frank-Copula：

$$L(u\mid v)=\frac{\partial C(u,v)}{\partial v}=\frac{\mathrm{e}^{-\theta v}\cdot(\mathrm{e}^{-\theta u}-1)}{(\mathrm{e}^{-\theta}-1)+(\mathrm{e}^{-\theta u}-1)(\mathrm{e}^{-\theta v}-1)} \tag{9.14}$$

通过以上公式得到条件概率后，代入边缘分布求解逆函数 $x=F^{-1}(u)$ 和 $y=F^{-1}(v)$，将 Copula 联合分布映射到样本值空间，得到能够反映多元变量间相关关系的健康指标。

9.4 基于 Attention-BiLSTM 网络进行时间序列预测

9.4.1 Bi-LSTM 网络分析

Bi-LSTM 网络能够通过前向和后向两种方式捕获时序数据中的依赖关系，详细的介绍及计算过程见第 8.3 节。Bi-LSTM 层每个时间步的输出由前向和

后向隐藏状态计算得到，在时间序列预测问题中，最后的预测输出通常仅由最后一个时间步对应的隐藏状态得到。尽管此时的隐藏状态与前后时刻的隐藏状态相连，能够反映输入数据间的时序依赖关系，但随着输入序列的增长，网络学习过程中可能丢失一部分有用信息，影响预测效果。

9.4.2　构建 Attention-BiLSTM 网络模型

反映设备退化信息的长时间序列在输入 Bi-LSTM 网络时会通过滑动时间窗分为若干时间步对应的短序列，而不同时间步的短序列隐含的设备退化特征往往不同[269]。本章在 Bi-LSTM 层后引入注意力机制，对 Bi-LSTM 预测模型进行改进，具体的网络结构如图 9.1 所示。

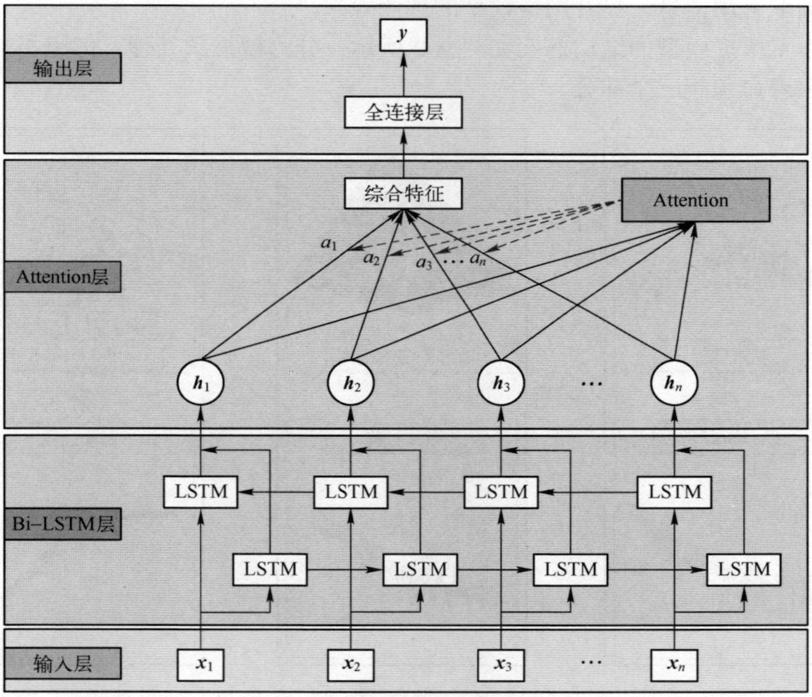

图 9.1　Attention-BiLSTM 网络模型

图 9.1 中，$\boldsymbol{x}_i$为输入的短时间序列，Bi-LSTM 层对输入数据进行双向时序特征提取，并将每个时间步输出的隐藏状态$[\boldsymbol{h}_1,\boldsymbol{h}_2,\boldsymbol{h}_3,\cdots,\boldsymbol{h}_n]$输入 Attention 层。通过 Attention 机制给不同的隐藏状态赋予不同的权重$[a_1,a_2,a_3,\cdots,a_n]$，使网络模型能够关注到更重要的信息，优化预测网络。对每个时间步的隐藏状态加权求和后得到综合特征，进而输入到全连接层，得到最终的预测结果 $\boldsymbol{y}$。

Attention 层的计算过程如下

$$\boldsymbol{e}_i=\tanh(\boldsymbol{W}_s\boldsymbol{h}_i+\boldsymbol{b}_s) \tag{9.15}$$

$$a_i=\frac{\exp(\boldsymbol{e}_i)}{\sum_i \exp(\boldsymbol{e}_i)} \tag{9.16}$$

$$\boldsymbol{s}=\sum_i a_i\boldsymbol{h}_i \tag{9.17}$$

其中：tanh(·)为激活函数；$\boldsymbol{h}_i$为 Bi-LSTM 层在每个时间步输出的隐藏状态；$\boldsymbol{W}_s$和$\boldsymbol{b}_s$分别为隐藏状态的权值和偏置；a_i为注意力权重；$\boldsymbol{s}$为对所有隐藏状态加权求和后得到的综合特征。

综上，在 Bi-LSTM 层后引入 Attention，可以充分利用每个时间步的隐藏状态提取有用信息，提升网络模型的预测效果。

本章所提模型的结构框架如图 9.2 所示，分为数据预处理、健康指标提取和剩余寿命预测三个部分。

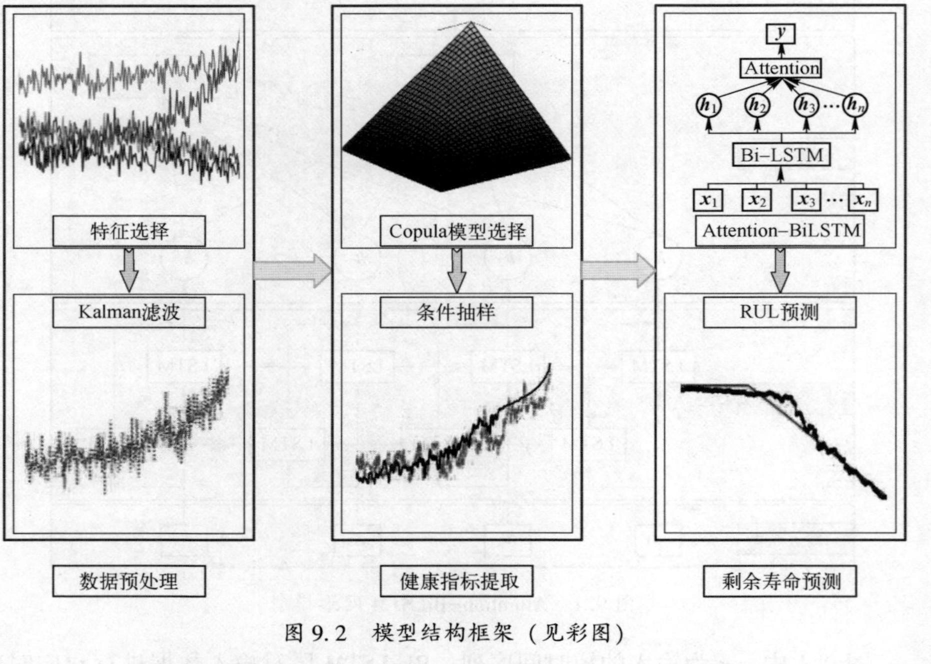

图 9.2 模型结构框架（见彩图）

步骤 1：基于信息熵和互信息进行特征选择，筛选出信息量丰富且能有效表征设备 RUL 变化的特征参量；

步骤 2：对筛选出来的特征参量进行卡尔曼滤波，减少原始数据中的随机噪声；

步骤 3：根据特征参量间 Kendall 秩相关系数的大小确定分组，利用不同的 Copula 函数模型描述特征参量间的相关关系，并通过平方欧式距离、均方根误差和 AIC 信息准则三个评价指标选出最优的 Copula 模型；

步骤 4：通过条件抽样对 Copula 联合分布进行随机模拟，得到新的能够刻画原始数据统计特性以及相关关系的采样值作为健康指标；

步骤 5：将训练集得到的健康指标输入 Attention-BiLSTM 网络进行训练和学习，不断调整网络模型的结构和参数以降低模型损失，得到训练好的网络；

步骤 6：将测试集得到的健康指标输入训练好的网络，得到 RUL 预测结果，并通过均方根误差 RMSE 与其他方法的预测结果进行对比分析。

9.5　实 例 验 证

CMAPSS 数据集是由 NASA 经过仿真实验获取的发动机从正常运行至失效的性能退化数据集，共有四组发动机在不同工况和不同故障模式下的监测数据，本章选取其中的 FD003 数据集进行实验。FD003 数据集包含 100 台训练发动机和 100 台测试发动机数据，在运行过程中存在两种不同的故障模式，数据间衍生关系比较复杂。因此，有必要考虑不同特征参量之间的耦合关系并提取退化特征，从而更准确地描述航空发动机的复杂退化规律。

首先，对于航空发动机运行过程中有明显变化的 14 个特征参量，基于信息熵和互信息理论进行特征选择。信息熵描述各特征参量包含信息量的多少，互信息衡量各特征参量与剩余寿命之间的相关程度，结果如图 9.3 所示。

尽管第 9 号和第 14 号传感器的监测数据对应的信息熵与互信息都较大，但其原始信号无明显的趋势性，不能很好地表征设备的退化过程。因此，在信息论的基础上考虑各个特征参量的原始趋势特点，选择第 3 号、第 4 号、第 7 号和第 12 号传感器数据进行后续的健康指标提取和剩余寿命预测。在设备实际运行过程中，由于受到外部扰动影响，性能监测数据往往包含大量随机噪声，因此采用卡尔曼滤波对原始数据进行降噪处理。

本章基于 Copula 理论来提取反映多元退化设备状态信息的健康指标。首先，通过 Kendall 秩相关系数分析各个特征参量间的相关关系，结果见表 9.2。第 3 号和第 4 号传感器数据的相关性较高，第 7 号和第 12 号传感器的相关性较高。因此，按照相关性大小确定分组，分别构建二元 Copula 模型 C_1 和 C_2，描述特征参量间的相关关系。

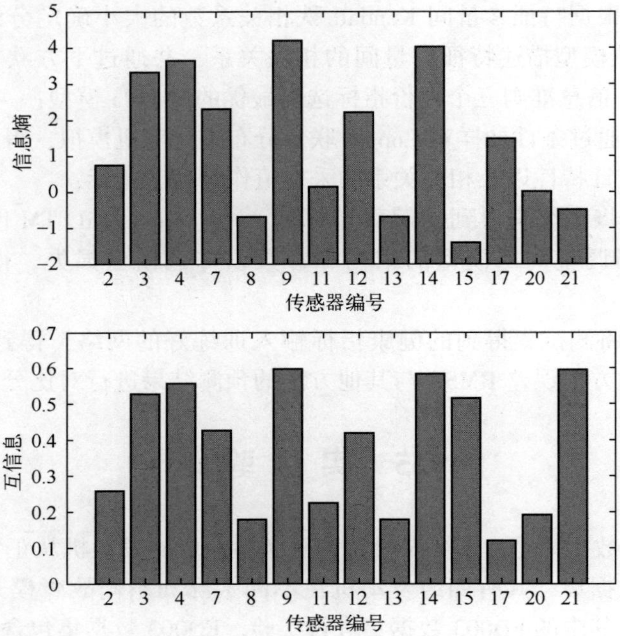

图 9.3 信息熵和互信息结果

表 9.2 不同特征参量间的 Kendall 秩相关系数

序 号	3	4	7	12
3	1	0.4977	0.0115	0.0196
4	0.4977	1	−0.0582	−0.0516
7	0.0115	−0.0582	1	0.8251
12	0.0196	−0.0516	0.8251	1

为建立 Copula 模型，首先需要确定各个特征参量的边缘分布，基于边缘分布选择合适的 Copula 函数进行联合。本章选用核密度估计方法进行边缘分布的拟合，以训练集中第 1 号发动机的第 3 号和第 4 号传感器数据为例，按照从小到大的顺序分别对两个传感器数据的核密度边缘分布和经验分布函数进行排序，如图 9.4 所示，核密度估计方法与经验分布函数的拟合效果较好。

对第 3 号传感器边缘分布 $u=F(x)$ 和第 4 号传感器边缘分布 $v=F(y)$ 利用备选 Copula 函数建立二元 Copula 模型 C_1，参数估计与拟合优度检验结果见表 9.3。表 9.3 中，以欧氏距离 d^2、MSE、AIC 信息准则最小为评价标准，

Gumbel-Copula 函数为第一组 Copula 模型 C_1 的最优模型。图 9.5 给出 Gumbel-Copula 联合概率密度函数图和联合分布函数图。由图 9.5 可知，第 3 号传感器和第 4 号传感器数据的上尾相关性较强，Gumbel-Copula 函数能较好地描述其相关特征。

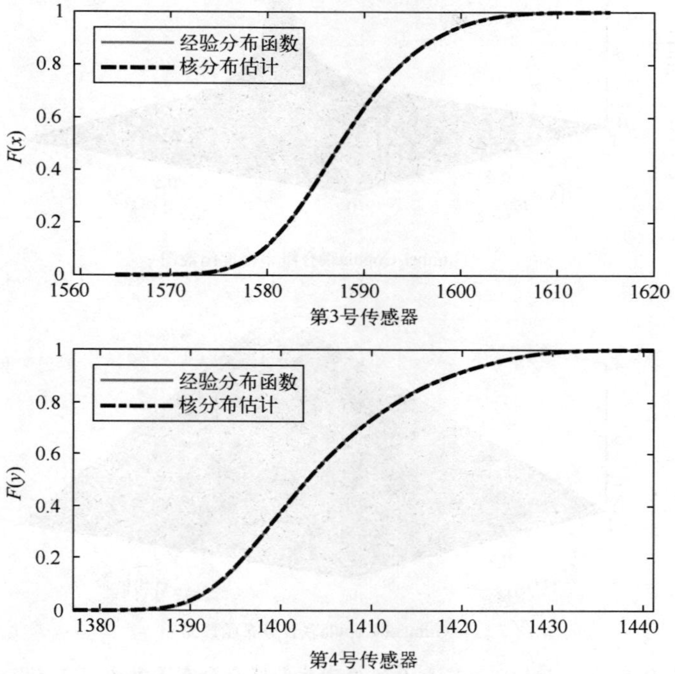

图 9.4　边缘分布

表 9.3　C_1 参数估计和拟合优度评价

评价指标	Gumbel-Copula	Clayton-Copula	Frank-Copula
θ	2.9869	1.9419	9.8661
d^2	0.1561	0.6653	0.2129
MSE	0.0006	0.0026	0.0008
AIC	−334.4804	−165.8530	−299.7654

与 C_1 类似，由第 7 号传感器的边缘分布和第 12 号传感器的边缘分布构建 C_2 联合分布，参数和拟合优度评价结果见表 9.4。同样以欧氏距离 d^2、MSE、AIC 信息准则最小为评价标准，选择 Clayton-Copula 函数构建第二组 Copula 模型。图 9.6 给出 Clayton-Copula 联合概率密度图和联合分布函数图，可以看出

第 7 号和第 12 号传感器数据的下尾相关性较强，Clayton-Copula 函数能较好地拟合其相关关系。

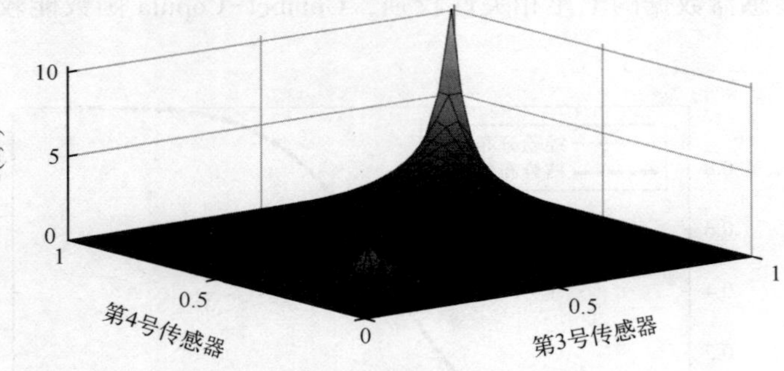

Gumbel-Copula联合概率密度函数图

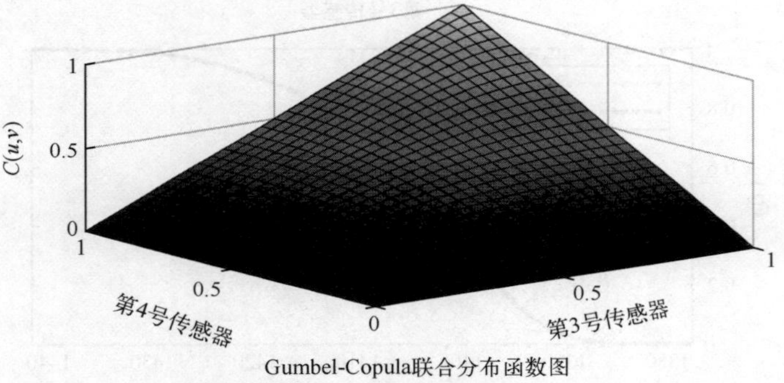

Gumbel-Copula联合分布函数图

图 9.5　Gumbel-Copula 联合概率密度和联合分布函数图（见彩图）

表 9.4　C_2 参数估计和拟合优度评价

评价指标	Gumbel-Copula	Clayton-Copula	Frank-Copula
θ	3.1457	5.4160	13.7776
d^2	0.3236	0.0596	0.2220
MSE	0.0012	0.0002	0.0009
AIC	−329.4289	−485.6302	−419.3239

对经过特征选择和预处理过后的性能监测数据进行 Copula 拟合，并通过条件抽样得到健康指标。由于模型采用多次二维 Copula 函数，所以其条件抽样是一个多次求逆函数的过程，重复二元 Copula 条件抽样过程，直到产生所选四个特征参量的模拟值。以测试集中第 1 号发动机的第 3 号、第 4 号传感器为例，通过 Copula 条件抽样得到的健康指标如图 9.7 所示。图 9.7 中的实线

为基于 Copula 函数条件抽样，随机模拟 500 次取平均后得到的健康指标，既包含原始数据的统计特性，又能反映两个特征参量间的相关关系，因此能更全面地反映多元退化设备的退化信息。

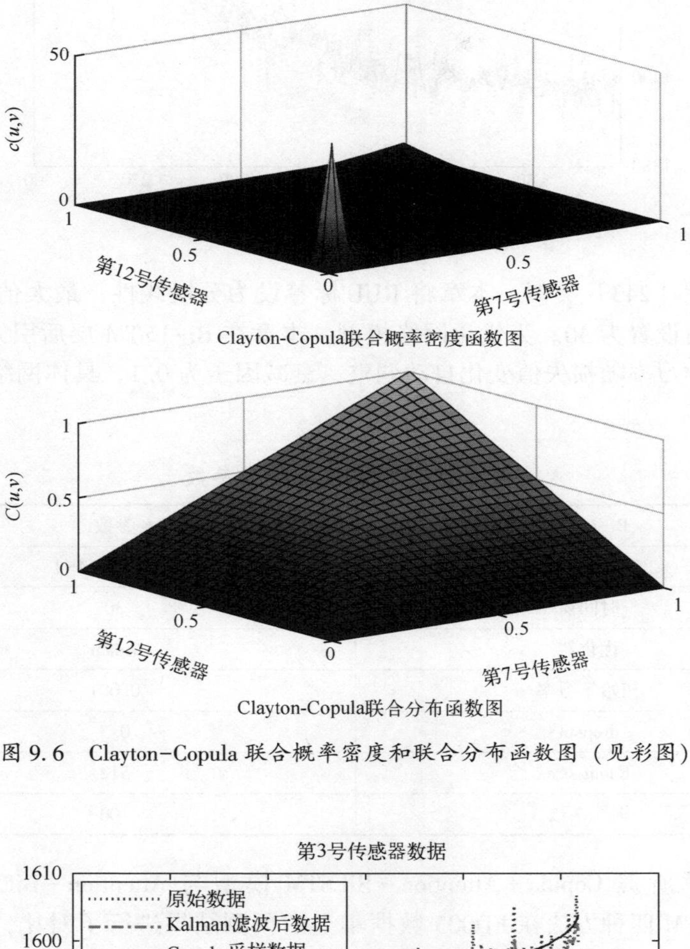

图 9.6　Clayton-Copula 联合概率密度和联合分布函数图（见彩图）

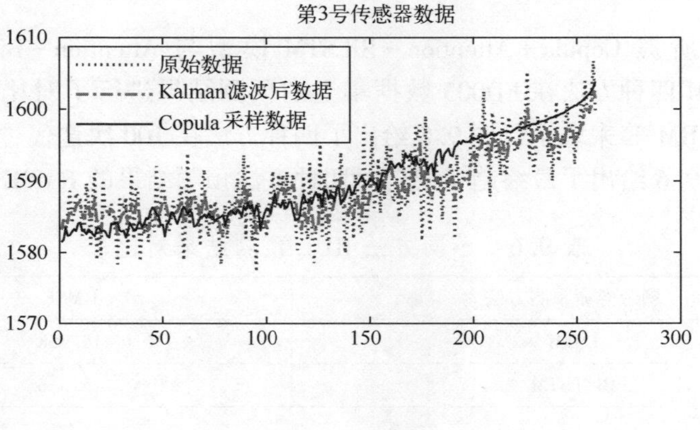

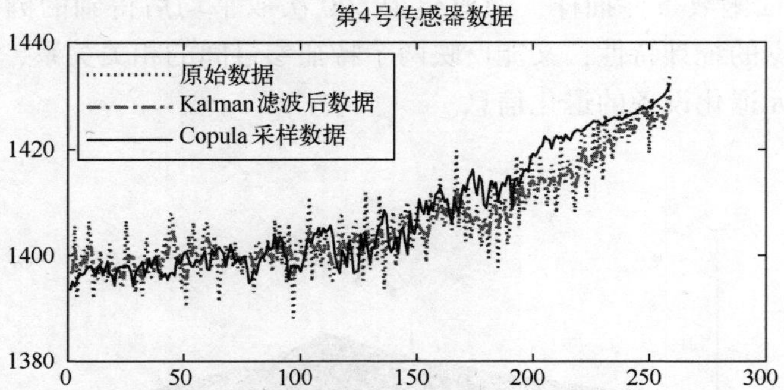

图 9.7 Copula 条件抽样结果（见彩图）

与文献［243］类似，本章将 RUL 标签设为分段线性，最大值设为 130，滑动时间窗设置为 30。为优化网络模型，本章在 Bi-LSTM 层后引入 Attention 层，设置学习率随损失值变化自动调整，衰减因子为 0.1，具体网络结构参数见表 9.5。

表 9.5 Bi-LSTM 网络参数

Bi-LSTM	参数
网络结构	32-128-64-1
时间窗	30
优化器	Adam
初始学习率	0.001
dropout	0.5
Batch size	512
训练次数	100

将本章所提 Copula+Attention-BiLSTM 模型与 Attention-BiLSTM、Bi-LSTM、LSTM 四种方法在 FD003 数据集上的预测结果进行了对比，测试集模型损失通过 RMSE 来表示，图 9.8 给出了四种方法在 100 次迭代过程中的损失值变化，表 9.6 给出了最终趋于稳定时四种方法预测结果的 RMSE。

表 9.6 不同方法 RUL 预测结果对比

剩余寿命预测方法	RMSE
LSTM	15.958
Bi-LSTM	15.566

（续）

剩余寿命预测方法	RMSE
Attention-BiLSTM	15. 108
Copula+ Attention-BiLSTM	14. 866

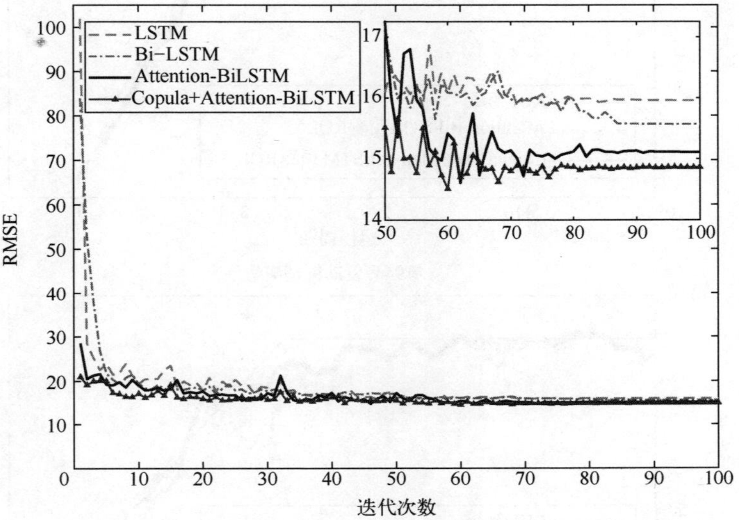

图 9.8　不同方法损失值变化对比图（见彩图）

由图 9. 8 可见，LSTM 和 Bi-LSTM 网络预测结果的初始损失值均较高，引入 Attention 机制后，模型收敛速度明显加快，初始损失值相较于前两种方法明显下降。随着迭代次数的增加，模型损失均呈现波动下降，最终趋于平稳。由图 9. 8 右上角的局部放大图可见，本章所提方法的损失收敛较快，且损失值相较于其他三种方法最小，最终稳定在 14. 86 左右。表 9. 6 给出了四种方法预测结果的 RMSE 对比结果，可以看出本章所提 Copula 与 Attention-BiLSTM 相融合的方法预测误差更小。

图 9. 9 给出了以测试集中第 24 号和第 94 号发动机为对象，将本章所提方法与 Attention-BiLSTM 方法在一次全测试循环进行 RUL 预测的对比结果。由图 9. 9 可见，发动机 RUL 预测结果与监测数据有关，尽管前期预测值与标签存在一定误差，但随着监测数据的累积，预测值越来越接近 RUL 标签，同时，本章方法的预测结果在大部分测试循环更接近 RUL 标签，这也从单台发动机寿命周期的角度验证了本章方法预测 RUL 的准确性。

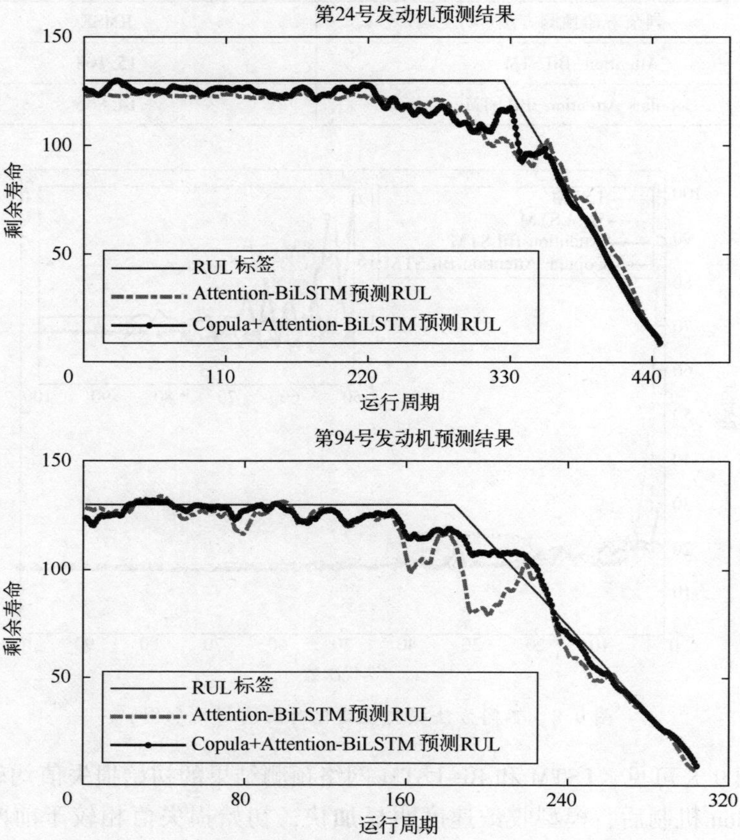

图 9.9 第 24 号和第 94 号发动机 RUL 单步预测结果

9.6 本章小结

针对一类监测数据呈现高维化且各特征参量存在耦合关系的多元退化设备，本章提出了一种基于 Copula 函数与 Attention-BiLSTM 网络的多元退化设备剩余寿命预测方法。本章主要工作包括：

（1）基于数据融合的思想，本章采用 Copula 方法刻画多个特征参量之间的两两相依关系，充分考虑了性能退化数据间的耦合关系，并通过 Copula 条件采样得到了考虑特征参量相关性的 HI；

（2）将 Attention 机制引入 Bi-LSTM 网络，深入挖掘了 HI 序列的时序依赖信息，并在不同时刻根据对 RUL 的重要程度为所有隐藏状态分配了不同权重，进一步增强了网络捕获远程依赖信息的能力。

基于深度学习的多元退化设备 RUL 预测研究往往忽略多特征参量耦合关系，本章所提方法考虑了特征参量之间的相关性，能更准确地描述设备的退化规律。航空发动机实例研究表明，本章所提方法相较于其他几种方法收敛速度更快，预测的 RMSE 更小，验证了本章所提方法的有效性。

参 考 文 献

[1] Si X S, Wang W B, Hu C H, et al. Remaining useful life estimation-A review on the statistical data driven approaches [J]. European Journal of Operational Research, 2011, 213(1): 1-14.

[2] Sikorska J Z, Hodkiewicz M, Ma L. Prognostic modelling options for remaining useful life estimation by industry [J]. Mechanical Systems & Signal Processing, 2011, 25(5): 1803-1836.

[3] 周东华，魏慕恒，司小胜．工业过程异常检测、寿命预测与维修决策的研究进展 [J]. 自动化学报，2013，39(06)：711-722.

[4] Liao L, Kottig F. Review of Hybrid Prognostics Approaches for Remaining Useful Life Prediction of Engineered Systems, and an Application to Battery Life Prediction [J]. IEEE Transactions on Reliability, 2014, 63(99): 191-207.

[5] 周东华．现代故障诊断与容错控制 [M]. 北京：清华大学出版社，2000.

[6] Brombacher A. Reliability prediction and 'Deepwater Horizon'; lessons learned [J]. Quality & Reliability Engineering, 2009, 26(5): 397-397.

[7] 张兴凯．我国"十二五"期间生产安全死亡事故直接经济损失估 [J]. 中国安全生产科学技术，2016，12(6)：5-8.

[8] Bevilacqua M, Braglia M. The analytic hierarchy process applied to maintenancestrategy selection [J]. Reliability Engineering & System Safety, 2000, 70(1):71-83.

[9] 吕琛，马剑，王自力．PHM 技术国内外发展情况综述 [J]. 计算机测量与控制，2016，24(9)：1-4.

[10] 代京，张平，李行善，等．综合运载器健康管理健康评估技术研究 [J]. 宇航学报，2009，30(4)：1711-1721.

[11] 张宝珍．国外综合诊断预测与健康管理技术的发展及应用 [J]. 计算机测量与控制，2008，16(5)：591-594.

[12] Pecht M G. Prognostics and health management [M]. New York: Springer, 2013.

[13] 袁烨，张永，丁汉．工业人工智能的关键技术及其在预测性维护中的应用现状 [J]. 自动化学报，2020，46(10):13-30.

[14] 王亮，吕卫民，冯佳晨．导弹 PHM 系统中的传感器应用研究 [J]. 战术导弹技术，2011(02):110-114.

[15] 王茜，李志强，张孝虎，等．PHM 在空空导弹勤务保障中的应用 [J]. 火力与指挥控

制, 2015, 40(05):21-24, 28.
[16] 彭坚. 临近空间高超声速飞行器电源系统故障预测与健康管理关键技术研究 [D]. 长沙: 国防科技大学, 2014.
[17] 王景霖, 林泽力, 郑国, 等. 飞机机电系统 PHM 技术方案研究 [J]. 计算机测量与控制, 2016, 24(5):163-166.
[18] 王少萍. 大型飞机机载系统预测与健康管理关键技术 [J]. 航空学报, 2014, 35(6): 1459-1472.
[19] 杨怀志. 高速铁路大型桥梁养护维修 PHM 系统应用初探 [J]. 铁道建筑, 2017(6): 12-16, 35.
[20] 王玘, 何正友, 林圣, 等. 高铁牵引供电系统 PHM 与主动维护研究 [J]. 西南交通大学学报, 2015, 50(5):942-952.
[21] 周东华, 陈茂银, 徐正国. 可靠性预测与最优维护技术 [M]. 合肥: 中国科学技术大学出版社, 2013.
[22] 曾声奎, Pecht M G, 吴际. 故障预测与健康管理 (PHM) 技术的现状与发展 [J]. 航空学报, 2005, 26(5):626-632.
[23] Li M, Xian W, Long B, et al. Prognostics of analog filters based on particle filters using frequency features [J]. Journal of Electronic Testing, 2013, 29(4): 567-584.
[24] 陆宁云, 陈闯, 姜斌, 等. 复杂系统维护策略最新研究进展: 从视情维护到预测性维护 [J]. 自动化学报, 2021, 47(01):1-17.
[25] Si X S, Zhang Z X, Hu C H, et al. Data-driven remaining useful life prognosis techniques [M]. New York: Springer, 2017.
[26] Si X S. An adaptive prognostic approach via nonlinear degradation modeling: application to battery data [J]. IEEE Transactions on Industrial Electronics, 2015, 62(8): 5082-5096.
[27] Li N P, Gebraeel N, Lei Y G, et al. Remaining useful life prediction of machinery under time-varying operating conditions based on a two-factor state-spacemodel [J]. Reliability Engineering & System Safety, 2019, 186: 88-100.
[28] Si X S, Li T M, Zhang Q. A general stochastic degradation modeling approach for prognostics of degrading systems with surviving and uncertain measurements [J]. IEEE Transactions on Reliability, 2019, 68(3):1080-1100.
[29] Wu J P, Kang R, Li X Y. Uncertain accelerated degradation modeling and analysis considering epistemic uncertainties in time and unit dimension [J]. Reliability Engineering & System Safety, 2020, 201: 106967.
[30] Eker O F, Camci F, Jennions I K. Physics-based prognostic modelling of filter clogging phenomena [J]. Mechanical Systems and Signal Processing, 2016, 75: 395-412.
[31] Wei J W, Dong G Z, Chen Z H. Remaining useful life prediction and state of health diagnosis for lithium-ion batteries using particle filterand support vector regression [J]. IEEE Transactions on Industrial Electronics, 2018, 65(7):5634-5643.

[32] 雷亚国，陈吴，李乃鹏，林京．自适应多核组合相关向量机预测方法及其在机械设备剩余寿命预测中的应用［J］．机械工程学报，2016，52(1)：87-93.
[33] 刘月峰，赵光权，彭喜元．多核相关向量机优化模型的锂电池剩余寿命预测方法［J］．电子学报，2019，47(6)：1285-1292.
[34] Yan M M，Wang X G，Wang B X，Chang M X，Muhammad I. Bearingremaining useful life prediction using support vector machine and hybrid degradation tracking model［J］. ISA Transactions，2020，98：471-482.
[35] Boskoski P，Gasperin M，Petelin D，Juricic D. Bearing fault prognostics using Renyi entropy based features and Gaussian process models［J］. Mechanical Systems and Signal Processing，2015，52-53：327-337.
[36] Wang Z P，Ma J，Zhang L. State-of-health estimation for Lithium-ion batteries based on the multi-island genetic algorithm and the Gaussian process regression［J］. IEEE Access，2017，5：21286-21295.
[37] Yu J B. State of health prediction of lithium-ion batteries：Multiscale logic regression and Gaussian process regression ensemble［J］. Reliability Engineering & System Safety，2018，174：82-95.
[38] Kong D D，Chen Y J，Li N. Gaussian process regression for tool wear prediction［J］. Mechanical Systems and Signal Processing，2018，104：556-574.
[39] Li X Y，Wang Z P，Yan J Y. Prognostic health condition for lithium battery using the partial incremental capacity and Gaussian process regression［J］. Journal of Power Sources，2019，421：56-67.
[40] Geramifard O，Xu J X，Zhou J H，Li X. A physically segmented hidden Markov model approach for continuous tool condition monitoring：Diagnostics and prognostics［J］. IEEE Transactions on Industrial Informatics，2012，8(4)：964-973.
[41] Yu J S，Liang S，Tang D Y，Liu H. A weighted hidden Markov model approach for continuous-state tool wear monitoring and tool life prediction［J］. The International Journal of Advanced Manufacturing Technology，2017，91(1)：201-211.
[42] Liu Q M，Dong M，Lv W Y，Geng X L，Li Y P. A novel method using adaptive hidden semi-Markov model for multi-sensor monitoring equipment health prognosis［J］. Mechanical Systems and Signal Processing，2015，64-65：217-232.
[43] Zhu K P，Liu T S. Online tool wear monitoring via hidden semiMarkov model with dependent durations［J］. IEEE Transactions on Industrial Informatics，2018，14(1)：69-78.
[44] Li W J，Liu T S. Time varying and condition adaptive hidden Markov model for tool wear state estimation and remaining useful life prediction in micro-milling［J］. Mechanical Systems and Signal Processing，2019，131：689-702.
[45] Liu T S，Zhu K P，Zeng L C. Diagnosis and prognosis of degradation process via hidden semi-Markov model［J］. IEEE/ASME Transactions on Mechatronics，2018，23(3)：

1456-1466.

[46] Guo L, Lei Y G, Li N P, Yan T, Li N B. Machinery health indicator construction based on convolutional neural networks considering trend burr [J]. Neurocomputing, 2018, 292: 142-150.

[47] Zhou X, Hsieh S J, Peng B. Cycle life estimation of lithiumion polymer batteries using artificial neural network and support vector machine with time resolved thermography [J]. Microelectronics Reliability, 2017, 79: 48-58.

[48] Elforjani M, Shangbr S. Prognosis of bearing acoustic emission signals using supervised machine learning [J]. IEEE Transactions on Industrial Electronics, 2018, 65(7): 5864-5871.

[49] Sloukia F, El A M, Medromi H. Bearings prognostic using mixture of Gaussians hidden Markov model and support vector machine [C]. ACS International Conference on Computer Systems and Applications (AICCSA), IEEE, 2013: 1-4.

[50] Shao H, Jiang H, Li X. Rolling bearing fault detection using continuous deep belief network with locally linear embedding [J]. Computers in Industry, 2018, 96: 27-39.

[51] Cheng C, Ma G J, Zhang Y, Sun M Y, Teng F, Ding H, et al. A deep learning-based remaining useful life prediction approach for bearings [J]. IEEE/ASME Transactions on Mechatronics, 2020, 25(3): 1243-1254.

[52] Yang B Y, Liu R N, Zio E. Remaining useful life prediction based on adouble-convolutional neural network architecture [J]. IEEE Transactions on Industrial Electronics, 2019, 66(12): 9521-9530.

[53] Babu G S, Zhao P, Li X L. Deep convolutional neural network based regression approach for estimation of remaining useful life [C]. The 21st International Conference on Database Systems for Advanced Applications, 2016: 214-228.

[54] Yang B, Liu R, Zio E. Remaining useful life prediction based on a double convolutional neural network architecture [J]. IEEE Transactions on Industrial Electronics, 2019, 66(12): 9521-9530.

[55] Zhang Y Z, Xiong R, He H W, Pecht M G. Long short-term memory recurrent neural network for remaining useful life prediction of Lithium-Ion batteries [J]. IEEE Transactions on Vehicular Technology, 2018, 67(7): 5695-5705.

[56] Chen J L, Jing H J, Chang Y H, Liu Q. Gated recurrent unit based recurrent neural network for remaining useful life prediction of nonlinear deterioration process [J]. Reliability Engineering & System Safety, 2019, 185: 372-382.

[57] Hochreiter S, Schmidhuber J. Long short-term memory [J]. Neural Computation, 1997, 9(8): 1735-1780.

[58] Zhao R, Wang D, Yan R. Machine health monitoring using local feature based gated recurrent unit networks [J]. IEEE Transactions on Industrial Electronics, 2018, 65(2): 1539-

1548.
[59] Zhou G B, Wu J, Zhang C L. Minimal gated unit for recurrent neural networks [J]. International Journal of Automation and Computing, 2016, 13(3): 226-234.
[60] Si X S, Li T M, Zhang Q, et al. Prognostics for linear stochastic degrading systems with survival measurements [J]. IEEE Transactions on Industrial Electronics, 2019, 67(4): 3202-3215.
[61] Whitmore G A, Schenkelberg F. Modelling accelerated degradation data using Wiener diffusion with a time scale transformation [J]. Lifetime Data Analysis, 1997, 3(1): 27-45.
[62] Ye Z S, Wang Y, Tsui K L, et al. Degradation data analysis using Wiener processes with measurement errors [J]. IEEE Transactions on Reliability, 2013, 62(4): 772-780.
[63] Ye Z S, Chen N, Shen Y. A new class of Wiener process models for degradation analysis [J]. Reliability Engineering & System Safety, 2015, 139: 58-67.
[64] Wen Y X, Wu J G, Das D, et al. Degradation modeling and RUL prediction using Wiener process subject to multiple change points and unit heterogeneity [J]. Reliability Engineering & System Safety, 2018, 176: 113-124.
[65] Elwany A A, Gebraeel N. Real-time estimation of mean remaining life using sensor-based degradation models [J]. Journal of Manufacturing Science and Engineering, 2009, 131(5): 051005.
[66] Wang X. Wiener processes with random effects for degradation data [J]. Journal of Multivariate Analysis, 2010, 101(2): 340-351.
[67] Si X S, Wang W B, Hu C H, et al. Remaining useful life estimation based on a nonlinear diffusion degradation process [J]. IEEE Transactions on Reliability, 2012, 61(1): 50-67.
[68] Wang Z, Hu C, Wang W, et al. An Additive Wiener Process-Based Prognostic Model for Hybrid Deteriorating Systems [J]. IEEE Transactions on Reliability, 2014, 63(1): 208-222.
[69] Zhang Z, Si X, Hu C. An age- and state-dependent nonlinear prognostic model for degrading systems [J]. IEEE Transactions on Reliability, 2015, 64(4): 1214-1228.
[70] Peng C, Tseng S. Mis-specification analysis of linear degradation models [J]. IEEE Transactions on Reliability, 2009, 58(3): 444-455.
[71] Peng C, Tseng S. Statistical lifetime inference with Skew-Wiener linear degradation models [J]. IEEE Transactions on Reliability, 2013, 62(2): 338-350.
[72] Si X S, Wang W B, Hu C H, et al. Estimating remaining useful life with three source variability in degradation modeling [J]. IEEE Transactions on Reliability, 2014, 63(1): 167-190.
[73] Zheng J F, Si X S, Hu C H, et al. A nonlinear prognostic model for degrading systems with three-source variability [J]. IEEE Transactions on Reliability, 2016, 65(2): 736-750.
[74] Wang X, Hu C, Si X, et al. An adaptive prognostic approach for newly developed system

with three-source variability [J]. IEEE Access, 2019, 7: 53091-53102.

[75] Zhang Z X, Si X S, Hu C H, et al. Planning repeated degradation testing for products with three-source variability [J]. IEEE Transactions on Reliability, 2016, 65(2): 640-647.

[76] Abdelhameed M. A Gamma wear process [J]. IEEE Transactions on Reliability, 1975, 24(2): 152-153.

[77] Lawless J F, Crowder M. Covariates and random effects in a gamma process model with application to degradation and failure. [J]. Lifetime Data Analysis, 2004, 10(3): 213-227.

[78] Van Noortwijk J M. A survey of the application of gamma processes in maintenance [J]. Reliability Engineering and System Safety, 2009, 94(1): 2-21.

[79] 陈亮,胡昌华. Gamma 过程退化模型估计中测量误差影响的仿真研究 [J]. 系统仿真技术, 2010, 6(1): 1-5.

[80] Wang X, Xu D. An inverse gaussian process model for degradation data [J]. Technometrics, 2010, 52(2): 188-197.

[81] Liu Z, Ma X, Yang J, et al. Reliability modeling for systems with multiple degradation processes using inverse Gaussian process and copulas [J]. Mathematical Problems in Engineering, 2014, 2014: 1-10.

[82] Ye Z, Chen N. The inverse gaussian process as a degradation model [J]. Technometrics, 2014, 56(3): 302-311.

[83] Lu C J, Meeker W O. Using degradation measures to estimate a time-to-failure distribution [J]. Technometrics, 1993, 35(2): 161-174.

[84] Lu J C, Park J, Yang Q. Statistical inference of a time-to-failure distribution derived from linear degradation data [J]. Technometrics, 1997, 39(4): 391-400.

[85] Wang W. A model to determine the optimal critical level and the monitoring intervals in condition-based maintenance [J]. International Journal of Production Research, 2000, 38(6): 1425-1436.

[86] Bae S J, Kvam P H. A nonlinear random-coefficients model for degradation testing [J]. Technometrics, 2004, 46(4): 460-469.

[87] Gebraeel N, Lawley M, Li R, et al. Residual-life distributions from component degradation signals: A Bayesian approach [J]. IIE Transactions, 2005, 37(6): 543-557.

[88] Wang W, Christer A H. Towards a general condition based maintenance model for a stochastic dynamic system [J]. Journal of the Operational Research Society, 2000, 51(2): 145-155.

[89] Wang W. A two-stage prognosis model in condition based maintenance [J]. European Journal of Operational Research, 2007, 182(3): 1177-1187.

[90] Wang W, Hussin B. Plant residual time modelling based on observed variables in oil samples [J]. Journal of the Operational Research Society, 2009, 60(6): 789-796.

[91] Carr M, Wang W. A case comparison of a proportional hazards model and a stochastic filter for condition-based maintenance applications using oil-based condition monitoring information [J]. Proceedings of the Institution of Mechanical Engineers, Part O: Journal of Risk and Reliability, 2008, 222(1): 47-55.

[92] Ma G J, Zhang Y, Cheng C, Zhou B T, Hu P C, Yuan Y. Remaining useful life prediction of lithium-ion batteries based on false nearest neighbors and a hybrid neural network [J]. Applied Energy, 2019, 253: 113626.

[93] Loutas T, Eleftheroglou N, Georgoulas G, Loukopoulos P, Mba D, Bennett I. Valve failure prognostics in reciprocating compressors utilizing temperature measurements, PCA-based data fusion, and probabilistic algorithms [J]. IEEE Transactions on Industrial Electronics, 2020, 67(6): 5022-5029.

[94] 牟含笑，郑建飞，胡昌华，等．基于 CDBN 与 Bi-LSTM 的多元退化设备剩余寿命预测 [J]. 航空学报，2022，43(07)：308-319.

[95] 任子强，司小胜，胡昌华．融合多传感器数据的发动机剩余寿命预测方法 [J]. 航空学报，2019，40(12)：134-145.

[96] Hu C H, Pei H, Si X S, et al. A prognostic model based on DBN and diffusion process for degrading bearing [J]. IEEE Transactions on Industrial Electronics, 2019, 67(10): 8767-8777.

[97] Zio E, Di Maio F. A data-driven fuzzy approach for predicting the remaining useful life in dynamic failure scenarios of a nuclear system [J]. Reliability Engineering & System Safety, 2010, 95(1): 49-57.

[98] Si X S, Wang W, Hu C H, et al. A Wiener-process-based degradation model with a recursive filter algorithm for remaining useful life estimation [J]. Mechanical Systems and Signal Processing, 2013, 35(1): 219-237.

[99] Whitmore G. Estimating degradation by a Wiener diffusion process subject to measurement error [J]. Lifetime Data Analysis, 1995, 1(3): 307-319.

[100] Ye Z S, Hong Y, Xie Y. How do heterogeneities in operating environments affect field failure predictions and test planning [J]. The Annals of Applied Statistics, 2013, 7(4): 2249-2271.

[101] Meeker W Q, Escobar L A. Statistical methods for reliability data [M]. New York: Wiley, 2014.

[102] Feng L, Wang H, Si X, et al. A state-space-based prognostic model for hidden and age-dependent nonlinear degradation process [J]. Automation Science and Engineering, IEEE Transactions on, 2013, 10(4): 1072-1086.

[103] Si X S, Wang W, Hu C H, et al. Estimating remaining useful life with three-source variability in degradation modeling [J]. IEEE Transactions on Reliability, 2014, 63(1): 167-190.

[104] Zhou Y, Sun Y, Mathew J, et al. Latent degradation indicators estimation and prediction: A Monte Carlo approach [J]. Mechanical Systems and Signal Processing, 2011, 25(1): 222-236.

[105] Ye Z S. On the conditional increments of degradation processes [J]. Statistics and Probability Letters, 2013, 83(11): 2531-2536.

[106] Kharoufeh J P, Mixon D G. On a Markov-modulated shock and wear process [J]. Naval Research Logistics, 2009, 56(6): 563-576.

[107] Park J I, Bae S J. Direct prediction methods on lifetime distribution of organic light-emitting diodes from accelerated degradation tests [J]. IEEE Transactions on Reliability, 2010, 59(1): 74-90.

[108] Pandey M D, Yuan X X, Noortwijk J M V. The influence of temporal uncertainty of deterioration on life-cycle management of structures [J]. Structure and Infrastructure Engineering, 2009, 5(2): 145-156.

[109] Huynh K T, Barros A, Berenguer C. Maintenance decision-making for systems operating under indirect condition monitoring: value of online information and impact of measurement uncertainty [J]. IEEE Transactions on Reliability, 2012, 61(2): 410-425.

[110] Sarathi Vasan A S, Long B, Pecht M. Diagnostics and prognostics method for analog electronic circuits [J]. IEEE Transactions on Industrial Electronics, 2013, 60(11): 5277-5291.

[111] Orchard M E, Hevia-Koch P, Zhang B, et al. Risk measures for particle-filtering-based state-of-charge prognosis in lithium-ion batteries [J]. IEEE Transactions on Industrial Electronics, 2013, 60(11): 5260-5269.

[112] Shahriari M, Farrokhi M. Online state-of-health estimation of VRLA batteries using state of charge [J]. IEEE Transactions on Industrial Electronics, 2013, 60(1): 191-202.

[113] Ye Z S, Shen Y, Xie M. Degradation-based burn-in with preventive maintenance [J]. European Journal of Operational Research, 2012, 221(2): 360-367.

[114] Zio E, Di Maio F, Tong J. Safety margins confidence estimation for a passive residual heat removal system [J]. Reliability Engineering and System Safety, 2010, 95(8): 828-836.

[115] Chen N, Tsui K L. Condition monitoring and remaining useful life prediction using degradation signals: Revisited [J]. IIE Transactions, 2013, 45(9): 939-952.

[116] Liao H, Elsayed E A, Chan L Y. Maintenance of continuously monitored degrading systems [J]. European Journal of Operational Research, 2006, 175(2): 821-835.

[117] Chen N, Ye Z S, Xiang Y, et al. Condition-based maintenance using the inverse Gaussian degradation model [J]. European Journal of Operational Research, 2015, 243(1): 190-199.

[118] Ye Z S, Xie M. Stochastic modelling and analysis of degradation for highly reliable products [J]. Applied Stochastic Models in Business and Industry, 2015, 31(1): 16-32.

[119] Wang W, Carr M, Xu W, et al. A model for residual life prediction based on Brownian motion with an adaptive drift [J]. Microelectronics Reliability, 2011, 51(2): 285-293.

[120] Batzel T D, Swanson D C. Prognostic health management of aircraft power generators [J]. IEEE Transactions on Aerospace and Electronic Systems, 2009, 45(2): 473-482.

[121] Park C, Padgett W. Accelerated degradation models for failure based on geometric Brownian motion and gamma processes [J]. Lifetime Data Analysis, 2005, 11(4): 511-527.

[122] Zio E, Peloni G. Particle filtering prognostic estimation of the remaining useful life of nonlinear components [J]. Reliability Engineering and System Safety, 2011, 96(3): 403-409.

[123] Cadini F, Zio E, Avram D. Monte Carlo-based filtering for fatigue crack growth estimation [J]. Probabilistic Engineering Mechanics, 2009, 24(3): 367-373.

[124] Jianmin Z, Tianle F. Remaining useful life prediction based on nonlinear state space model [C]. 2011 Prognostics and System Health Managment Confernece, 2011.

[125] Si X S, Wang W, Chen M Y, et al. A degradation path-dependent approach for remaining useful life estimation with an exact and closed-form solution [J]. European Journal of Operational Research, 2013, 226(1): 53-66.

[126] Di Nardo E, Nobile A, Pirozzi E, et al. A computational approach to first-passage-time problems for Gauss-Markov processes [J]. Advances in Applied Probability, 2001, 33(2): 453-482.

[127] Si X S, Hu C H, Wang W, et al. An adaptive and nonlinear drift-based Wiener process for remaining useful life estimation [C]. IEEE Prognostics and System Health Management Conference, 2011: 1-5.

[128] Wang Z Q, Wang W, Hu C H, et al. A prognostic-information-based order-replacement Policy for a non-repairable critical system in service [J]. IEEE Transactions on Reliability, 2014, 64(2): 1-16.

[129] Akaike H. A new look at the statistical model identification [J]. IEEE Transactions on Automatic Control, 1974, 19(6): 716-723.

[130] Carr M J, Wang W. An approximate algorithm for prognostic modelling using condition monitoring information [J]. European Journal of Operational Research, 2011, 211(1): 90-96.

[131] Huynh K T, Barros A, Berenguer C. Maintenance decision-making for systems operating under indirect condition monitoring: value of online information and impact of measurement uncertainty [J]. IEEE Transactions on Reliability, 2012, 61(2): 410-425.

[132] Si X S, Wang W, Hu C H, et al. Estimating remaining useful life with three-source variability in degradation modeling [J]. IEEE Transactions on Reliability, 2014, 63(1): 167-190.

[133] Sarathi Vasan A S, Long B, Pecht M. Diagnostics and prognostics method for analog electronic circuits [J]. IEEE Transactions on Industrial Electronics, 2013, 60(11): 5277-5291.

[134] Orchard M E, Hevia Koch P, Zhang B, et al. Risk measures for particle-filtering-based state-of-charge prognosis in lithium-ion batteries [J]. IEEE Transactions on Industrial Electronics, 2013, 60(11): 5260-5269.

[135] Shahriari M, Farrokhi M. Online state-of-health estimation of VRLA batteries using state of charge [J]. IEEE Transactions on Industrial Electronics, 2013, 60(1): 191-202.

[136] Ye Z, Tsui K, Wang Y, et al. Degradation analysis using Wiener process with measurement Errors [J]. IEEE Transactions on Reliability, 2013, 52(2): 188-197.

[137] Whitmore G A. Estimating degradation by a Wiener diffusion process subject measurement error [J]. Lifetime Data Analysis, 1995, 1: 307-319.

[138] Peng C Y, Tseng S T. Mis-specification analysis of linear degradation models [J]. IEEE Transactions on Reliability, 2009, 58(3): 444-455.

[139] 司小胜, 胡昌华, 周东华. 带测量误差的非线性退化过程建模与剩余寿命预测 [J]. 自动化学报, 2013, 39(5): 530-541.

[140] 司小胜, 胡昌华, 张琪. 不确定退化测量数据下的剩余寿命预测 [J]. 电子学报, 2015, 43(1): 30-35.

[141] Zhai Q Q, Ye Z S. RUL prediction of deteriorating products using an adaptive Wiener process mode [J]. IEEE Transactions on Industrial Informatics, 2017, 13: 2911-2921.

[142] 彭宝华, 周经伦, 冯静, 刘学敏. 金属化膜脉冲电容器剩余寿命预测方法研究 [J]. 电子学报, 2011, 39(11): 2674-2679.

[143] 王小林, 郭波, 程志君. 融合多源信息的 Wiener 过程性能退化产品的可靠性评 [J]. 电子学报, 2012, 40(5): 977-982.

[144] Abundo M. On the first-passage time of an integrated Gauss-Markov process [J]. Scientiae Math ematicae Japonicae, 2016, 79: 175-188.

[145] Si X S, Wang W, Chen M Y. A degradation path-dependent approach for remaining useful life estimation with an exact and closed-form solution [J]. European Journal of Operational Research, 2013, 226: 53-66.

[146] Si X S, Zhou D H, A generalized result for degradation model-based reliability estimation [J]. IEEE Transactions on Automation Science and Engineering, 2014, 11: 632-637.

[147] Peng C Y, Tseng S T. Mis-specification analysis of linear degradation models [J]. IEEE Transactions on Reliability, 2009, 58: 444-455.

[148] Saha B, Goebel K. Battery data set. Available. http://ti. arc. nasa. gov/project/prognostic-data-repository.

[149] SIhahriar M, Farrokhi M. Online state-of-health estimation of VRLA batteries using state of charge [J]. IEEE Transactions on Industrial Electronics, 2013, 60: 191-202.

[150] Berecibar M, Gandiaga I, Villarreal I. Critical review of state of health estimation methods of Li-ion batteries for real applications [J]. Renewable and Sustainable Energy Reviews, 2016, 56(10): 572-587.

[151] 张延静，马义忠，欧阳林寒．基于竞争失效的单部件系统可靠性建模与维修 [J]. 系统工程与电子技术，2017，39(11)：2623-2630.

[152] 孙富强，李艳宏，程圆圆．考虑冲击韧性的退化-冲击相依竞争失效建模 [J]. 北京航空航天大学学报，2020，46(12)：2195-2202.

[153] 王浩伟，奚文骏，冯玉光．基于退化失效与突发失效竞争的导弹剩余寿命预测 [J]. 航空学报，2016，37(4)：1240-1248.

[154] 王华伟，高军，吴海桥．基于竞争失效的航空发动机剩余寿命预测 [J]. 机械工程学报，2014，50(6)：197-205.

[155] 白灿，胡昌华，司小胜，等．随机冲击影响的非线性退化设备剩余寿命预测 [J]. 系统工程与电子技术，2018，40(12)：2729-2735.

[156] Nakagawa T. Shock and damage models in reliability theory [M]. Berlin: Springer, 2007.

[157] Zhang Z X, Si X S, Hu C H, et al. An adaptive prognostic approach incorporating inspection influence for deteriorating systems [J]. IEEE Transactions on Reliability, 2018, 68(1): 302-316.

[158] Li X, Ding Q, Sun J Q. Remaining useful life estimation in prognostics using deep convolution neural networks [J]. Reliability Engineering & System Safety, 2018, 172(4): 1-11.

[159] Yan T, Lei Y, Li N, et al. Degradation modeling and remaining useful life prediction for dependent competing failure processes [J]. Reliability Engineering & System Safety, 2021, 212: 107638.

[160] Ellefsen A L, Bjorlykhaug E, Esoy V, et al. Remaining useful life predictions for turbofan engine degradation using semi-supervised deep architecture [J]. Reliability Engineering & System Safety, 2019, 183(5): 240-251.

[161] Zhou R S, Serban N, Gebraeel N. Degradation based residual life prediction under different environments [J]. The Annals of Applied Statistics, 2014, 8(3): 1671-1689.

[162] Burgess W L. Valve regulated lead acid battery float service life estimation using a Kalman filter [J]. Journal of Power Sources, 2009, 191(1): 16-21.

[163] Wang X L, Jiang P, Guo B, Cheng Z J. Real-time reliability evaluation for an individual product based on change-point Gamma and Wiener process [J]. Quality and Reliability Engineering International, 2014, 30(4): 513-525.

[164] Ng T S. An application of the EM algorithm to degradation modeling [J]. IEEE Transactions on Reliability, 2008, 57(1): 2-13.

[165] Yuan T, Bae S J, Zhu X. A Bayesian approach to degradation-based burn-in optimization for display products exhibiting two-phase degradation patterns [J]. Reliability Engineering & System Safety, 2016, 155(11): 55-63.

[166] Bae S J, Kvam P H. A change-point analysis for modeling incomplete burn-in for light displays [J]. IIE Transactions, 2006, 38(3): 489-498.
[167] Yan W A, Song B W, Duan G L, Shi Y M. Real-time reliability evaluation of two-phase Wiener degradation process [J]. Communications in Statistics - Theory and Methods, 2017, 46(1): 176-188.
[168] Chen N, Tsui K L. Condition monitoring and remaining useful life prediction using degradation signals: Revisited [J]. IIE Transactions, 2013, 45(9): 939-952.
[169] Wang Y, Peng Y, Zi Y, Jin X H, Tsui K L. A two-stage data-driven-based prognostic approach for bearing degradation problem [J]. IEEE Transactions on Industrial Informatics, 2016, 12(3): 924-932.
[170] Peng Y, Wang Y, Zi Y. Switching state-space degradation model with recursive filter/smoother for prognostics of remaining useful life [J]. IEEE Transactions on Industrial Informatics, 2018, 15(2): 822-832.
[171] Zhang J X, Hu C H, He X, Si X S, Liu Y, Zhou D H. A novel lifetime estimation method for two-phase degrading systems [J]. IEEE Transactions on Reliability, 2018, 68(2): 689-709.
[172] Wang W, Carr M, Xu W, Kobbacy K. A model for residual life prediction based on Brownian motion with an adaptive drift [J]. Microelectronics Reliability, 2011, 51(2): 285-293.
[173] Shumway R H, Stoffer D S. Times series analysis and its applications [M]. New York: Springer, 2011: 326-344.
[174] 鄢伟安，宋保维，段桂林，师义民. 基于两阶段维纳退化过程的液力耦合器可靠性评估 [J]. 系统工程与电子技术，2014，36(9)：1882-1886.
[175] He W, Williard N, Osterman M, Pecht M. Prognostics of lithium-ion batteries based on Dempster-Shafer theory and the Bayesian Monte Carlo method [J]. Journal of Power Sources, 2011, 196(23): 10314-10321.
[176] 董青，郑建飞，胡昌华，等. 基于两阶段自适应 Wiener 过程的剩余寿命预测方法 [J]. 自动化学报，2022，48(2)：539-553.
[177] Littler J A, Rubin D B. Statistical analysis with missing data [M]. Hoboken, NJ, USA: John Wiley & Sons, 2019.
[178] 杜党波，张伟，胡昌华，等. 含缺失数据的小波-卡尔曼滤波故障预测方法 [J]. 自动化学报, 2014, 40(10): 2115-2125.
[179] 裴洪，胡昌华，司小胜，等. 基于机器学习的设备剩余寿命预测方法综述 [J]. 机械工程学报, 2019, 55(8): 1-13.
[180] 胡铭菲，左信，刘建伟. 深度生成模型综述 [J]. 自动化学报，2022，48(1)：40-74.
[181] Smolensky P. Information processing in dynamical systems: Foundations of harmony theory

[R]. Colorado Univ at Boulder Dept of Computer Science, 1987: 194-281.
[182] Kingma D P, Welling M. Auto-encoding variational Bayes [EB/OL]. ArXiv Preprint ArXiv: 1312.6114, 2013.
[183] Burda Y, Grosse R, Salakhutdinov R. Importance weighted autoencoders [EB/OL]. ArXiv Preprint ArXiv: 1509.00519, 2015.
[184] Sohn K, Lee H, Yan X. Learning structured output representation using deep conditional generative models [J]. Advances In Neural Information Processing Systems, 2015, 28: 3483-3491.
[185] Walker J, Doersch C, Gupta A, et al. An uncertain future: Forecasting from static images using variational autoencoders [C]. European Conference on Computer Vision. Springer, Cham, 2016: 835-851.
[186] Abbasnejad M E, Dick A, Van Den Hengel A. Infinite variational autoencoder for semi-supervised learning [C]. Proceedings of the IEEE Conference on Computer Vision and Pattern Recognition, 2017: 5888-5897.
[187] Xu W, Tan Y. Semisupervised text classification by variational autoencoder [J]. IEEE Transactions On Neural Networks and Learning Systems, 2022, 31(1): 295-308.
[188] Kulkarni T D, Whitney W F, Kohli P, et al. Deep convolutional inverse graphics network [J]. Advances In Neural Information Processing Systems, 2015, 28: 2539-2547.
[189] Makhzani A, Shlens J, Jaitly N, et al. Adversarial autoencoders [EB/OL]. ArXiv Preprint ArXiv: 1511.05644, 2015.
[190] Sønderby C K, Raiko T, Maaløe L, et al. Ladder variational autoencoders [J]. Advances In Neural Information Processing Systems, 2016, 29: 3745-3753.
[191] Oord a V D, Vinyals O. Neural discrete representation learning [J]. Advances In Neural Information Processing Systems, 2017, 30: 6309-6318.
[192] Razavi A, Oord A V D, Vinyals O. Generating diverse high-fidelity images with VQ-VAE-2 [J]. Advances In Neural Information Processing Systems, 2019, 32.
[193] Goodfellow I, Pouget Abadie J, MIRZA M, et al. Generative adversarial networks [J]. Communications of the ACM, 2020, 63(11): 139-144.
[194] Radford A, Metz L, Chintala S. Unsupervised representation learning with deep convolutional generative adversarial networks [EB/OL]. https://doi.org/10.48550/arXiv.1511.06434, 2015.
[195] Arjovsky M, Chintala S, Bottou L. Wasserstein generative adversarial networks [C]. International conference on machine learning. New York: PMLR, 2017: 214-223.
[196] Brock A, Donahue J, Simonyan K. Large scale GAN training for high fidelity natural image synthesis [EB/OL]. https://doi.org/10.48550/arXiv.1809.11096, 2018.
[197] Mirza M, Osindero S. Conditional generative adversarial nets [EB/OL]. https://doi.org/10.48550/arXiv.1411.1784, 2014.

[198] Yoon J, Jordon J, Schaar M. GAIN: Missing data imputation using generative adversarial nets [C]. International Conference on Machine Learning. New York: PMLR, 2018: 5689-5698.

[199] 张晟斐，李天梅，胡昌华，等. 基于深度卷积生成对抗网络的缺失数据生成方法及其在剩余寿命预测中的应用 [J]. 航空学报，2022，43(8)：441-455.

[200] Nazabal A, Olmos P M, Ghahramani Z, et al. Handling incomplete heterogeneous data using VAEs [J]. Pattern Recognition, 2020, 107: 107501.

[201] Dinh L, Krueger D, Bengio Y. NICE: Non-linear independent components estimation [EB/OL]. https://doi.org/10.48550/arXiv.1410.8516, 2014.

[202] Dinh L, Sohl Dickstein J, Bengio S. Density estimation using real NVP [EB/OL]. https://doi.org/10.48550/arXiv.1605.08803, 2016.

[203] Kingma D P, Dhariwal P. Glow: Generative flow with invertible 1x1 convolutions [EB/OL]. https://doi.org/10.48550/arXiv.1807.03039, 2018.

[204] Ge l J, Liao W L, Wang S X, et al. Modeling daily load profiles of distribution network for scenario generation using flow-based generative network [J]. IEEE Access, 2020, 8: 77587-77597.

[205] Xue Y, Yang Y, Liao W, et al. Distributed photovoltaic power stealing data enhancement method based on nonlinear independent component estimation [J]. Automation of Electric Power Systems, 2022, 46(02): 171-179.

[206] Su J L. NICE: Basic concept and implementation of flow model [EB/OL]. (2022-12-23) https://spaces.ac.cn/ archives/5776.

[207] Hu Y, Miao X, Si Y, et al. Prognostics and health management: A review from the perspectives of design, development and decision [J]. Reliability Engineering & System Safety, 2022, 217: 108063.

[208] Arias Chao M, Kulkarni C, Goebel K, et al. Fusing physics-based and deep learning models for prognostics [J]. Reliability Engineering & System Safety, 2022, 217: 107961.

[209] Wen Y X, Fashiar Rahman M, Xu H L, et al. Recent advances and trends of predictive maintenance from data-driven machine prognostics perspective [J]. Measurement, 2022, 187: 110276.

[210] Zhang J S, Jiang Y, Wu S, et al. Prediction of remaining useful life based on bidirectional gated recurrent unit with temporal self-attention mechanism [J]. Reliability Engineering & System Safety, 2022, 221: 108297.

[211] Ren L, Liu Y, Huang D, et al. Mctan: A novel multichannel temporal attention-based network for industrial health indicator prediction [J]. IEEE Transactions on Neural Networks and Learning Systems, 2022, 34(9): 1-12.

[212] Liu L, Song X, Zhou Z T. Aircraft engine remaining useful life estimation via a double attention-based data-driven architecture [J]. Reliability Engineering & System Safety,

2022, 221: 108330.

[213] Yang H, Zhao F, Jiang G, et al. A novel deep learning approach for machinery prognostics based on time windows [J]. Applied Sciences, 2019, 9(22): 4813.

[214] Li X, Zhang W, Ding Q. Deep learning-based remaining useful life estimation of bearings using multi-scale feature extraction [J]. Reliability Engineering & System Safety, 2019, 182: 208-218.

[215] Wang Q, Zheng S, Farahat A, et al. Remaining useful life estimation using functional data analysis [C]. 2019 International Conference on Prognostics and Health Management (ICPHM). Piscataway, NJ, USA: IEEE, 2019: 1-8.

[216] Zhang P, Gao Z Y, Cao L L, et al. Marine systems and equipment prognostics and health management: A systematic review from health condition monitoring to maintenance strategy [J]. Machines, 2022, 10(2): 72.

[217] Bhavsar K, Vakharia V, Chaudhari R, et al. A comparative study to predict bearing degradation using discrete wavelet transform (DWT), tabular generative adversarial networks (TGAN) and machine learning models [J]. Machines, 2022, 10(3): 176.

[218] Yang S, Liu Y Q, Liao Y Y, et al. A new method of bearing remaining useful life based on life evolution and SE-ConvLSTM neural network [J]. Machines, 2022, 10(8): 639.

[219] Xin H W, Zhang H D, Yang Y J, et al. Evaluation of rolling bearing performance degradation based on comprehensive index reduction and SVDD [J]. Machines, 2022, 10(8): 677.

[220] Sun F Q, Fu F Y, Liao H T, et al. Analysis of multivariate dependent accelerated degradation data using a random-effect general Wiener process and D-vine Copula [J]. Reliability Engineering & System Safety, 2020, 204: 107168.

[221] Wang J, Wen G, Yang S, et al. Remaining useful life estimation in prognostics using deep bidirectional LSTM neural network [C]. 2018 Prognostics and System Health Management Conference (PHM-Chongqing). Piscataway, NJ, USA: IEEE, 2018: 1037-1042.

[222] Zhang H, Ge B, Han B. Real-time motor fault diagnosis based on TCN and attention [J]. Machines 2022, 10, (4): 249.

[223] Bai S J, Kolter J Z, Koltun V. An empirical evaluation of generic convolutional and recurrent networks for sequence modeling [EB/OL]. https://doi.org/10.48550/arXiv.1803.01271, 2018.

[224] Saxena A, Goebel K. Turbofan engine degradation simulation data set [J]. NASA Ames Prognostics Data Repository, 2008: 1551-3203.

[225] Li Y L, Zhang T S. A hybrid Hausdorff distance track correlation algorithm based on time sliding window [J]. MATEC Web of Conferences, 2021, 336: 07015.

[226] Zhang C, Lim P, Qin A K, et al. Multiobjective deep belief networks ensemble for remaining useful life estimation in prognostics [J]. IEEE Transactions on Neural Networks and

Learning Systems, 2017, 28(10): 2306-2318.

[227] Malhotra P, Tv V, Ramakrishnan A, et al. Multi-sensor prognostics using an unsupervised health index based on LSTM encoder-decoder [EB/OL]. https://doi.org/10.48550/arXiv.1608.06154, 2016.

[228] 李京峰，陈云翔，项华春，等．基于 LSTM-DBN 的航空发动机剩余寿命预测 [J]. 系统工程与电子技术，2020，42(7)：1637-1644.

[229] 彭开香，皮彦婷，焦瑞华，等．航空发动机的健康指标构建与剩余寿命预测 [J]. 控制理论与应用，2020，37(4)：713-720.

[230] Xu Y, Zhang J, Long Z, et al. Daily urban water demand forecasting based on chaotic theory and continuous deep belief neural network [J]. Neural Processing Letters, 2019, 50(2): 1173-1189.

[231] 乔俊飞，潘广源，韩红桂．一种连续型深度信念网的设计与应用 [J]. 自动化学报，2015，41(12)：2138-2146.

[232] Zhang J, Wang P, Yan R, et al. Long short-term memory for machine remaining life prediction [J]. Journal of manufacturing systems, 2018, 48: 78-86.

[233] 康守强，周月，王玉静，等．基于改进 SAE 和双向 LSTM 的滚动轴承 RUL 预测方法 [J/OL]. 自动化学报，2022，48(09)：2327-2336. https://doi.org/10.16383/j.aas.c190796.

[234] 胡昭华，樊鑫，梁德群，等．基于双向非线性学习的轨迹跟踪和识别 [J]. 计算机学报，2007，30(8)：1389-1397.

[235] Chen H, Murray A F. Continuous restricted Boltzmann machine with an implementable training algorithm [J]. IEE Proceedings-Vision, Image and Signal Processing, 2003, 150(3): 153-158.

[236] Chen Q, Pan G, Qiao J, et al. Research on a Continuous Deep Belief Network for Feature Learning of Time Series Prediction [C]. 2019 Chinese Control And Decision Conference (CCDC). IEEE, 2019: 5977-5983.

[237] 朱亮，李东波，吴崇友，等．基于数据挖掘的电子皮带秤皮带跑偏检测 [J]. 农业工程学报，2017，33(01)：102-109.

[238] Zhang B, Zhang L, Xu J. Degradation feature selection for remaining useful life prediction of rolling element bearings [J]. Quality and Reliability Engineering International, 2016, 32(2): 547-554.

[239] Lei Y, Li N, Guo L, et al. Machinery health prognostics: A systematic review from data acquisition to RUL prediction [J]. Mechanical Systems and Signal Processing, 2018, 104: 799-834.

[240] Yang F, Habibullah M S, Zhang T, et al. Health index-based prognostics for remaining useful life predictions in electrical machines [J]. IEEE Transactions on Industrial Electronics, 2016, 63(4): 2633-2644.

[241] 周月．基于改进 SAE 和 Bi-LSTM 的滚动轴承 RUL 预测方法研究 [D]. 哈尔滨：哈尔滨理工大学，2020.
[242] 魏晓良，潮群，陶建峰，等．基于 LSTM 和 CNN 的高速柱塞泵故障诊断 [J]. 航空学报，doi：10.7527/S1000-6893.2020.23876.
[243] Song Y, Shi G, Chen L, et al. Remaining useful life prediction of turbofan engine using hybrid model based on autoencoder and bidirectional long short-term memory [J]. Journal of Shanghai Jiaotong University (Science), 2018, 23(1): 85-94.
[244] Yu W, Kim I I Y, Mechefske C. Remaining useful life estimation using a bidirectional recurrent neural network based autoencoder scheme [J]. Mechanical Systems and Signal Processing, 2019, 129: 764-780.
[245] Peng W, Ye Z S, Chen N. Bayesian deep-learning-based health prognostics toward prognostics uncertainty [J]. IEEE Transactions on Industrial Electronics, 2019, 67(3): 2283-2293.
[246] Gal Y, Ghahramani Z. Dropout as a bayesian approximation: Representing model uncertainty in deep learning [C]. International Conference on Machine Learning. PMLR, 2016: 1050-1059.
[247] 宿嘉颖．贝叶斯深度网络的不确定性分析 [D]. 哈尔滨工业大学，2020.
[248] 黄亮．基于随机过程的航空发动机剩余寿命预测及维修决策研究 [D]. 南京：南京航空航天大学，2019.
[249] 雷亚国，贾峰，孔德同，等．大数据下机械智能故障诊断的机遇与挑战 [J]. 机械工程学报，2018，54(5)：94-104.
[250] 杨志远，赵建民，李俐莹，等．二元相关退化系统可靠性分析及剩余寿命预测 [J]. 系统工程与电子技术，2020，42(11)：2661-2668.
[251] Pan Z, Balakrishnan N. Reliability modeling of degradation of products with multiple performance characteristics based on gamma processes [J]. Reliability Engineering & System Safety, 2011, 96(8): 949-957.
[252] Mercier S, Pham H H. A bivariate failure time model with random shocks and mixed effects [J]. Journal of Multivariate Analysis, 2017, 153: 33-51.
[253] 董庆来，王伟伟，司书宾．基于性能指标融合的随机退化系统竞争失效分析 [J]. 西北工业大学学报，2021，39(2)：439-447.
[254] 刘琦．卫星关键部件剩余寿命预测 [D]. 西安理工大学，2020.
[255] 谢敏，柯少佳，胡昕彤，等．考虑风场高维相依性的电网动态经济调度优化算法 [J]. 控制理论与应用，2019.
[256] Ma J, Liu X, Niu X, et al. Forecasting of landslide displacement using a probability-scheme combination ensemble prediction technique [J]. International Journal of Environmental Research and Public Health, 2020, 17(13): 4788.
[257] 刘德旭，车权，黄炜斌，李栋，陈仕军，马光文．基于 Copula-POME 的负荷与气象

因素相关性度量研究［J］. 水电能源科学，2020，38(11)：203-206，39.
[258] 刘立燕．基于 Copula 函数和神经网络模型的洪水预测［D］. 南京邮电大学，2018.
[259] Yavuzdoğan A，Tanır Kayıkçı E. A copula approach for sea level anomaly prediction：a case study for the Black Sea［J］. Survey Review，2020：1-11.
[260] Ouyang T，He Y，Li H，et al. Modeling and forecasting short-term power load with copula model and deep belief network［J］. IEEE Transactions on Emerging Topics in Computational Intelligence，2019，3(2)：127-136.
[261] Zhao Y，Liu Q Y，Kuang J，et al. Modeling multivariate dependence by nonparametric pair-copula construction in composite system reliability evaluation［J］. International Journal of Electrical Power & Energy Systems，2021，124：106373.
[262] 张建勋，胡昌华，周志杰，等．多退化变量下基于 Copula 函数的陀螺仪剩余寿命预测方法［J］. 航空学报，2014，35(4)：1111-1121.
[263] Xu D，Wei Q，Elsayed E A，et al. Multivariate degradation modeling of smart electricity meter with multiple performance characteristics via vine copulas［J］. Quality and Reliability Engineering International，2017，33(4)：803-821.
[264] Chen Y，Peng G，Zhu Z，et al. A novel deep learning method based on attention mechanism for bearing remaining useful life prediction［J］. Applied Soft Computing，2020，86：105919.
[265] 尹诗，侯国莲，迟岩，等．风电机组发电机前轴承健康度预测方法及实现［J］. 系统仿真学报，2021，33(6)：1323.
[266] 任欢，王旭光．注意力机制综述［J］. 计算机应用，2021.
[267] 刘华文．基于信息熵的特征选择算法研究［D］. 吉林大学，2010.
[268] Luo Z，Liu C，Liu S. A Novel Fault Prediction Method of Wind Turbine Gearbox Based on Pair-Copula Construction and BP Neural Network［J］. IEEE Access，2020(8)：91924-91939.
[269] 党伟超，李涛，白尚旺，等．基于自注意力长短期记忆网络的 Web 软件系统实时剩余寿命预测方法［J］. 计算机应用，2021.

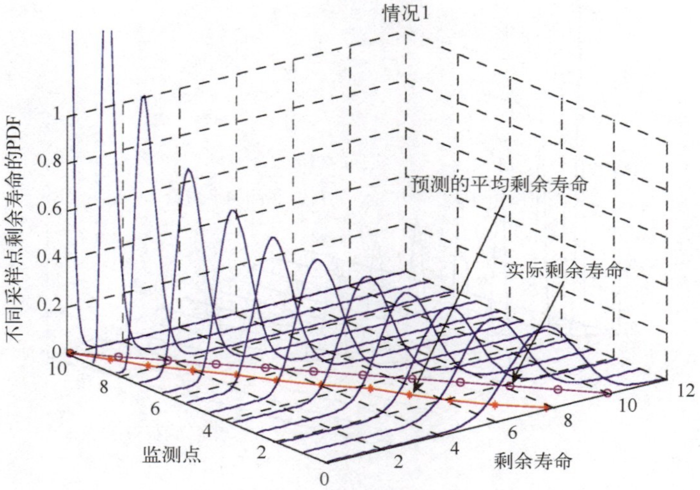
情况1
不同采样点剩余寿命的PDF
预测的平均剩余寿命
实际剩余寿命
监测点
剩余寿命

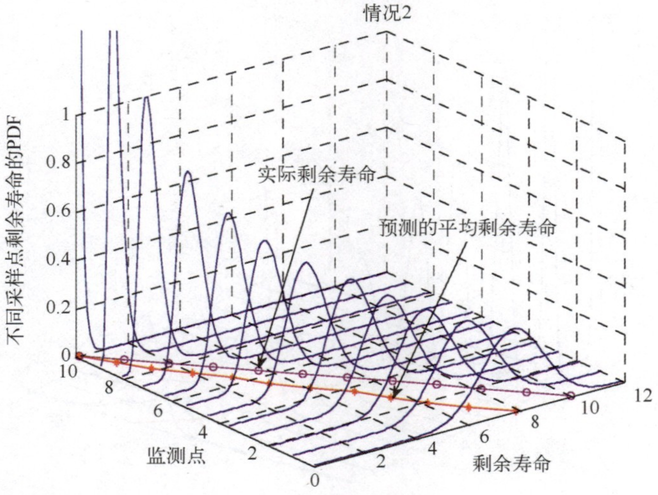
情况2
不同采样点剩余寿命的PDF
实际剩余寿命
预测的平均剩余寿命
监测点
剩余寿命

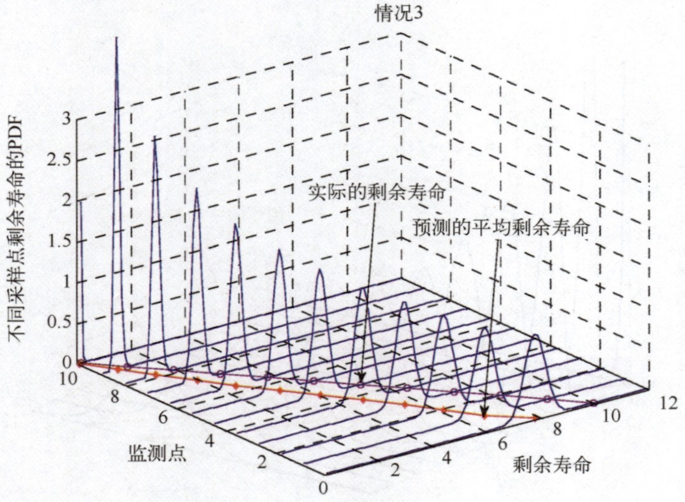

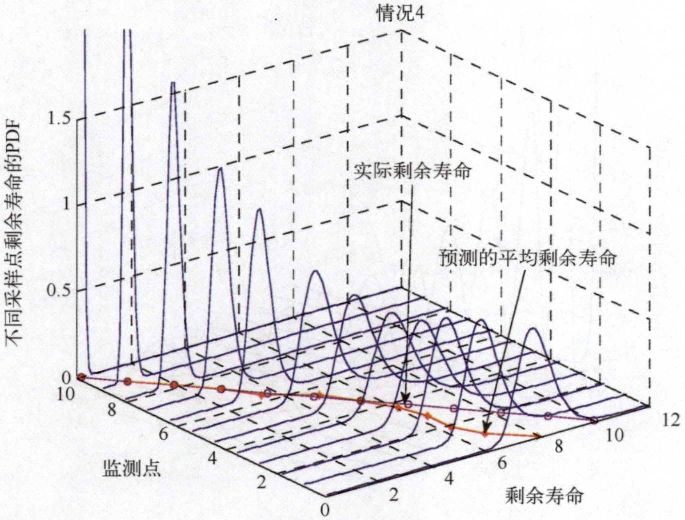

图 2.2　四种情况下测试样本的剩余寿命预测结果的比较

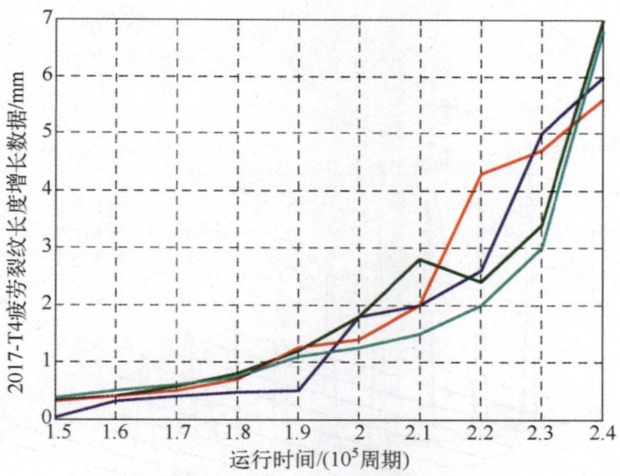

图 2.5　疲劳裂纹增长的退化轨迹

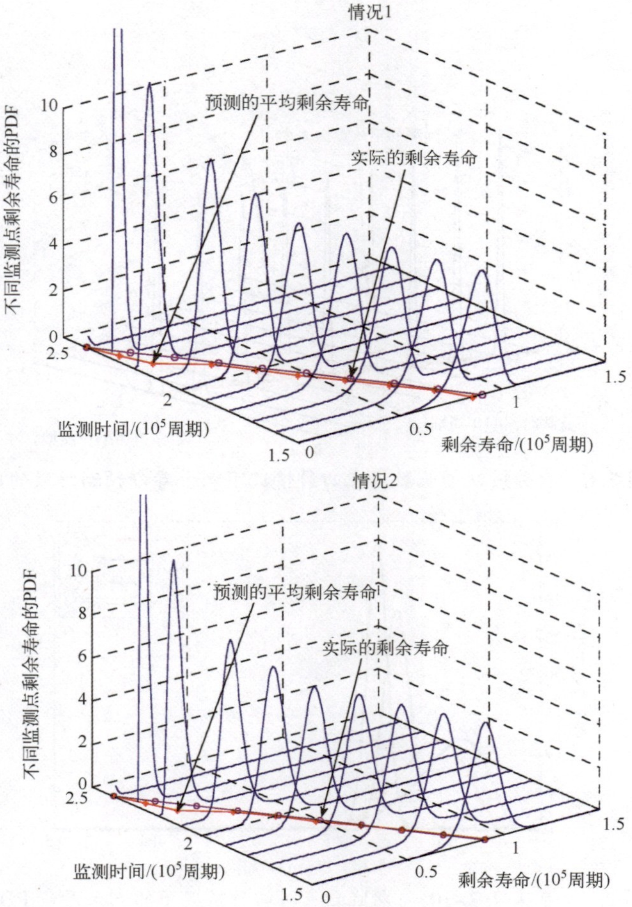

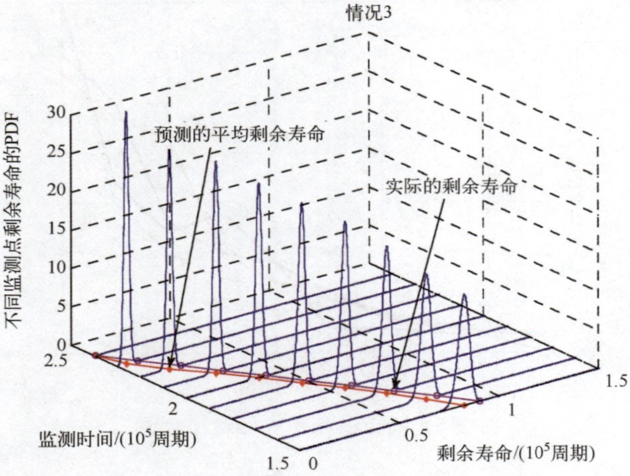

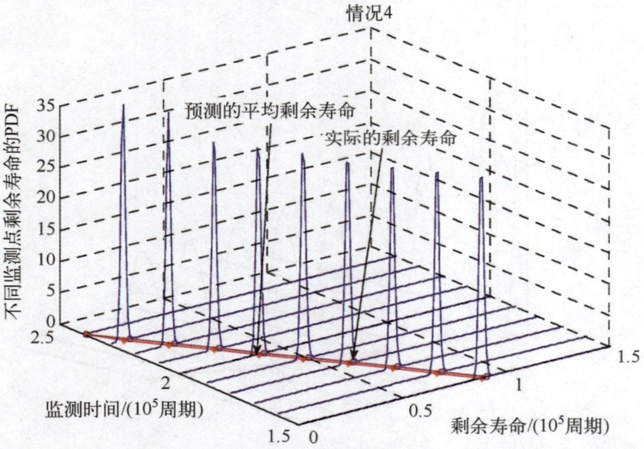

图 2.6　疲劳裂纹增长数据在四种情况下剩余寿命预测结果的比

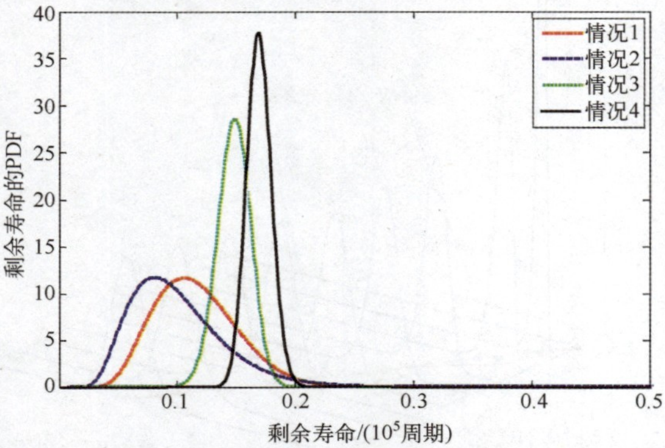

图 2.7　在第 2.2×10^5 周期监测点时四种情况下的剩余寿命 PDF

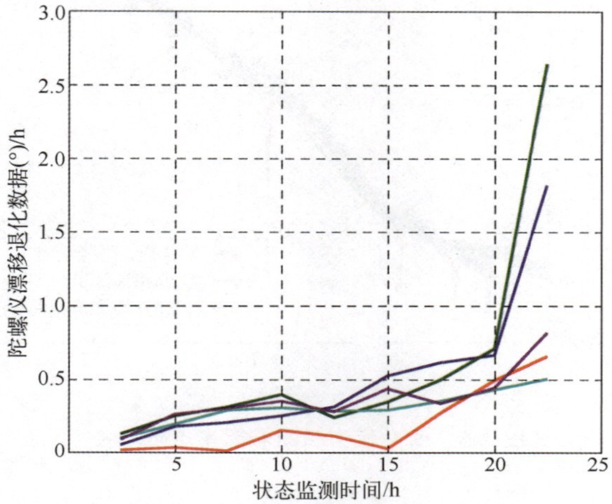

图 2.10　某型惯导系统陀螺仪漂移退化轨迹

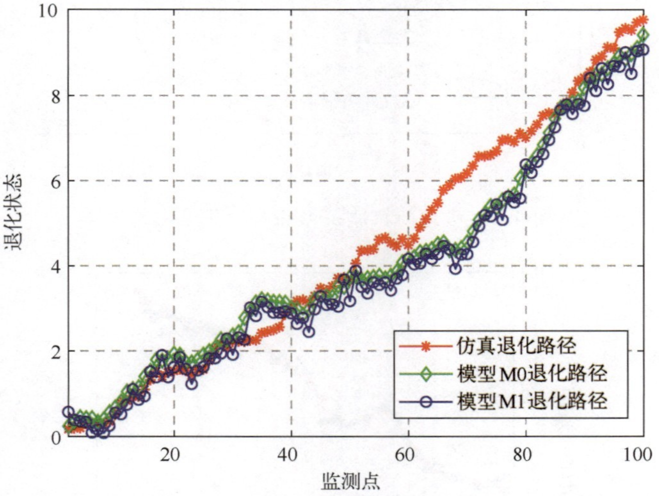

图 3.1　两种模型预测和真实退化路径

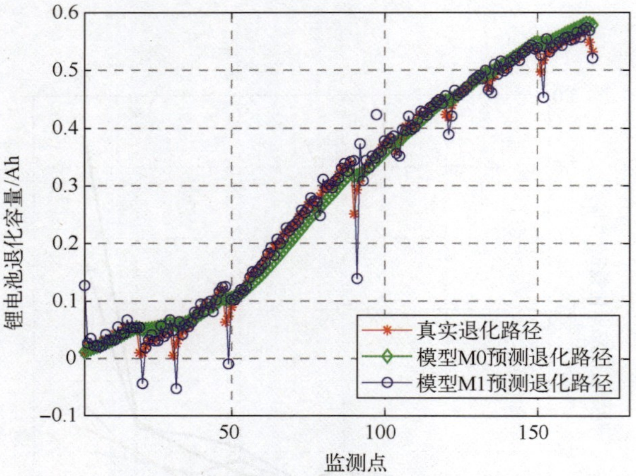

图 3.5　两种模型预测和真实退化路径

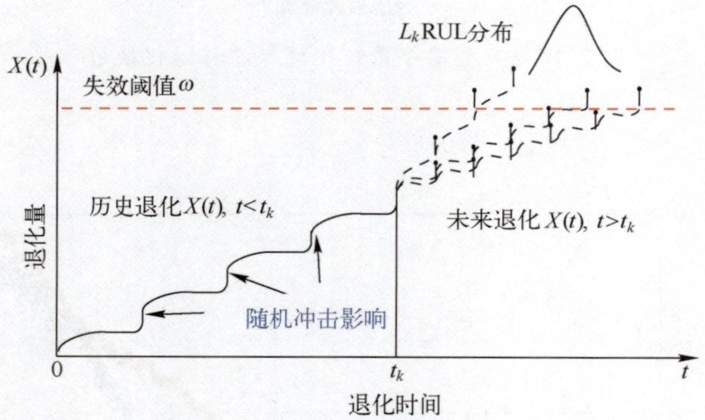

图 4.1　考虑随机冲击影响时设备退化过程

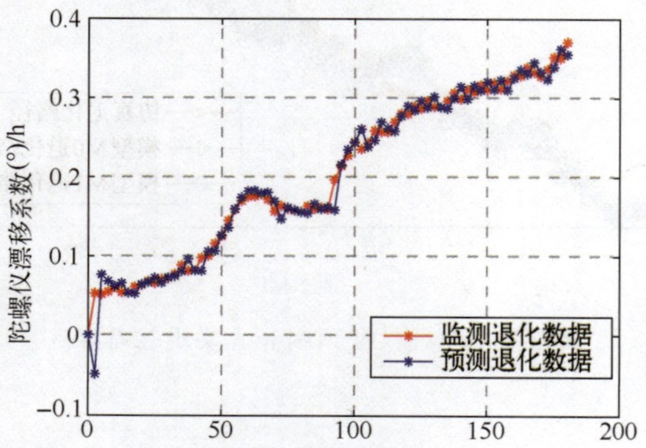

图 4.9　陀螺仪漂移数据拟合效果

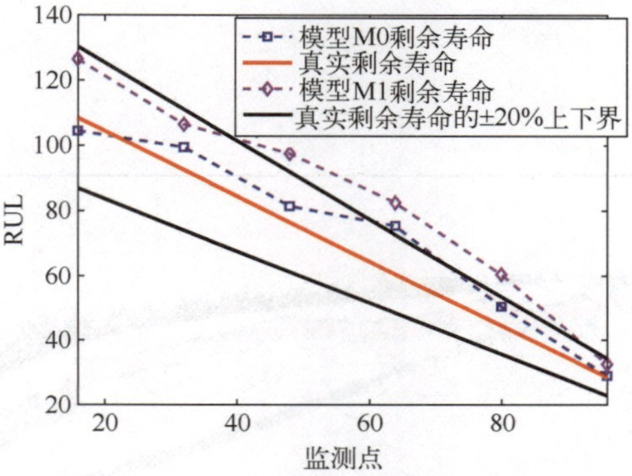

图 4.16　不同监测点 RUL

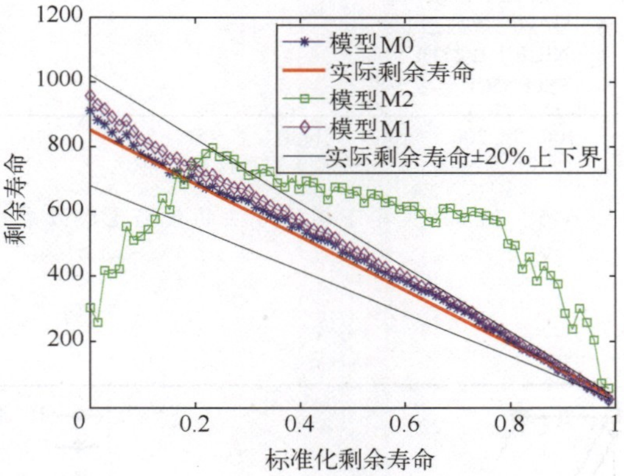

图 5.10　α-β 性能图

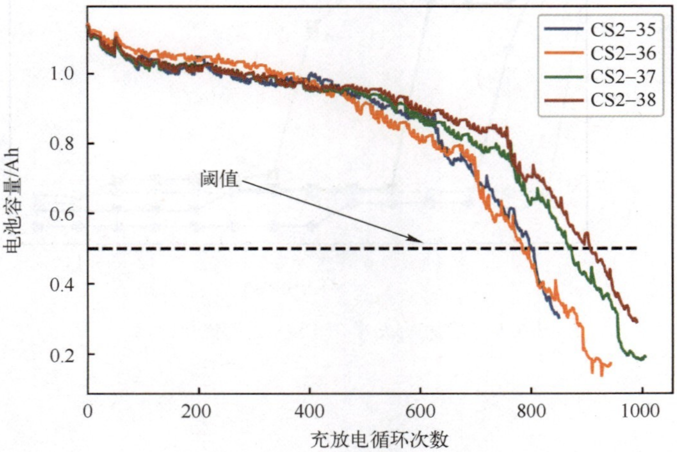

图 6.4　CS2 电池组容量退化轨迹

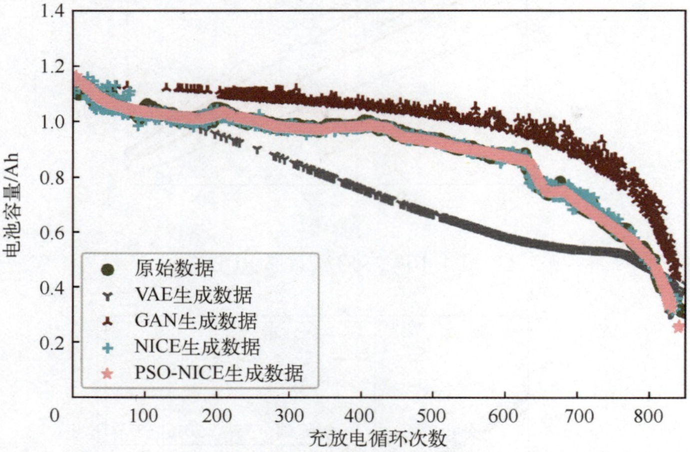

图 6.5　70%缺失率下不同方法的数据生成效果

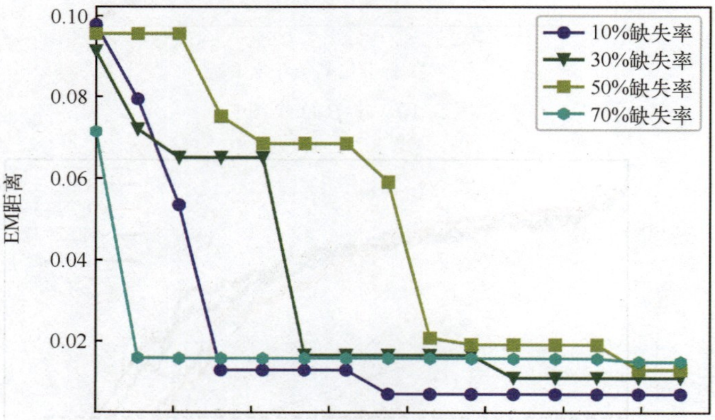

图 6.6　不同缺失率下 PSO 迭代优化过程

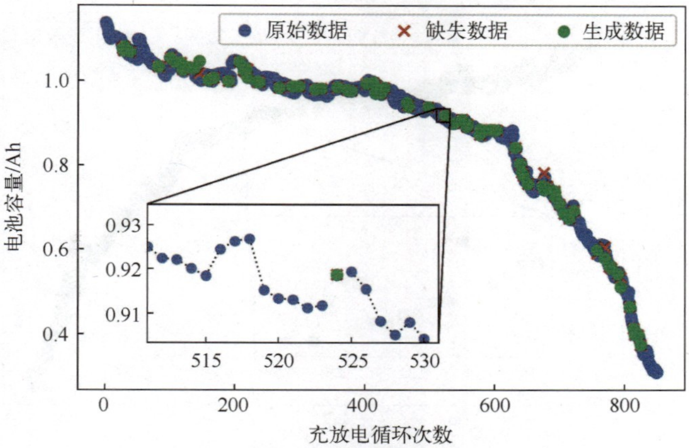

(a) 10%缺失率

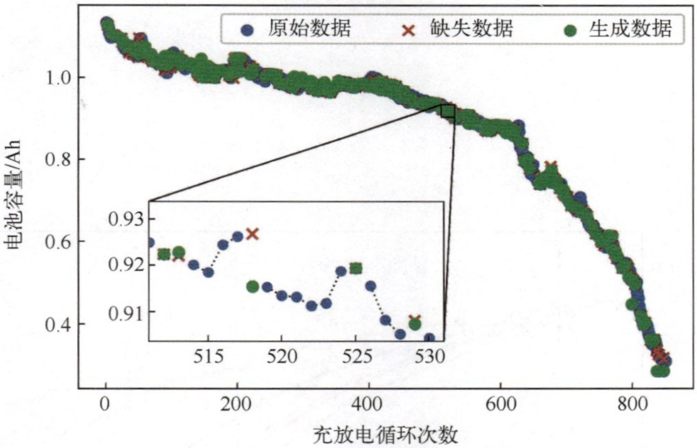

(b) 30%缺失率

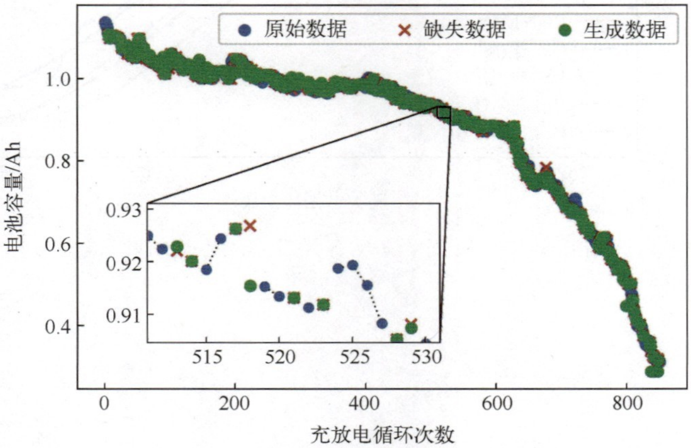

(c) 50%缺失率

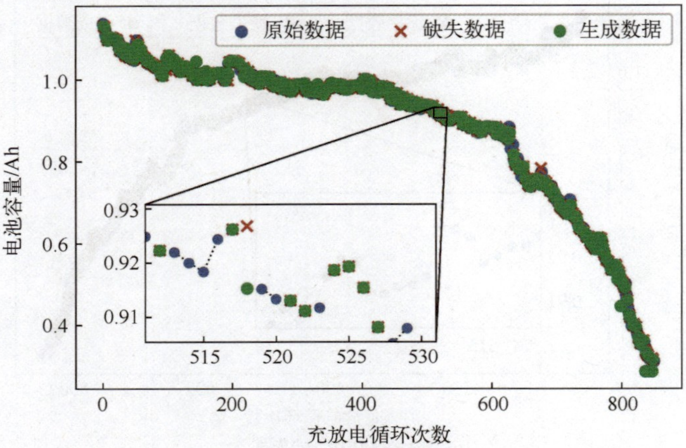

(d) 70%缺失率

图 6.7 不同缺失率下的填补效果

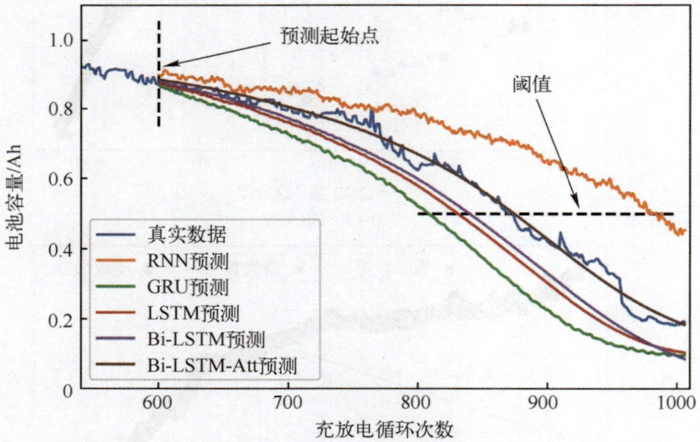

图 6.8 0%缺失率下现有常用方法的预测效果

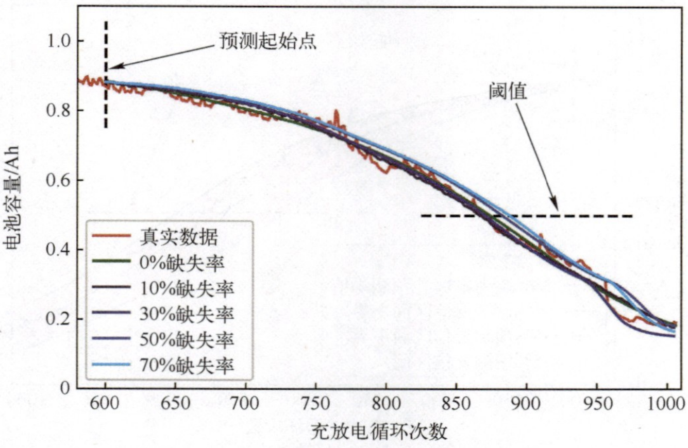

图 6.9　不同缺失率填补后 Bi-LSTM-Att 的预测效果

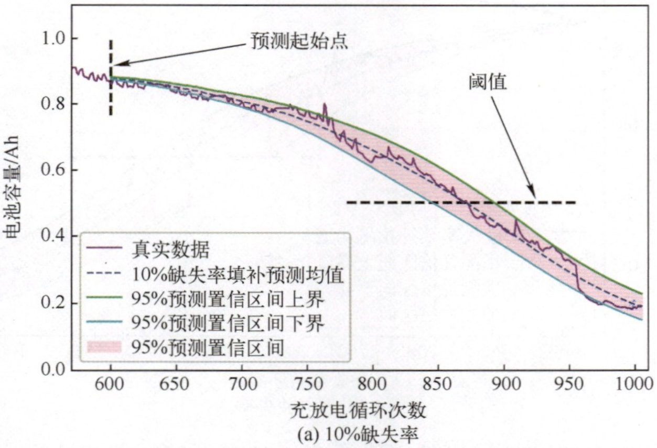

(a) 10%缺失率

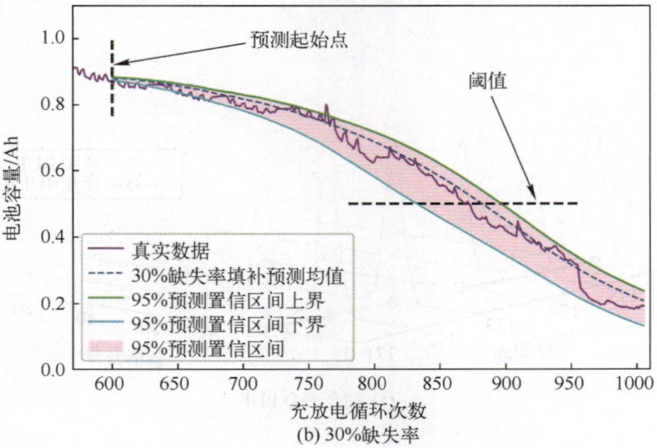

(b) 30%缺失率

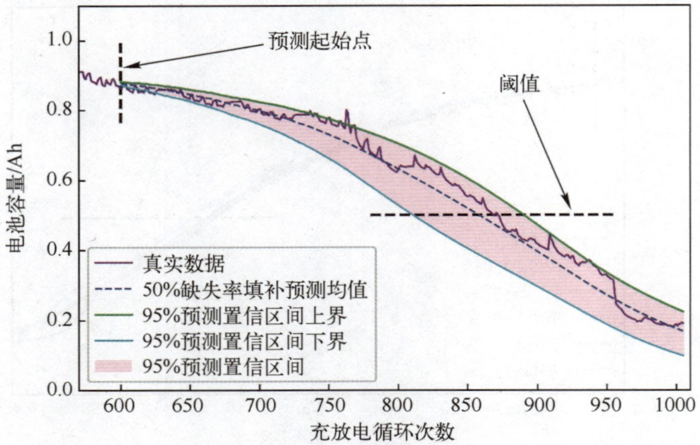

(c) 50%缺失率

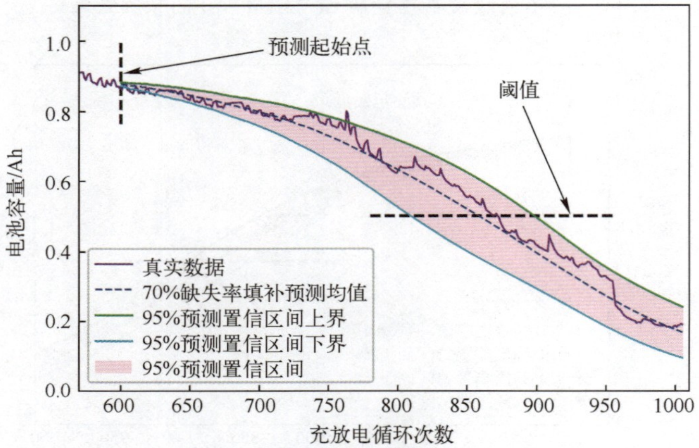

(d) 70%缺失率

图 6.10　四种缺失率填补后 Bi-LSTM-Att 重复预测效果

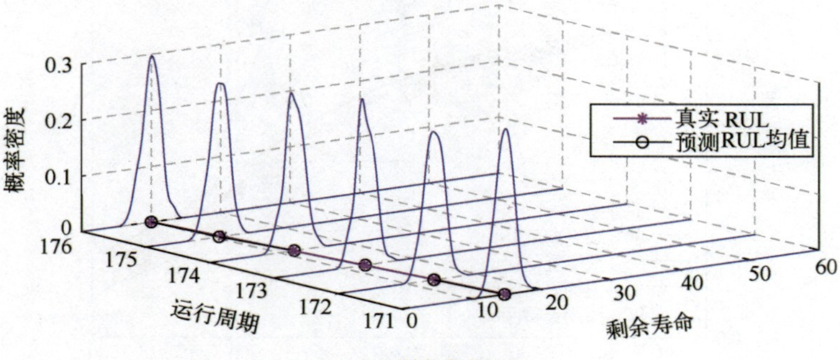

(a) 剩余寿命 PDF

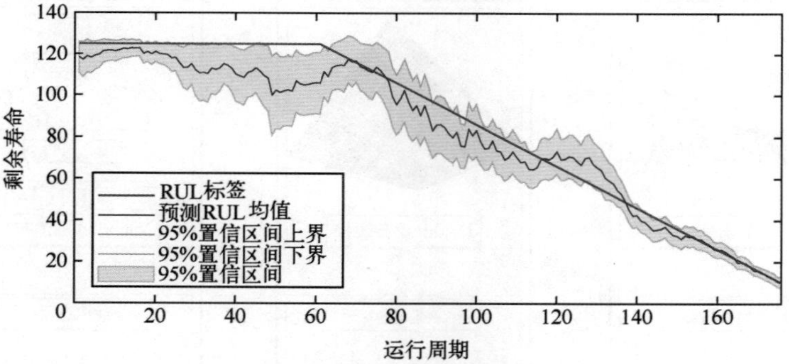

(b) 剩余寿命区间估计

图 8.9　第 76 号发动机 RUL 区间估计

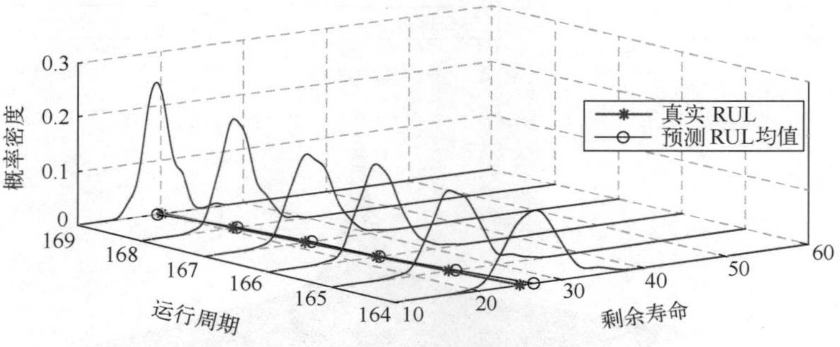

(a) 剩余寿命PDF

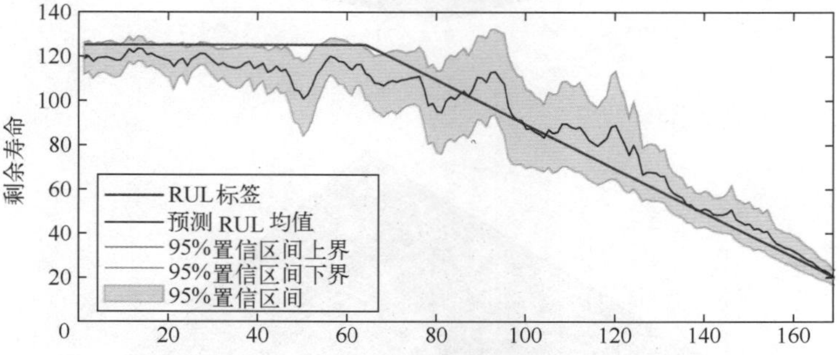

(b) 剩余寿命区间估计

图 8.10　第 100 号发动机 RUL 区间估计

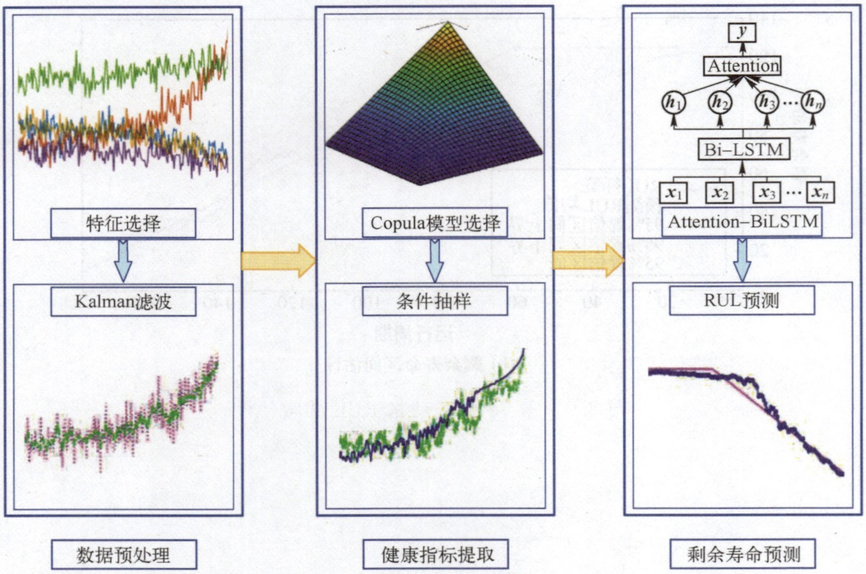

图 9.2 模型结构框架

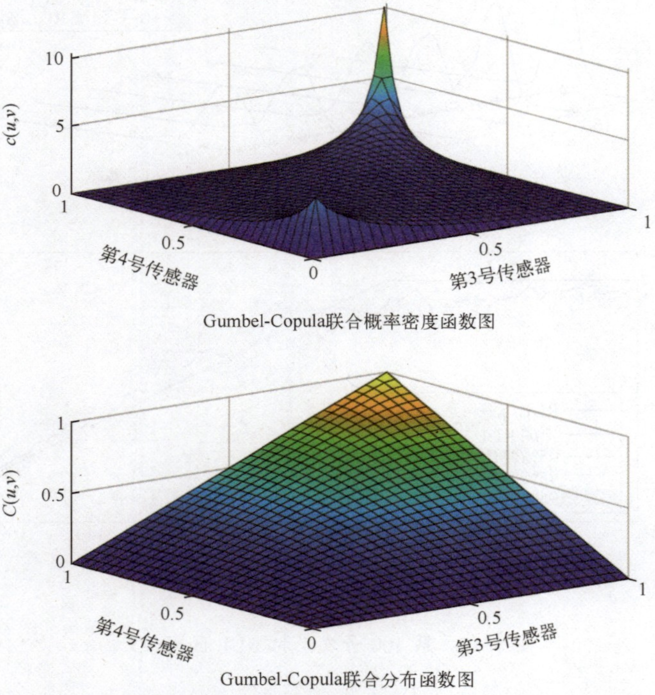

图 9.5 Gumbel-Copula 联合概率密度和联合分布函数图

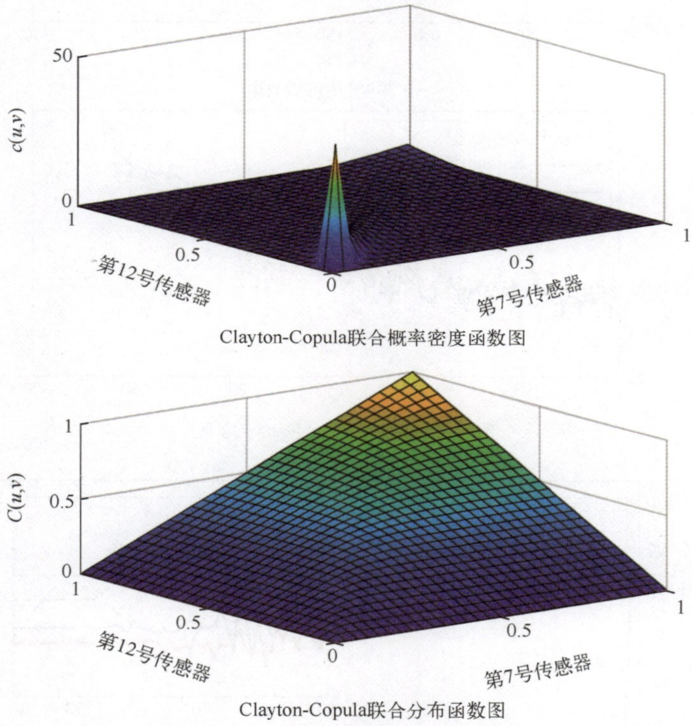

图 9.6　Clayton-Copula 联合概率密度和联合分布函数图

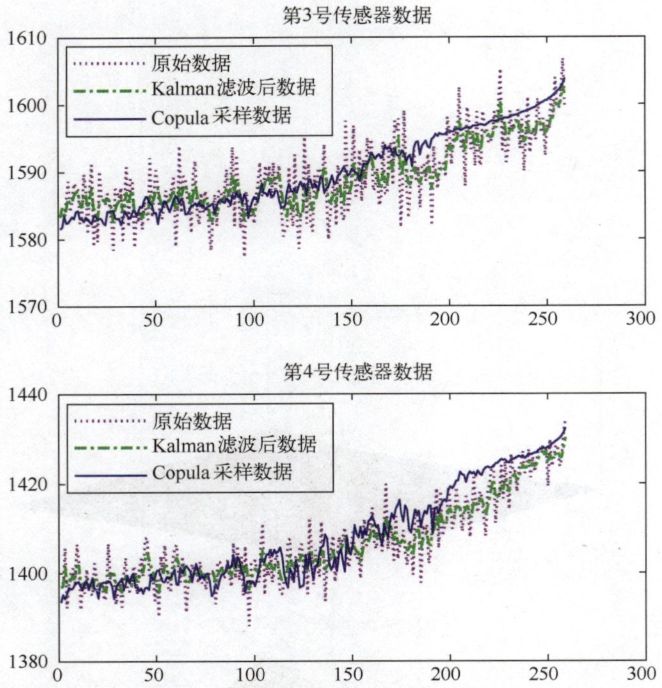

图 9.7 Copula 条件抽样结果

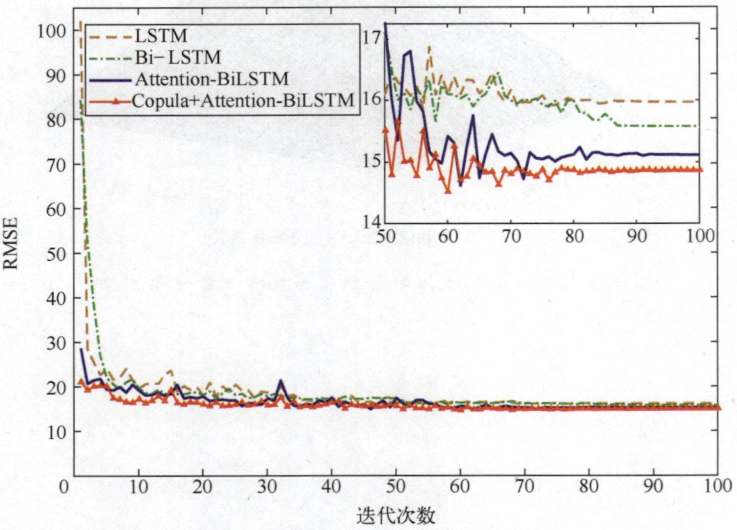

图 9.8 不同方法损失值变化对比图